草木春秋

植物系统学研究与实践

INSIGHTS FROM A BOTANIST'S LIFE:
RESEARCH AND PRACTICE ON PLANT SYSTEMATICS

路安民 著
BY LU AN-MIN

山东科学技术出版社

·济南·

图书在版编目（CIP）数据

草木春秋 ： 植物系统学研究与实践 ／ 路安民著.
济南 ： 山东科学技术出版社，2024. 10　--　ISBN 978-7
-5723-2113-9

Ⅰ. Q949

中国国家版本馆 CIP 数据核字第 20245ZT709 号

草木春秋：植物系统学研究与实践

CAOMU CHUNQIU: ZHIWU XITONG XUE YANJIU YU SHIJIAN

责任编辑：陈　昕　徐丽叶　庞　婕

主管单位：**山东出版传媒股份有限公司**
出 版 者：**山东科学技术出版社**
　　　　　地址：济南市市中区舜耕路 517 号
　　　　　邮编：250003　电话：（0531）82098088
　　　　　网址：www.lkj.com.cn
　　　　　电子邮件：sdkj@sdcbcm.com
发 行 者：**山东科学技术出版社**
　　　　　地址：济南市市中区舜耕路 517 号
　　　　　邮编：250003　电话：（0531）82098067
印 刷 者：**山东彩峰印刷股份有限公司**
　　　　　地址：潍坊市潍城区玉清西街 7887 号
　　　　　邮编：261031　电话：（0536）8311811

规格：16 开（184 mm × 260 mm）
印张：29.5　字数：480 千
版次：2024 年 10 月第 1 版　印次：2024 年 10 月第 1 次印刷
定价：320.00 元

审图号：GS 鲁（2024）0264 号

内容简介

　　本书是植物分类学家、系统与进化植物学家路安民先生的科学人生自述。作者以图文的形式，展现了一个贫穷的农村孩子历经艰难困苦，奋斗探索成为著名植物学家而走过的人生历程；介绍了他和研究团队取得的主要科研成果和培养优秀博士研究生的经验体会；讲述了他在兼任多种社会职务中所取得的主要成绩等。

　　本书可供从事植物学，特别是植物分类学和系统与进化植物学研究的专家学者、教学人员和研究生学习借鉴，也可供从事中国植物学发展史研究和科研管理的工作人员参考。

作者简介

　　1939 年 9 月 19 日，路安民生于陕西省朝邑县（后并入大荔县），1958 年 8 月考入西北大学生物系，1959 年 6 月 6 日加入中国共产党，1962 年 10 月入职中国科学院植物研究所（以下简称植物研究所），主要从事植物分类学和植物地理学、被子植物系统发育与进化研究。其间于 1983~1985 年在丹麦哥本哈根大学进修。历任研究实习员、助理研究员、副研究员、研究员，博士生导师。曾任中国科学院植物研究所植物分类学与植物地理学研究室副主任、主任、党支部书记，系统与进化植物学开放研究实验室学术委员会主任；植物研究所副所长、所长，植物研究所学术委员会主任，植物研究所党委委员。兼任中国植物学会副理事长兼秘书长，中国科学院生物分类区系学科发展专家委员会主任，中华人民共和国濒危物种科学委员会副主任，《植物分类学报》副主编，《植物学报》等多种期刊编委；西北大学、武汉大学、中国科学技术大学研究生院（北京）兼职教授等。在国内外重要期刊独立或合作发表论文 120 多篇、出版专著 20 余部，合作编著《中国植物志》和 *Flora of China* 各三卷册。组织和参加了江西、湖北神农架、武陵山地区和滇黔桂接壤地区等四次大型植物考察，为中国植物资源的调查和保护区建立提供了基本资料。提出植物类群在历史上的发生和发展与在地球上起源和散布统一的原理，系统地形成了个人研究被子植物系统发育与演化的学术思想。领导的研究集体先后对唇形超目（包括 23 科）、金缕梅类植物（包括 19 科）、原始（基部）被子植物（包括 61 个科）进行了系统发育与进化的研究，取得了一系列重要成果；合作提出了一个被子植物八纲系统。在主编的《种子植物科属地理》中，首次提出东亚是被子植物早期分化的关键地区，是北半球温带植物区系的重要发生地；中国种子植物区系来源的多元性；喜马拉雅隆起对中国植物区系多样性分化和丰富新特有成分产生巨大影响等学术观点，使我国在植物科属地理学的研究方面步入国际先进行列。"七五"以来，主持了四项中国科学院和国家自然科学基金委员会的重大项目或重点项目。培养和合作培养博士 16 位，其中 10 位已晋升研究员、教授、博士生导师。1991 年获国务院颁发的在科学研究事业作出突出贡献证书，享受政府特殊津贴；2001 年被中华人民共和国教育部、中华人民共和国国务院学位委员会授予全国优秀博士学位论文指导教师，2002 年获中国科学院宝洁优秀研究生导师奖，2008 年获中国科学院研究生院授予的"杰出贡献教师"称号；2023 年获中国植物学会颁发的"卓越功勋奖"。作为主要参加者获国家自然科学一等奖 2 项；作为主持人或主持人之一获中国科学院科技进步二等奖 1 项、三等奖 2 项，并获得中华人民共和国国家科学技术委员会颁发的国家科技成果完成者证书。

前　言

今天，2022年10月30日，是我入职中国科学院植物研究所60周年纪念日。我在职工作了42年，于2004年10月65岁时退休。退休后的18年，却是我卸掉社会工作、静心于科学研究的最美好时光。除继续完成当时尚未结题的国家自然科学基金重点项目"被子植物基部类群的结构、分化和系统学关系"外，我又先后参加了陈之端研究员主持的重大项目"中国维管植物生命之树研究"、肖培根院士主持的国家自然科学基金重点项目"中国重要药用植物类群亲缘学研究"和李德铢研究员主持的"科技部科技基础性工作专项（2013FY112600）"。这四项工作都取得了丰硕的研究成果。18年来，我与他人合作撰写并出版了五部专著或译著：李德铢等译《植物系统学》，120万字，2012年由高等教育出版社出版；李德铢主编《中国维管植物科属词典》，105万字，2018年由科学出版社出版；李德铢主编《中国维管植物科属志》（上、中、下），366.9万字，2020年由科学出版社出版；陈之端、我、刘冰、叶建飞等著《中国维管植物生命之树》，210万字，2020年由科学出版社出版；我和汤彦承合著《原始被子植物起源与演化》，63.1万字，2020年由科学出版社出版。其间我还参与发表论文25篇，帮助培养硕士研究生两名，担任多名博士研究生的指导小组成员。2020年，我基本上结束了科学研究和教学生涯。

2021年起，开始整理我和研究组60年来积累的科学技术档案，以便上交植物研究所科技档案室存档。在整理过程中，发现不少我未发表的手稿，尚有参考价值，又想到在长期担任所、室领导期间，亲身经历的许多事件，或许可以记录下来作为植物研究所历史的一部分，便产生了将个人的科研经历和人生感悟汇编成书，留给学生、同行和后人参考的想法。这是我写这本书的最初缘由。

我没有记日记的习惯，虽已入耄耋之年，精神依然矍铄，视力从近视转为正常，旧年发生的事情犹历历在目，某些细节如日期等，或还需要仔细回想，但不会遗漏事情的原委。整理成文的过程中，有时我竟也渴望梦笔生花。回想起从小学到大学，凡节假日，我都要参加繁重的农耕劳动，天不亮出工，天黑后才拖着疲惫的双腿回家。常常头刚挨到枕头，就呼噜声起。少之又少的雨雪天，才是留给我完成家庭作业的时间。旧时生活的艰辛，竟让我没有一丝闲暇，去享受阅读和写作的乐趣。中国古典"四大名著"，我是在1971年特殊条件下，才得以仔细阅读。这是我给自己不能像文学家那样才思如泉涌、落笔千道言勉强找到的一个理由。因此，我写本书只能算是叙事了。

我出生在旧社会。年幼时见识过国民党政府统治的腐败，目睹过村里驻扎的国民党军队，长官把士兵捆吊在树上用柳条和皮鞭抽打；体会过穷人无尽的苦难；也目睹过日本人的飞机向平民扫射，亲历过难民逃难要饭的凄惨场面。这让我很珍惜新中国成立后，党和国家带给我的安宁生活。

我是成长在红旗下的幸运一代。1949年10月1日中华人民共和国成立，学校建立了中国少年儿童队组织（后改名为中国少年先锋队），我第一批入队，并担任全校大队长。从此，得到中国共产党哺育和教育，14岁加入中国新民主主义青年团（后改名为中国共产主义青年团），19岁加入中国共产党。从小学到大学，我一直担任班、团干部，得到团、党组织在实践中的培养，经受了各种考验。学习《中国共产党章程》和中共中央组织部编写的红皮书《加强共产党党员的党性锻炼》等，增强了我的党性；读《毛泽东选集》，特别是毛主席撰写的《矛盾论》《实践论》以及艾思奇著的《大众哲学》等书籍，使我树立了正确的世界观和价值观。在职的42年，我尽力做好科研和教学本职工作，一心想把自己的聪明才智全部奉献给党、祖国和人民。我也将兼任多项繁重的社会工作，看作是党交给我的另一任务，以最大的毅力和精力予以完成，做到了清正廉洁。所以本书，也是一名具有60多年党龄的老党员，向党和人民作出的一次人生总结和工作汇报。

路安民

2022年10月30日

于北京中国科学院植物研究所

目 录

1

求学

1.1 童年和少年（1939~1952 年）

1939 年农历七月廿八日（公历 1939 年 9 月 19 日）子时，我出生在陕西省朝邑县（后并入大荔县）安仁乡上阿石村的一个农民家庭。我出生时家境殷实，在当地属于富裕户，家有良田数十亩，有全套农具和两三头牲口。我的父亲路青云（字及第）在大荔县城做皮货生意，字号"敦厚堂"。他为人开明，心地善良。据乡亲们讲，凡到过他店铺的同乡，他都好吃好喝地热情招待，走时还给带上馍馍（馒头），因而深受乡邻尊重。那些需出卖土地的穷苦乡邻，也都信任他，愿意把良田卖给我家。母亲王芝兰出身贫寒，从小锻炼出吃苦耐劳、勤俭治家的本领，操持家务、农耕管理、农活和针线活样样都能干。在父母共同经营下，我家的生活蒸蒸日上。然好景不长，父亲于 1940 年 4 月清明节不幸身亡。那年，母亲只有 25 岁，哥哥 6 岁，我半岁。母亲精神受到严重打击，不再有奶水给我哺乳，我的家境也从此开始衰落。

父亲去世后没几年，我家城里的生意就倒闭了，母亲只好带着两个幼子靠种地勉强度日。家里的农田由我们赡养的一位叔伯爷爷和雇佣的一位长工耕种，有时舅舅也过来帮忙。那些年正逢抗日战争，兵荒马乱，日本人虽没有跨过黄河到达陕西，但我们那个地方临近黄河，常有日本飞机扰乱扫射，农民的日子极其艰难。家里收获的粮食和棉花，半数以上要用来缴纳各种苛捐杂税，乡保长经常拉差，还无偿地要我家派人派车运物资。我 3 岁时，有一次母亲因交不上税，被保长在私设的黑屋子里关了两天。我趴在黑屋门前，既害怕又饥困交加，只能无助地哭着喊母亲。后来，母亲无奈，只得一步步地变卖田地来维持生活。在我四五岁时，我们已无法在本村维持生活，母亲只好带着我们兄弟俩投奔北八里庄的外婆家，在外婆的村子租房居住，母亲靠帮人做针线活来维持生计。她拥有一双巧手，掌握了一手缝做绸缎衣服的好手艺，在当地有很好的声誉。有钱人家娶亲、嫁女、办丧事，争抢着请她到家里做工。有时她一做就是3个月，做手艺活是管饭吃的，幼小的我也经常跟着她混口饭吃。直到1948年末我们朝邑县安仁乡解放了，母亲才返回本村继续务农。生活的艰辛让她无计可施，只能狠下心，让只有14岁读初中二年级的哥哥辍学，到耀县当学徒。我则留在外婆村，吃住在舅舅家，直到读完小学。

　　我从小爱学习。母亲说，我刚会说话时，天亮早醒，就叫喊"哥哥！起床上学""哥！书包"。她到地里干活时，就把我抱到有树荫的地方，让家养的一条名叫"花花"的狗陪伴我，以防我被狼叼走。那时的农村，确实常常有狼出没。我大约4岁开始跟着哥哥上学认字，老师每天用小纸片写两个字，教孩子们高声朗读。放学后，我将纸片

为爷爷追忆童年习作（路瀚鹏绘）

贴在屋内墙上，反复朗读记忆。日子长了，字片粘贴满墙，等到上学年纪，我已识字数百。

我6岁正式上小学，就读于外婆村的北八里庄初级小学。学校设4个年级，却只有两间教室，聘请两位老师开设语文、算术和珠算。班里10名同学，老师要求每天用毛笔写一张大字，抄一篇小字。那时候兴打手板，老师每日批改作业，若发现一个错字，就打两个手板，毫不留情。但同学们都很认真，挨手板的同学很少。上小学三年级时，我们3名小学生住校，陪伴老师。每天多做几件事：早晨起床第一件事，给老师烧洗脸水和饮用水，接着打扫卫生，晚上还要负责给老师烧洗脚水。我的成绩一直很好，全班第一，深得老师喜欢。农村小学生在夏种夏收、秋种秋收以及节假日都要干农活。10岁前，我和村里的小伙伴不但要挖野菜、捡麦穗、刨地里遗漏的花生，还常跟着大人们干力所能及的农活。

为爷爷追忆少年习作（路瀚鹏绘）

解放战争期间，我们那里有两次大战役，人称荔北战役，据说解放军的前线指挥是王震将军。晚上，我们站在城楼上，能看到远处的熊熊火光，能听到隆隆的炮声，我也目睹过难民逃亡的慌乱境况。1948年末，我们县得到了解放。解放军纪律严明，整齐的队伍从村里通过，小学生们聚集在校门口观看，老百姓夹道欢迎。我们的困苦生活终于熬到头了。

1950年夏，我初小毕业，时年11岁。我报考了步昌村完全小学的高小生，那年当地有9所初级小学的考生参加考试，但只录取30名。考试成绩公布，我排名第二，满心欢喜地回到学校，以为会得到表扬，不料全班同学排着队被老师训斥，原因是没有取得统考的第一名，丢了学校的面子！

2014年回访母校步昌村小学 *

高小两年，学校规定全部学生必须住校。家住得较远的学生，多数人只能靠从自家背馍上学，本村学生中午可以回家吃饭。学校对早、晚自习和早操管得很紧，要求严格。我们年级主任赵涛老师教语文，他是共产党员，对我的影响很大。他选我任年级级长（实际上只有一个班），我也早早加入了中国少年儿童队（后改为中国少年先锋队），并担任全校大队长。大队长左臂上要佩戴三条红杠的袖标，我常常心生自豪，学习更加努力，在学校常被评为模范生，在村里也享有好名声。我童音好，独唱经常获奖，也常在全校合唱比赛时担任年级指挥，合唱也常获全校第一名。得到的奖品多是铅笔和作业本之类，这种简单的课外活动和奖品鼓励，让我儿时孤独的心得以充实，使我更加热爱和珍惜小学朴素的生活。

---

* 表示照片由王美林拍摄，后同。

1.2 中学时期（1952~1958 年）

　　1952 年夏，我高小毕业，报考了朝邑中学，那是我们县唯一一所初级中学。朝邑中学在几十所高小的上千名考生中，仅录取 300 名。考试课程为语文和数学。考试成绩分两榜公布，第一榜名单用红纸张贴，我找到了自己的名字，同班同学只有几个人榜上有名。焦急等候到下午四五点钟，张贴出第二榜，我又找到了我的名字。我被录取了！同被录取的几名同学一起揣着好心情，结伴回家。在明朗的月光下，我们欢快地跑呀跳呀，9 公里路程却走得很轻松。我回村一头冲进舅舅家里，高声报喜，大人们也都很高兴。录取生分成 6 个班，每班 50 人。我被分到己班，全班同学都是男生。全校只有甲、乙两个班有五六名女同学，可见那时农村女孩入学率之低。

　　我家距离朝邑中学有 9 公里路，学生都必须住校，我日常吃饭基本上依靠每周从家里背馍来解决。我每周六下课后回家，周日下午背馍返校。每天平均 6 个馍，一周 40 个左右，加上一小茶缸（不足 500 毫升）辣椒和咸菜，偶尔母亲还给带上一些炒面冲稀饭。夏天馒头不禁放，很容易发霉变黑，有一次，我将剩下的两个发霉的馍带回家，母亲看后心痛，大哭了一场。后来她把少部分馍晒成干片，一周的后两天，我就啃干馍片，虽然咀嚼难一些，但自此没再吃过发霉的馍。母亲拳拳爱子之心，总能生出解决生活问题的办法。因全村只我一人上初中，刚 13 岁，个子小，又清瘦，往返学校经常是我徒步独行，或走两公里多后到邻村，与同学黎福生结伴上学。那时候途中常有狼出没，母亲总惴惴不安，怕我遭狼袭击受到伤害；到了冬天，她又增加了另一层担忧，怕我一不小心掉入雪窖中被掩埋……这就是"儿行千里母担忧"吧！

　　第一学年，由于成绩好，我被推荐为班上甲等模范生，全校公布事迹，也因此担任了班里的学习委员。初中二年级，1954 年 4 月 8 日，经同班同学党克法介绍，我加入了中国新民主主义青年团（后改为中国共产主义青年团）。农村有忙假（收割小麦的麦收假）、暑假和寒假，假期比较长。家里三四公顷地，只依靠母亲、嫂子和70多岁的爷爷耕种。哥哥已参加工作，干公事是无法回村帮忙农耕的。这时的我已经长成了家里唯一的强劳力，一些重体力活，如割草、喂牲口（养着一头牛、一匹马）、挑水（一担水重四五十公斤，一次可连挑十担，里程在5公里以上）、修水渠等，我都能上手了。随着劳动量的增加，我的饭量亦大涨，有一次我竟然一顿饭吃了11个素包子外加两个馒头。1955年初中毕业的那个暑期，我独自种植并管理了2.5亩玉米。这是我们村第一次种玉米，也算是我的首次作物栽培试验吧！青棒子边长边吃，最后每亩还收了300多公斤玉米，我很有成就感。

　　1955年考高中时，方圆5个县，朝邑、大荔、蒲城、澄城和郃阳（1964年改为合阳），只大荔县中学有高中部。两三千名初中毕业生报考，只录取250人。那个时期国家号召知青回乡务农，我考试时很放松，对能否录取压力不大，我当时想家里缺劳力，考不上正好回乡务农，解决家里缺劳力的困扰。考试结果出来，我的成绩反而相当不错，被录取了。但快开学的时候，陕西省澄城中学建成了，因当年没有招生，陕西省教育厅决定，将已被大荔中学录取的3个班的学生划拨到澄城中学。我是被划拨生之一，心里不太乐意。因大荔中学在县城，道路平坦，离家近，只15公里；澄城中学在澄城县寺前镇，在黄土高原要走马车土路，离家有20多公里远。无奈，只能听从安排吧！

我的第一张照片

在澄城中学，我被分配到五八级丙班，全班 50 名学生全是男生。从小学到高中，有读书机会的女孩子越来越少，能读高中的女生已经罕见，全年级 3 个班也只甲班有 5 名女生。我在班上最初担任学习委员，高三时担任班团支部书记。我们班有很强的集体荣誉感，篮球、排球队均有甲、乙两队，我们班是全校冠军，因此常代表学校参加同外校球队的比赛。队员可以统一着运动服，背心印着醒目的"捷军"二字，身着运动服的同学是很骄傲和自豪的。我们班学风好，同学间学习上相互帮助；文娱也行，排演陕西眉户剧"梁秋燕"全本，曾到附近农村演出，影响很大。班集体被学校命名为"卓雅班"（为纪念苏联卫国战争中牺牲的女英雄）。班上优秀生多，在校学生会、校团总支任职的同学不少。我的学习成绩在班上属上游，不是最好的。生活上，同读初中时一样，我多数时间仍是背馍来校，周六下课回家，周日吃中午饭后返校，来回步行 45 公里。高三要迎接高考前，哥哥送来一辆自行车，来回方便多了。但遇雨雪天，黄土高原上的泥泞路，行走还是十分困难。但有什么困难，能阻挡住一位具强烈求知欲的年轻人的脚步呢？

2002 年 10 月中旬部分高中同班同学相聚于西安毛洁淳（左 7）家 *

读高中期间，农村已从初级社升为高级社。我家所在的高级社由上、下阿石村，东、西太平村和新义村 5 个村组成，称"五星社"。农业大发展，实行记工分制、年终分红的办法。我们那里属关中地区，是麦棉产区，产值不低，有两年每个劳动日可分到两元多。利用寒暑假，我每年能挣到 100 多个"劳动日"，可分到 300 多元，除去我的学费，还有剩余。但劳动量确实很大，我那时一个大小伙子，常常累到晚饭后不再生有触摸书本的想法，只想倒头入睡。因为天刚亮，又得出工。

1958 年是我的高考年。因担任班团支部书记，我承担了不少社会工作，要准备高考复习，心里确实感到紧张。陕西省高等教育委员会给学校下达通知：品学兼优的学生可以保送上大学。起初，学校选送苏彦民和我两人，得到陕西省高等教育委员会批准。但上报教育部招生委员会时，我俩均未获批，理由是我的身体健康状况不合格。我的血压 138/90 毫米汞柱，心跳间歇，并有杂音。为此，我大哭了一场，感到国家培养我这么多年，却培养了一个废人。我内心压抑，无处倾诉，当即委屈地回到家里。母亲心疼孩子，又想不出安慰的法子，干脆说道："那就不要上学了，上学学出一身病，回家劳动吧！"她一番爱儿心切的话，反让我释然，我又匆匆奔回学校。班主任刘恩录老师（共产党员）和教导主任建议我改变学理工科的志愿（因数理化成绩不错，报考了西安交通大学等理工大学），改学农医。我是农村人，自然对农业育种有兴趣，志愿遂改成植物学或土壤农化专业。我第一志愿填报的是西北大学植物专业，第二志愿是兰州大学植物专业，第三志愿是西北农学院土壤农化专业。考场设在渭南师范学校，要住通铺或帐篷，晚上蚊虫嗡嗡叮咬，完全不能入睡。考试进行了 3 天，考试科目为语文、数学、外语（俄语）、物理和化学。虽没休息好，但考试期间自己感觉良好。考毕，我哥恰从西安西北政法干部学校学习回来，路过渭南，我们兄弟俩一同回家。

这个暑假农村大力兴修水利，我参加了洛惠渠修水渠的劳动。工地在离我们村 10 多公里的汉村，我负责担土，每担挑土 50 多公斤。挑着这 50 多公斤的担子，要攀爬上几十米高的土坡，才能倾倒土筐。每天劳动 10 多个小时，队里派专人送馍，无蔬菜，我一天能吃十几个馒头。劳动量达到了极限，累极了，晚上露天睡觉，一觉睡到天亮。但我坚持下来了，一干就是半个多月。繁重的劳动，冲淡了我等待高考成绩的焦虑。

一天，我哥从他工作的朝邑检察院回家，将我从工地叫回家。正好收到西北大学寄来的录取通知书。自此，我走上植物学研究之路。

1.3 大学生活（1958~1962 年）

1958 年 8 月下旬，按照大学录取通知书要求，我要去西安报到。母亲为我准备了全新的被褥、衣服及洗漱用品。我先到朝邑县城住了一晚，哥哥为我联系好从朝邑到华阴的马车，早晨坐上马车，赶了约 25 公里路，中午赶到华阴火车站，当天下午到达西安。西北大学设有迎新站，我乘校车到了学校。在生物系新生报到处，我更改了农历出生日期，故我的出生日期自此采用公历 1939 年 9 月 19 日，一直沿用至今。

我们班被安排在新落成的宿舍楼，8 人合住约 15 平方米的房间，设上下铺。这比中学阶段打通铺的条件好多了，我住在上铺，很舒服。生物系召开迎新生大会后两天，又召开团员大会，会上系领导任命团支部干部，我任团支部书记，王美林任组织委员，刘建成任宣传委员。全班 30 多人，团员占大多数，团组织在学生中有相当的威信。二年级时，经过系里全体团员投票选举，我被选为系团总支副书记，一直担任到大学四年级。书记是专职干部，由分管学生的系党总支委员寇贵林老师担任。当时大学实行助学金制，分甲、乙、丙三等。我家务农，家境并不富裕，开始的两年，我放弃助学金申请，希望把助学金让给比我生活更困难的同学。我的生活全靠哥哥每月寄来的 15 元生活费，当时哥哥的工资每月还不到 40 元。

大学一年级，我们班学生深翻土地做小麦的高产实验，按土地深翻 3 米、2 米和 1 米不同深度进行实验。一层土填埋一层猪粪，然后把小麦密播下种，几乎是在土壤上平铺一层种子。实验结果是种子密集发芽，植株吐穗后严重倒伏，最后连种子也没有收回。长安县小麦发生了条锈病，系主任陈宗岱教授带领我们班到了长安县，三人一组分配到各公社调查和防治。我和王永宗、张清华三人在一个公社，我任组长。当地防治的方法叫"埋土切叶法"，但我们调查只发现小麦叶面上有黑斑，并未见呈黄褐色条锈病的菌斑。我们的建议虽未获当地领导重视，但也算是大一期间的两次实习课吧！大学一年级的基础课，开设动物学、植物学、物理、化学和俄语等，我的学习成绩全部5分（五分制）。暑期安排动物学实习，为期一个月。前半个月由何承德老师带领实习寄生虫学，我们在屠宰场专门杀了一头牛和一只羊，从胃里和粪便中取样，寻找寄生虫并进行分类。后半个月由陈兆镏教授带领，到秦岭南五台山，实习昆虫学。我们住在寺庙里，白天用捕虫网捉昆虫，晚上用灯光引诱昆虫，放入采集瓶中，学习昆虫分类和生态学，收获很大。当时掌握的许多昆虫学知识，至今我还记得清楚。这一个月的实习接触中，我和王美林同学互相产生了好感。

1959年6月6日，由同班苏陕民、孙玉平两位同学介绍，我光荣加入了中国共产党。

1959年暑假放假前，我和王美林约定提前一星期返校。返校时，她从家里带来了红烧带鱼，这是我平生第一次品尝到鱼的味道，所以至今我喜欢吃红烧带鱼。我们漫步在西安的西外大街，买了两角钱的葡萄，这也是我们第一次同吃水果，所以至今我对葡萄情有独钟。我们交流学习心得、畅谈人生理想，虽没有海誓山盟，却暗生互助互爱之心。

二年级时，根据学习成绩和政治表现，我被评为校级"五好"学生。我在全校上千人参加的大会上作了发言，学校举办的展览会上展示了我的事迹。按照当时的标准，政治表现和学习成绩都优秀的学生被称为"又红又专"生。在1960年国家经济困难初期，许多同学思想情绪有波动，个别同学休学回家。团支部组织同学间互相帮助，彼此间自愿调节粮票和餐券，共同渡过难关。我在兼任繁重社会工作的情况下，学习成绩依旧门门优秀；加之，我能运用唯物辩证法的思维方法指导学习，并注意联系农业生产实际。例如，我们关中平原大荔地区土地肥沃，1958年已经实现了水利化，但大水漫灌引起了土壤盐碱化，并逐渐恶化。我利用假期回乡开展调查，并翻阅资料，撰写了"土壤次生盐碱化的成因及防治"一文。同时，作为老师的研究助手，我在同位素对植物生长发育的影响研究中做出了有成效的实验结果。因此，当年我被陕西省评为"陕西省青年学习马列主义毛泽东思想红旗手"，校长在全校大会上给我颁发了"红旗奖章"。当时全校只有三人获得此荣誉，另两位是物理系和中文系各一名女同学。

1960 年 5 月，获西北大学校级"五好"学生的证书和奖品（吉祥日记本）

　　大学二年级，我们开设了植物分类实习。系上采取 4 个年级混合编队，我被分在第一队。队长是谢寅堂老师，副队长是陈阿林老师、我、四年级刘民生和一年级周兴民同学，会计是我们班陈碧英。谢老师因到北京中国科学院植物研究所（以下简称植物研究所）与秦仁昌教授合作编写《中国植物志》蹄盖蕨科，只带了我们半个月；而陈老师是学菌、藻类的，后面的实习就靠我们自己了。实习生活十分艰苦，每日爬山采标本，体力消耗大。那时每人每月只有 17.5 公斤粮票，全队 15 人，都是 20 岁左右的年轻人，基本上是喝稀玉米粥，吃野菜。没有交通工具，行李要自己背。转移实习地点时，我们拦截了拉木材的卡车，帮我们运送了行李和标本，住宿多在庙宇或乡村仓库。一个多月后，实习队伍到了秦岭中部宁陕县。我与刘民生、周兴民三人找到了县长，汇报了我们的工作和生活情况。县长很感动，特别批示由粮食局给我们补足每人每月 22.5 公斤标准，而且从实习开始之日算起。同学们高兴极了，自此我们实习期间能吃饱肚子不挨饿了。实习的最后半个月，我们到石泉县城进行工作总结，住在县招待所。我们依据《中国树木分类学》《中国种子植物科属检索表》《华北经济植物手册》和《渭河流域杂草》等参考书，鉴定了采集到的 3000 多号标本，并编写了植物名录。这次实习，为我以后从事植物分类学、鉴定植物，奠定了良好的基础。

实习结束后，我们由石泉乘汽车到达汉中，寻找地方住宿。我们打听到西北大学学生会主席王正平正带领校男女排球队在汉中赛球，住在汉中师范学校。我和王正平熟悉，奔他而去。他安排我们也住进汉中师范学校。王美林是校女排队员，正随球队汉中参加比赛。初恋中的我，难掩相思之苦，虽天色已晚，我还是去了排球队，期待能看她一眼。但球队纪律严明，她们已经入睡。虽近在咫尺，却难相见，我心里真不是滋味，那种感觉直到现在还萦绕在心。回到学校，学校已经放暑假了，我暂没回家，煎熬等她回来。待排球队回到学校，我远远瞅见了队中穿一身红色运动服的她，待她由远走到近前来，我的心瞬间开朗。见她脸已晒得像黑人一般，但仍难掩其活泼与俊俏，我暗暗确定，她就是我的"君子好逑"。大学三年级开始，系上要将植物专业划分成高等植物专门化和植物生理专门化。首先由自己报志愿，我因二年级时已参加了生物化学和生物物理老师的研究课题，心想自然会把我分到植物生理专门化，就没有报志愿，等待组织分配。那时系里流传着一种说法，学习成绩好的学生学植物生理，差的

1960 年荣获"陕西省青年学习马列主义毛泽东思想红旗手"
（学校举办先进事迹展览时所用的宣传照片）

学生学高等植物。当时系党总支要扭转这种状况，希望一些学习成绩好的学生自己报读高等植物班。全班 6 名党员，除我未报之外，多报了植物生理班。一天晚上，系党总支书记马腾雄老师召开党员会，会上表示希望有人主动报高等植物班，但是大家都不表态，直拖到晚上十二点钟，马书记做出了令人意外的决定，凡是报植物生理班和没有报志愿的都分到高等植物班，报高等植物班的分到植物生理班。我只能服从，但对学习课程仍没有放松。三年级开设植物生理课和动物生理课，一学年下来，这两门课我都学得很好。期末植物生理学考试，我考了两个班第一名，成绩 93 分，梁一民（高等植物班）第二名 91 分，植物生理班的彭惠林第三名 88 分、王美林第四名 87 分。

那个时期的中学和大学一、二年级多是学习俄语，大三可以选修第二外国语，但选修须经外语老师批准，我和部分同学选修了英语。大三时系里安排到秦岭的楼观台实习生态地植物学，由朱自成老师带队，入住道观。实习前正赶上夏收，学校要求我们在周至县参加麦收一周。这一周的劳动量虽大，但能吃饱，有的同学一顿吃 1 公斤馍，是当地呈棍棒状的"杠子馍"，很充饥。在实习的一个月里，有的学生出现浮肿，当地政府给浮肿的学生每天补助半斤粮，他们每天还可以吃半斤糖饼，不爬山待在驻地休息。我因没有浮肿，每天跟着朱老师在野外做样方，采集样方标本。这次实习，我掌握了生态地植物学的野外工作方法。

大三暑假，王美林和我先回我家，与我一起参加农村的体力劳动。推粪、挑土和锄地，她样样都干，村里人很意外，没想到城里的女大学生还这么能吃苦，都夸奖她。王美林是个做事利落、善于观察学习、能吃苦耐劳的女孩子。虽然她出生、成长在城市，可她母亲的聪慧和勤劳，为她的健康成长（4 岁那年生了一场行走在死亡线上的恶性疾病）和力争上大学所付出的艰辛，对她有着深刻的影响。她内心潜藏着一种顽强的自尊、自重和自强的力量，一直激励着她的人生，她从来就没有娇气过。暑假后期，我陪她回到她在郑州的家。城市里没有重体力活儿，平日做些家务事，晚上有时到人民公园跳跳舞。她的母亲不嫌我出身农村，对我很好。她的继父对我也不错，但不常在家。他告诉我他会看相，给我看完后说"你以后是个能花钱的人"，后来的生活证明他看相是不准确的。这个暑假，我们正式确定了恋爱关系。

大学四年级，我们要做毕业论文。高等植物班选题有 3 个方向：分类、生态地植物和形态解剖。我选了形态解剖，研究题目是"猫屎瓜的形态学研究"。指导教师是胡正海老师，合作者是陈书坤，后来增加了王永宗，我任组长。胡老师要求很严格，亲自带我们到南五台山采取研究材料，用 FAA 固定根、茎、叶、花和果，还专门开辟了一个较大的解剖室，配有显微镜、切片机以及染色设备。我和另一组的王义仁住在实验室，工作十分方便，环境也很安静。大学四年级其他课程很少，可以专注做毕业论文。我学习并熟练掌握了解剖学的实验方法和技术，这为我后来的胚胎学研究奠定了技术基础。王美林的毕业论文是植物光合磷酸化方面的研究，她采用的实验材料是菠菜。我业余协助她种菜，平整试验地、一起挑粪土施肥，菠菜长势很好。当时正逢困难时期，我们就用多余的实验材料充当蔬菜，在我备考研究生期间，还用菠菜包过饺子。直到现在，我一吃到菠菜，当年的幅幅画面就会从脑海深处闪出，自动播放出来。当年我俩还在校园空地做杂交玉米实验，选择白色玉米和红色玉米进行杂交，很成功。不料，待收获季去评估实验结果时，教授们喂养的羊在一夜间把玉米吃了个精光（困难时期有的教授养羊，喝羊奶）。我们的毕业论文都很优秀，得到了指导教师的肯定和表扬。

我与王美林大学时期（1962年）的合影（胸前佩戴红旗奖章）

四年大学生活结束，学校颁发了毕业证书，我们回乡等待分配工作。读了16年书，一朝间精神轻松了。除了继续每日参加农村生产队里的劳动、挣工分外，还经营了自留地，这一年的收成真不错！按照农村的风俗，我和王美林简单地宴请了亲戚和儿时朋友，举办了婚礼。

2

往事

2.1 毕业分配

1962 年，正值国家三年经济困难时期，我们即将大学毕业。传闻当年大学毕业生不可能全部分配工作，部分学生要回家等待。对未来能从事哪些工作，我们都有些迷茫。

当年 4 月，有一个好机会突然从天而降（那时，就是这种心情），中国科学院（以下简称中科院）有三位著名植物分类学家指定在西北大学招收 4 名研究生：刘慎谔教授招收植物分类学专业，吴征镒教授招收高等植物分类学专业，匡可任教授招收高等植物分类学和植物地理学专业。鉴于匡可任教授有植物地理学专业，我选择报考匡先生的研究生。时间很紧迫，从报名到考试只有两个星期，考试科目为外语（俄语或英语）、植物分类学和植物地理学。我的基础外语是俄语，但我错误地选择了考英语，遗憾的是英语成绩未达到当年录取分数线。我的专业课成绩高达 95 分（满分为 100 分），因其中有一道考题"什么是植物分类学，什么是植物地理学，两者的关系是什么？"，我运用哲学思维做了综合分析及文字表达，匡先生阅卷后赞赏有加，提出要录取我做研究生。但我外语成绩未达标，中科院提出，可作为应届毕业生分配到植物研究所，直接跟匡先生工作。匡先生觉得不做研究生也有好处，可以按照他的方式授课和培养，能够直接成为他的得力助手。

9 月，我接到植物研究所的调令函。

2.2 走科研之路

1962 年 10 月 30 日，我背着铺盖卷，提着一个木质小书箱，走进西外大街 141 号中国科学院植物研究所大门。门卫赵大爷打电话给人事处，何立军大姐先请行政处老冯帮我在二里沟单身宿舍安排了床位。宿舍每个房间约 30 平方米，上、下铺共住 6 人。她又领我去分类研究室，路上碰见分类研究室党支部书记郑斯绪同志，转而由他带我到南院单子叶植物标本室，先去见业务秘书汤彦承先生。汤先生对我已有一定了解，因在接收我之前，他曾专门到西安西北大学查看过我的档案。据他讲，当他到西安时，先期到达西安的中科院人事局干部已经去西北大学查看过档案了，告诉他："不用去学校了，你要的学生十分优秀，各科成绩均 5 分（5 分制，即为特优或优秀）、共产党员、校级'五好'学生及陕西省青年学习马列主义毛泽东思想红旗手。"

汤先生先领我拜见研究室主任秦仁昌教授。秦老身高 1.90 米有余，是一位和善可亲、令人敬重的学术前辈。他问我："你的毕业论文是做什么？"我回答："猫屎瓜的形态解剖学研究。"秦先生说："很好，形态解剖学对研究分类学很重要。"他又问："猫屎瓜的学名是什么？"我一时紧张地回答不出。他和蔼地问："是不是 *Decaisnea fargesi*？"（现已作为 *D. insignis* 的异名。）我很惊讶，原以为秦老是专攻蕨类植物的大学问家，不料想他对种子植物也如此精通。秦老告诉我，匡先生很有学问，要努力向他学习，但他的脾气不好，要处理好师生关系。随后，汤先生领我去拜见了导师匡可任教授。我第一次见匡先生，眼前这位匡教授年近 50，高约 1.75 米，四方脸，一双眼睛炯炯有神，但表情严肃，令我敬仰。环视他的办公室，约 30 平方米，两面墙摆放有顶至天花板的 8 个大书架，每个书架上都是满满的图书，这简直就是一个小图书馆！我仔细瞅了瞅书架上的书，主要是外文书籍。靠走廊的一面墙上，悬挂着大幅植物油画，约占满整个墙面。后来知道，这是匡先生和著名植物画家冯钟元先生倾心合作的绘画作品"活化石银杉 *Cathaya argyrophylla* Chun & Kuang"。这个种由钟济新率队在广西采到，寄给陈焕镛和匡先生研究鉴定。他们将其定名为新属、种，于 1958 年以拉丁文、俄文双语发表在苏联《植物学杂志》，后匡先生于 1962 年又以中文发表在《植物学报》上。这幅画是科学与艺术的完美结合，精美绝伦！如今，已成为国家植物标本馆的镇馆之宝。

自此，我踏进了神圣的科学殿堂，跟随导师，走上了植物分类、系统与进化植物学研究之路。

2.3 师生情

我在大学时植物分类学所学不多，只是在修《颈卵器植物分类学》这门课程时，因谢寅堂老师授课系统性强，又进行了笔试，在学习时，真下了工夫。《有花植物分类学》只是在秦岭进行了 3 个月采集标本实习，课堂授课时间短，知识不系统，又没有进行笔试，学习不深入。针对我这样的分类学基础，到所的第一年，匡先生安排我以学习植物学基础、英文和拉丁文为主，并训练英文打字和植物绘图技术。他先是布置我阅读美国植物分类学之父 Asa Gray 所著 *Botany* 这本书，要求我必须笔译出来。这是一部植物学经典著作，文字表述和用词十分讲究。匡先生的良苦用心是要我既学习专业知识，又提高英文水平。大约历时 4 个月，我才精读完这本书。老师每天上班必问我专业或英文上有什么不懂的问题。匡先生的脾气是，学生提的问题越难、越有思想有内容，他越高兴，说明学生动了脑筋。如果问题简单，或他认为是不应该提出的问题，就立刻表现出不愉快，令人尴尬。因此，我除了认真研读书本，还要动脑筋举一反三地思考书中内容，每天晚上得准备出几个问题，备第二天咨询老师。有的问题，他不一定当时能立刻回答，但经过思考或查阅资料，他总会给予令人满意的解答。

　　1963 年春暖花开，匡先生对我的学习提出新要求，让我对动物园（那时办公楼在北京动物园内）中每一种开花的植物，都进行花的解剖观察并绘出解剖图。我最初的绘图技术不佳，遭到先生训斥。于是，我向绘图室冀朝祯同志学习了一阵子绘画技术。木犀科植物迎春、连翘等开花最早，匡先生要求将这些植物的拉丁文原始描述用打字机打印下来，每周用两个下午为我一人讲授拉丁文，后来师兄张永田也来听讲。匡先生的植物学拉丁文水平很高，而那时，我的拉丁文是零基础。所以他从每个词的性、数、格讲起。记得第一次上课，他一个下午只讲了一个句子。每次课后，我都会整理笔记，这样持续学习了半年多，匡先生讲授了不同难度的拉丁文总计 50 多篇，直到我基本掌握了植物学拉丁文。为了巩固和提高，我起草了匡先生发现的"茄科植物新属地海椒属 *Archiphysalis* Kuang"的论文，以及我们联名发表的"散血丹属 *Physaliastrum* 的修订"的论文，两篇论文均以中文和拉丁文双语完成，分别于 1965 年和 1966 年在《植物分类学报》发表。在论文撰写过程中，匡先生不断指点，并在最后做了仔细修改。有了实践，我的拉丁文水平得以快速提高。文章发表后，得到了很高的评价。著名植物分类学家黄成就教授评价称"这是植物分类学拉丁文的经典之作，可称之一篇范文"。当时，匡先生亦正在翻译《国际植物命名法规》，他做学问的严谨态度深深影响了我，他对我高标准的科学训练使我终生受益。至今我还记得他在翻译术语"epithet"时，为了选择科学含义准确对应的中文词，他反复比较、推敲，揣摩多日，最后才确定用"种加词"，后得到生物界同行的认可。在这一年多的时间里，为了迅速提高英语、拉丁语水平和分类学专业能力，我每周 7 天在办公室，每日早去晚归，做到了中科院

匡可任教授（匡柏立提供）

我在导师匡可任教授办公室工作和学习

要求的"安、钻、迷"。室里有人评价我为"不是研究生的研究生，比研究生还研究生"。这段时间导师对我的高强度训练，让我执拗不服输、敢于学习新知识的脾气得到充分展现，这为我后来的分类学研究奠定了扎实的基础。

匡先生对我的生活也十分关心。那时电视机稀缺，节日里他邀我去他家看电视、吃饭。至今我仍记得到北京后第一个春节的初三上午，先生带我去王府井外文书店和中国书店（那里常有便宜却很有价值的旧书）。他是这两家书店的常客，店员们认识他，向他推荐新到的书。出了书店，他带我走进一家雅致的餐馆，似乎他也是这里的常客，服务员即刻迎上来招呼就座，按匡先生的惯例端上来热腾腾的春卷和馄饨。吃着热馄饨，我心里也感受到了温暖。

1964 年国庆节前夕，王美林来北京探亲，导师知道后邀请我俩国庆节上午到他家（西直门内大街马厩胡同中国科学院职工宿舍），观看电视台转播的天安门广场隆重的庆祝活动。师母朱蕴芳端上亲手制作的家乡宜兴的小吃，匡先生和我俩，我们三人围坐一张小桌旁，边吃边聊。师母把电视机搬到家门前四合小院中，那是用匡先生翻译《国际植物命名法规》所得的 800 元稿酬购买的一台苏联产 12 英寸黑白电视机。简焯坡老师的夫人带着小儿子和院里一群小孩也围过来观看。尽管电视台传送效果不佳，画面不甚清晰，但大家热情很高。匡师母不得不盯着画面，不断地调试天线。她动作稍有怠慢，匡先生立刻对她表情严肃。我俩悄悄地看向师母，她却只回我们一苦笑。我豁然，匡先生对我的学习和对他家人的做事一样，总是高要求。"爱之深责之切"，不就是这样吗?

我们师生间建立了深厚的学术情谊!

2.4 编著《中国植物志》

我参与《中国植物志》的编研工作，是从大风子科 Flacourtiaceae 开始的。

我先从搜集文献和整理标本入手。在搜集文献的过程中，逐渐熟悉与分类学有关的期刊和书籍，还顺带提高了英文打字水平。在整理标本的过程中，要熟悉所研究类群的形态特征，掌握分科、属、种的性状。在阅读原始描述的基础上，仔细观察标本，发现性状、分析性状、研究性状的变异。在缺少模式标本时，注意模式原产地标本，根据形态性状变异的连续和间断及地理分布，尽可能客观地划分种。最后根据《国际植物命名法规》，给予正确的命名。经过几个月连续的工作，我完成了柞木属 *Xylosma*、刺篱木属 *Flacourtia*、山桂花属 *Bennettiodendron*、山桐子属 *Idesia* 和脚骨脆属 *Casaearia* 等属的初稿。研究过程中，匡先生不断给予指导。例如，山桂花属原记载中国有 7 种，经我们反复观察、分析大量标本后，最后确定只有 1 种，我还因此绘制了这个种的形态变异图。经过这一段时间的研究实践，我对分类学有了较深入的了解，对分类学研究产生了兴趣。1973 年，由于庐山植物园没有承担《中国植物志》的任务，他们提出希望做大风子科。于是我将已经做出的全部初稿和图交给赖书绅先生。后来我仅承担了《中国高等植物图鉴》中大风子科的编写。

与此同时，我开始着手对茄科 Solanaceae 植物的资料搜集和标本整理，其间协助匡先生完成了《中国植物志》茄科（1978 年）、杨梅科和胡桃科（1979 年）以及我任编辑的葫芦科（1986 年）的出版，同时独立完成了《中国高等植物图鉴》《西藏植物志》《中国高等植物科属检索表》等我所承担的科的编研，这些成果在 20 世纪80 年代均已出版。这些研究工作中的线条图，是在我绘制花、果解剖图的基础上，与绘图员合作完成的。

以下是我承担《中国植物志》等志书中编著部分科的代表种：

A. 山桂花 *Bennettiodendron leprosipes* (Closs) Merr.

B. 山桐子 *Idesia polycarpa* Maxim.

C. 山羊角树 *Carrierea calycina* Franch.

大风子科 Flacourtiaceae

A. 棒锤瓜 *Neoalsomitra integrifoliola* (Cogn.) Hutch.

B. 刺儿瓜 *Bolbostemma biglandulosum* (Maxim.) Franquet

C. 毒瓜 *Diplocyclos palmatus* (Linn.) C. Jeffrey

D. 盒子草 *Actinostemma tenerum* Griff.

E. 木鳖子 *Momordica cochinchinensis* (Lour.) Spring

葫芦科 Cucurbitaceae

A. 矮灯心草 *Juncus minimus* Buchen.

B. 短果灯心草 *Juncus phaeocarpus* A. M. Lu & Z. Y. Zhang 和米拉山灯心草 *Juncus milashinensis* A. M. Lu & Z. Y. Zhang

C. 散序地杨梅 *Luzula effuse* Buchen.

灯心草科 Juncaceae

杨梅 *Myrica rubra* (Lour.) Sieb. & Zucc. 等 4 种

杨梅科 Myricaceae

2.5 参加"四清"和劳动锻炼

　　1964年，全国开展"农村社会主义教育运动"，"清思想、清政治、清组织和清经济"简称"四清"。国家机关工作人员分期分批组成工作队到农村去，中科院也不例外。当年8月，植物研究所抽调了117人参加集训学习，我被任命为中队指导员。10月，我们到达河南省信阳市，住在信阳步兵学校。我们作为中央工作队先检查地方工作队员是否有"四不清"问题，实际上这是给我们的一次实习（或训练）机会。两个星期后，我所70多位队员被分配到信阳县游河公社游河大队，与河南省固始县的干部混合编队，共计110多位队员，再分配到27个生产队，我任大队指导员，蹲点在陈湾生产队。运动重点是检查社、队级干部的"四不清"问题。工作队队员与贫下中农"同吃、同住、同劳动"。开始时，鸡鱼肉蛋不能吃，有的队每天只有两顿稀饭，执行了一条"形左实右"的路线。1965年2月，中央制定了"二十三条"，纠正了错误。在此期间，我除了在蹲点的生产队工作，还要负责大队队员的思想和生活，到各生产队了解工作队员的实际困难，并尽力帮助解决。1965年5月，第一批社教结束时，工作队队员与农村社员们已培养起很深的感情，难分难舍。

　　接着，根据所里的安排，我所工作队队员开始半年的劳动锻炼，分两个中队，每队约50人。我们研究室队员分在游河大队油坊坎生产队，劳动强度不小，但队员的粮食定量增加到每人每月22.5公斤，可以吃鸡鱼肉蛋等，集体开火。我虽当时只有26岁，却担任指导员，大家都对我比较拥护和尊重。记得一个下雨天，不能出工，该地区以吃大米为主，我给大家擀了一顿面条，共和了25公斤面粉，平均每人半公斤干面，大家吃得兴高采烈。生产队位于游河旁边，河水清澈透底，是游泳的好场所。我还组织同志们下河游泳。大家团结互助，度过了一段难忘的时光。

8月，我和陆玲娣同志接到所里电报，要我们回所带领第二批队员。10月，我作为第二批工作队员到信阳地区罗山县，队员中有俞德浚、徐仁两位著名教授。两位教授分别负责一个生产队的"四清"，他们工作非常认真，我们常开会到深夜，他们也坚持作记录。这一期，我被分配负责城关镇的7个手工业生产合作社的工作，蹲点于砖瓦社。我在这里学会了砖瓦制作，对手工业社的经营管理有所了解。这期"四清"于1966年2月春节前结束。

"四清"工作两期共一年半时间，我同农村干部、农民、手工业工人同吃、同住、同劳动，了解他们的生活、疾苦，收获深厚的工农情谊，这是在书本上不容易学到的。

1965年参加第二期河南省罗山县"四清"工作队队员，前排有著名古植物学家徐仁教授（左5）和路安民（左8），后排右起林舜华、陆玲娣、李沛琼、汤锡珂和李欣（右10）

2.6 留学考试

1966 年 3 月，我从河南信阳地区回所。

4 月，所里通知我参加留学生考试。这是新中国成立后，第一批派往资本主义国家学习的留学生。全所只推荐我一人，计划派往英国攻读植物化学专业的博士学位。考试准备的时间只有两周，因此前的一年半时间我脱离了业务，需要全力以赴准备。在这 14 天里，我全身心投入，几乎没有休息和睡觉，恨不得连吃饭的时间都拿出来复习，吃得快而简单。

林镕、简焯坡两位副所长和分类研究室郑斯绪副主任组成考试小组，最终我的专业课和英语成绩都合格，考试通过。随后，我去出国留学生定点的宣武医院体检，唯血压高达 160/120 毫米汞柱。医生说，精神太紧张了！服用了降压药，一周后复查通过了。我只等待到北京外国语学院强化口语训练，半年后就能出国了。

5 月，"文化大革命"开始，赴英国留学就此作罢。

2.7 植物研究所吁迁昆明楸木园

20世纪60年代初，国家提出"三线建设"的战略部署，植物研究所决定搬迁至云南，与昆明分所合并。所址选在距昆明40多公里的安宁县温泉附近的楸木园，那是一处四面环山的高原盆地。建设新所的指导思想是"工作用房现代化，生活用房大众化"。植物标本馆和各个研究室依山环盆地而建，每个研究室建一座楼，职工宿舍仿效大庆的"干打垒"，配备食堂、小学、商店等生活设施。1965年，植物研究所已有20多名职工先期到达昆明，除少数行政人员，主要是分类研究室的研究和技术人员。

1966年4月，室里指定汤彦承先生和我为搬迁小组的正、副组长。5月，昆明分所职工联名提出不同意搬迁到楸木园，理由是该地区为地震多发区，潮湿多雨、交通闭塞等。11月，所里由林镕所长带队，我、周世恭和胡舜士陪同前往昆明楸木园新所址进行实地考察。林所长乘飞机，我们三人乘火车从北京出发，经柳州、贵阳转车，第三天才到达昆明。当时新所址除了道路未完成施工外，办公楼和宿舍已基本建好。我们回所向领导做了汇报，后无下文。

1968年，工宣队和军代表进驻植物研究所，将研究室改为连队，植物分类研究室改为二连，我被选为党支部书记，并任命为连长。中央"一号"号令发布，所领导督促尽快搬迁标本和图书，我们动员全室工作人员继续提取标本（此前已经进行了此项工作），正份标本全套迁昆明，副份留在北京，并制作了几百个装标本的大木箱。驻所军代表一再督促加快搬迁，但经过统计，运送如此多的标本和图书，需要两列火车皮，在当时的条件下根本办不到，搬迁也就不了了之。

安宁县楸木园的建筑设施后来全部转让给了西南林学院作为校舍。

2.8 回迁苔藓植物标本室

20 世纪 50 年代，植物研究所聘请留德苔藓植物学专家、南京师范学院（以下简称"南师"）教授陈邦杰为兼职研究员，他的夫人万宗玲先生为本所的全职助理研究员。分类研究室苔藓植物研究和技术人员黎兴江、吴鹏程、罗健馨和郭木森等前往南京，跟陈教授学习和工作。植物研究所出资 1 万多元（这在当时是很大一笔费用），在南师专门建造了一座苔藓植物标本室，同时出资在全国范围内采集苔藓标本。20 世纪 60 年代末，工宣队进驻该院后，把这座标本室改作他用，将标本柜堆挤在一个教室里。我当时作为研究室负责人，应苔藓组研究人员要求，决定将南师的苔藓标本室迁回北京。

1970 年 7 月，我与吴鹏程同志赴南京，与驻南师生物系的工宣队领导和生物系的负责人商议。他们同意把全套标本及图书资料运回北京，苔藓标本室的房产则归属南师。此间，为万宗玲先生办理了退休手续，万先生亦将陈教授私人的全部书籍、资料和手稿赠送给植物研究所。夏天的南京酷热，人不动，汗水全身淌。我们住在南师招待所，招待所设有一口洗澡的水缸，我们只得每天泡几次水缸。那时真正体验到了"三大火炉"的威力。回迁的谈判完成后，吴鹏程同志留至最后，完成了全部标本的包装、托运，他为苔藓标本室搬迁回京作出了贡献。

为回迁苔藓标本，付出艰辛劳作的吴鹏程研究员 *

2.9 江西中草药调查

我在南京完成苔藓标本回迁的谈判后，直接前往江西南昌。因此前我们室已经有两个队在江西工作，一个队帮助江西编写《江西中草药手册》，参加人员有匡可任教授、王文采先生和林泉等；另一队是配合236部队进行战备药的筛选，参加人员有洪德元、戴伦凯等。我到后同林泉、廉永善二人到吉安，与当地药材公司的同志一起开展中草药调查，为当地培训普查人员。野外工作持续了近一个月，受到当地政府的称赞。离别时，吉安县的军代表、革命委员会主任等在县医院食堂为我们设欢送晚宴，5人喝完5瓶竹叶青酒，醉倒3人，那是我一生喝酒最多的一次！

吉安工作结束后，我们转到赣州市，同在236部队工作的同事们会合，住在军分区招待所。在这里，我见到了进行中的草药药效实验和蛇毒毒性实验。药效实验是用马鞭草科植物紫珠的干叶粉作止血药，实验人员将狗后腿股动脉切开，敷上紫珠叶干粉末，有一定的止血效果。另一个是蛇毒实验，实验人员把一条眼镜蛇关在笼子里，将一只兔子放进笼子，蛇咬了兔子一口，兔子当即死亡。赣南地区毒蛇种类多，数量也多，有一次我们在野外工作，在面积约50平方米的林下，看到4条腹部有两条红线的竹叶青蛇趴在树枝上，真是危险！据说这种蛇毒性比较强。当地每年都有毒蛇咬死人的事情发生，因此，治蛇毒的中草药也是此次调查中的一个重点。我们访问了不少群众和蛇医，蛇医比较保守，访谈时，很难得到真实的植物信息。有名的蛇医不愿意到公立医院工作，多为私自经营。我们在赣南的全南、定南和龙南即"三南"地区，以粤赣交界的九连山为重点，调查了近半个月。调查队负责采集植物样品，部队同志负责煮药，给小白鼠注射药液，观察反应，以确定哪种植物可能有疗效。这个地区属南亚热带，植物种类丰富，我们筛选出的一些植物有一定药效，但还需做化学分析和临床实验，后续我们就没有跟进了。

2.10 广州"三志"会议

1973 年初，中科院在广州东方宾馆主持召开《中国植物志》《中国动物志》和《中国孢子植物志》（简称"三志"）会议。这是中科院在生物分类学界召开的一次具有里程碑意义的会议，它重启了停滞 7 年的"编志"工作。这次会议召集了生物分类学界许多著名的分类学家参会，健全了各志的编委会，制订了编写规划，修订了编写规格，明确了分工，等等。此次会后，"三志"编研工作得以恢复，并快速向前推进。

我以《中国植物志》会议纪要起草人的身份参加了会议。在会上，我必须听取每位专家教授的发言，认真做好记录，并概括总结，这让我收获甚多。东方宾馆食宿条件很好，我却不适应睡软床，加上工作压力大，牙龈发炎，疼痛难忍，同室的二人鼾声又较大，导致我通宵不能入眠，能坚持到会议结束真是不容易。经院生物学部宋振能先生统稿，我们完成了"会议纪要"的写作。这是我第一次在院级会议上得到锻炼。

会议期间休息一天，年轻人起哄，要钟补求先生请客，去吃广东名菜蛇肉。钟先生很大方，带我们去了蛇餐馆。人很多，要排队等座位。轮到我们就餐时，餐厅菜品已经不多了，但大家还是吃得津津有味。托钟补求先生的福，我平生第一次尝到了蛇肉。

崔鸿宾研究员长期担任《中国植物志》
编委会组织领导工作（崔禾提供）

2.11 西北地区植物考察

　　1974 年夏，我到陕西杨凌中国科学院西北植物研究所标本室查阅茄科和葫芦科标本。王美林已在该所工作 12 年。杨凌是陕西省农、林、牧、水土保持科研机构之集中地，来此正值瓜果的盛产季，鸡、蛋、肉类亦丰富，且物价低廉，是个"城市生活、农村环境"的宜居之所。我脑海里甚至闪出调到这里工作、夫妻团聚之念。我在这里的研究工作进展顺利，与夫人短暂团聚，享受了难得的家庭生活。然后我启程一路向西，从武功站上车，同从北京乘该次火车的许介眉同志会合，前往甘肃、青海、宁夏和新疆，继续到各地研究单位和院校植物标本室查阅标本。

　　许介眉同志查看葱属植物标本。茄科、葫芦科植物在这些省分布不多，标本数量少，我期望能多采集获得野生环境下的鲜活材料，主要观察分布较多的枸杞属植物，研究物种的变异。很幸运，我们在新疆遇见了中国科学院西北高原生物研究所郭本兆老师带领的考察队，郭先生非常客气地邀请我俩同行，考察车为我们提供了不少方便。我在新疆发现了新种柱筒枸杞 *Lycium cylindricum*；在青海发现了红枝枸杞 *L. dasystemum* var. *rubricaulium* 新变种。在宁夏，我们得到宁夏农林科学院秦国峰先生的帮助，仔细观察了宁夏枸杞 *L. barbarum* 在栽培条件下的变异，确认了黄果枸杞 *L. barbarum* var. *auranticarpum* 这一新变种。通过这次野外观察，我提高了对物种变异的深刻认识。例如，黑果枸杞 *L. ruthenicum* 在极端干旱的环境下植株矮小，全株布满坚硬的针刺，叶片条形，呈灰白色；而生长在银川湖边潮湿环境下的植株高则 1 米有余，枝繁叶茂，叶披针形，果实累累。可惜那时无彩色胶卷，没有留下影像记录。

1974 年我在新疆考察时得到植物分类学家郭本兆研究员（中）的慷慨帮助（郭延平提供）

1974 年 8 月考察天山的雪岭云杉林和高山草地（许介眉摄）

枸杞属五种植物花冠展开的形态比较图
（图 a、b 示柱筒枸杞 *Lycium cylindricum* Kuang & A. M. Lu 的花和展开的花冠）

1996 年 8 月在宁夏回族自治区中宁县观察栽培枸杞的性状变异 *

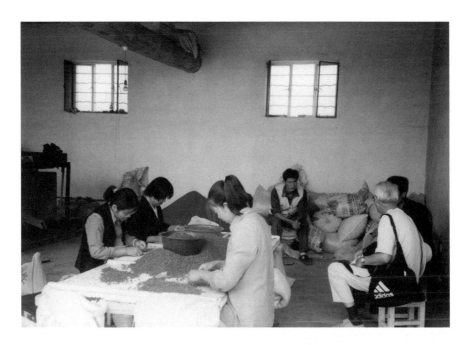

采访宁夏回族自治区中宁县果农枸杞销售情况 *

　　那年我 35 岁，大学毕业 12 年。在兰州战斗饭店就餐时，我碰到了大学同班同学韩亦平；在西宁西北高原生物研究所，我见到了大学同年级动物班的刘纪科，他们两人竟然都没有认出我！当我说出我的名字时，他们充满了讶异，说出的是同一疑问："你怎么老成这样子了？"回想我大学毕业后的这 12 年，学习和科研压力大，社会兼职多，睡眠时间少，经济生活困难，我的体力和精力消耗很大，头发不但脱落严重，且满头花白，他们自然是认不出我的。西北行历时 56 天，大量的野外工作，增强了我对西北荒漠植物及其植被的认识。

　　时过 20 年，我和美林趁两次到新疆参加学术会议的机会，又安排了两次野外考察。第一次是 1995 年 7 月由中国植物学会主办、新疆农业大学承办的全国植物科学专题研讨会，来自全国的许多著名植物学家出席了会议，如南京农业大学的李扬汉教授、北京大学的胡适宜教授等。会议很成功，我就植物科学研究现状和发展作了报告，反响不错。筹办方谭敦炎博士等组织对天山博格达峰、天池地区、吐鲁番葡萄种植园和沙漠植物园的参观考察。天池水深蓝如镜，草地碧绿，雪岭云杉 *Picea schrenkiana* 散布四周，美丽如画。乘车攀登博格达峰，一天之间竟然经历了四季变化：山下阳光高照，随着海拔的升高，天气变阴，后下起毛毛细雨，转而成为小雪，到海拔 3000 多米时，竟然飘落起了鹅毛大雪，后转成暴雪。这时正是雪莲生育繁衍的季节，我很期待采集到雪莲标本，给我馆增加珍稀植物标本馆藏，但遗憾的是，雪中一株也没有看到。我们只在这里的中国科学院冰川观测站稍稍休息后，便原路返回。第二天会议安排到低海拔的吐鲁番地区考察，这里海拔 -154 米，盆地地貌，气候炎热、干燥。当时正是葡萄果熟的季节，果农搭建的晾制葡萄干的砖式土坯质塔楼各式各样，构成了一条美丽的风景线。最后到达中国科学院新疆生物土壤沙漠研究所吐鲁番沙漠植物园，这里气温高达 50℃，沙生植物种类不少，尤其是菊科、唇形科植物，在强光照射下，散发出浓重的挥发性气味，熏得人难以喘息，以致呕吐，不少人不能入内。我还是到园内转了一圈，看了看栽培植物，敬佩我们的新疆同行们，他们在严酷的环境下坚持工作，为保护沙生植物取得了重要的科研成果。

1995 年 7 月参加在乌鲁木齐召开的全国植物学专题学术研讨会

会议结束后，我的高中同学兼好友、在新疆生产建设兵团任农林局局长的韦全生，带着我们参观兵团几十年艰苦创业所取得的巨大功绩：将农田 500 亩划为一块，四周栽种 3~5 行新疆主产的杨树，以抵挡风沙对农作物的侵害，筑起网格化的防护林，防护林带一直延伸到阿拉山口；每个师团修建一座大型水库，不但解决了农田用水问题，

1995 年 7 月考察吐鲁番沙漠植物园（左 2 为专题学术研讨会组织者谭敦炎博士）*

而且还发展了渔业。兵团的大量棉田种植着优质、高产的矮秆棉，新疆是国家棉花主产区，支持着国家纺织工业的发展。这里盛产哈密瓜，其他水果也都汁多、香甜。老韦因工作繁忙，安排夫人老黄陪同我们继续西行。由于新疆的地理位置和气候的特殊性，一路所观赏到的自然景观——戈壁、沙漠、如诗如画的山地盆景和千姿百态的风蚀地貌，令我们震撼于自然力的强劲和鬼斧神工。

2004 年 8 月参加在石河子市召开的第二届中国甘草学术研讨会暨第二届新疆植物
资源开发、利用与保护学术研讨会（前排右 1 李学禹教授是会议主持人）

在玛纳斯、奎屯到阿拉山口的这段路程，我们关注到防护林的树种变化；在伊宁地区的阿拉山口，经边防部门允许，我们站在中国和哈萨克斯坦边界线，这里达我国北部防护林带的最西端，可以远眺对面的生态环境和植物物种；驱车到了伊犁河流域，我想起 19 世纪晚期，俄国传教士 A. 塔塔里诺夫随俄国使团与清朝政府在伊犁河谷谈判时，采集过这里的标本，迄今还保存在俄罗斯科学院科马洛夫植物研究所标本馆；行至巩留县时，我们特意考察了向往的野果林；之后，我们完成了北疆考察，返回乌鲁木齐。

第二次是 2004 年 8 月，我应李学禹教授的邀请，参加石河子大学主办的第二届中国甘草学术研讨会暨第二届新疆植物资源开发、利用与保护学术研讨会。李学禹教授团队的甘草研究课题曾三次获国家自然科学基金的地区（新疆）基金的资助。我参观了他们的实验室和试验田，他们在甘草研究、利用和保护方面取得了丰硕成果。随后在游览石河子市容时，发现市区行道树多数是天山梣 *Fraxinus sogdiana* Bunge，树干挺拔、冠幅大而美观，又属上等木材，是值得当地发展的好树种。

时任新疆生产建设兵团农林局局长的老同学韦全生（左 3）等领导陪同参观兵团第六师 *

石河子大学科研团队培育的优质造纸原料——芨芨草（路安民摄）

会议结束后，我的学术青年朋友谭敦炎博士请伍新宇和冯建菊陪同我们赴南疆考察。我们乘机由乌鲁木齐到达喀什。喀什是南疆的第一大城市，有全国最大的清真寺。小伍单位的一位同志热情地邀请我们去他家做客，他的庭院里栽种着无花果，结的果实雪白硕大，我第一次尝到如此多汁香甜的新鲜无花果。这次到南疆主要目的是攀登喀喇昆仑山，考察喀喇昆仑山植物区系，解决是否应划归为泛北极成分的问题。汽车将我们送到海拔不到 2000 米的半山腰，我们一路攀爬，到达海拔 3500 多米的冰川线附近。我观察到这里的植物多属温带成分，确认应划归泛北极区系成分。此后我们由喀什乘车经叶城、皮山、墨玉到和田，休息一天，从民丰进入沙漠公路，在约 500 公里的路程中，仅碰到短暂以秒计的沙尘暴，一路顺利。沿途看到一些荒漠植物和沙生植物，又在塔里木河地区见到了残存的颇有名气的胡杨，最后由轮台到库尔勒市乘机返回乌鲁木齐。

新疆植物区系和植被类型多样且极具特色。新疆地区大山和大盆地相间，地貌落差大；天山山脉横亘于中部，形成了北疆、南疆及哈密－吐鲁番东疆之分。新疆深居亚洲内陆，干旱少雨，大陆性气候明显，使得北疆属温带干旱大陆性气候，南疆和东疆属暖温带干旱大陆性气候。南北分布着丰富多样的森林、荒漠、草原、草甸、灌丛、湿地及独特的高寒植被。三次新疆考察，拓展了我对我国生态植被和西部植物区系的认知。植物分类学家必须走出实验室和办公室，做实地调查，才能从理论到实践，获取真知。新疆地大物博，生态环境和植被类型独特，是开展植物科学研究的一方宝地！

昆仑山是突兀于极端干旱荒漠中的巨大山体，隆起的山地形成了独特的高寒山原环境。真正的高寒荒漠，面积很小，只分布在西部高原的喀喇昆仑与昆仑山之间的山原和湖盆区。我们向上攀行，在山地森林线以上，至常年积雪的亚冰雪带，看到了冰川。环顾四周，这里没有真正的土壤，裸岩和倒石遍地，岩屑堆和冰积物堆满坡。石隙间生长的针叶类植物可局部成片分布，亚冰雪带下部的流石滩稀疏植被，彼此间呈现出生存竞争现象。

2004年8月考察南疆喀喇昆仑山（左2伍新宇、左3冯建菊）*

南疆考察途中观察到成片种植的沙棘林 *

考察塔里木河河道遗址残存的胡杨遗迹 *

2.12 谋划分类研究室的研究方向

　　1972 年 5 月，老红军徐全德同志调来植物研究所担任党委书记。这个时期，中科院执行的是党委领导下的所长负责制。在徐书记的领导下，植物研究所逐步走上正常体制，将连队恢复为研究室。

　　1972 年 12 月 5 日，党委宣布汤彦承同志担任植物分类学研究室主任。在 1973年初的全国"三志"会议之后，汤彦承先生根据国际植物分类学学科的发展趋势，结合我国该学科的基础，组织我、应俊生和洪德元，就分类学研究室的研究方向进行了详细的讨论，合作起草了给所党委的报告。报告的基本思想是，在编撰《中国植物志》的同时，组织少数研究人员开展植物系统发育、植物区系地理和植物实验分类研究。这个构想在当时处于学科发展的前沿，徐全德书记在报告上批示"很好"二字。

　　1974 年 8 月，植物分类学研究室正式宣布成立植物系统发育研究组、植物地理研究组和植物实验分类研究组，分别由我、应俊生和洪德元任组长。植物系统发育研究组开始只有我、张芝玉和技术人员顾利民三人，后来陆续有张志耘、潘开玉、陈之端、孔宏智和技术人员温洁等加入。当时的研究室在西外大街 141 号，我们研究组只有约 15 平方米的实验室，能够初步地开展解剖学、孢粉学和细胞学等学科的实验研究。

2.13 香山标本馆的建立

位于北京西外大街 141 号的植物研究所标本馆，是由原静生生物调查所标本室和北平研究院植物研究所标本室合并而成的。新中国成立后，全国开展了经济植物普查及大型植物区系考察和专项标本采集，标本量急剧增加到近 120 万号。当时仅双子叶植物标本存放在动物园内的陆谟克堂第三层楼上，单子叶植物标本、裸子植物标本、地区植物标本、副号标本等分散各处存放。如从南京迁回所的苔藓植物标本堆放在友谊宾馆北馆礼堂，副号标本放在香山植物园鸡窝房。陆谟克堂的楼道、厕所旁都摆放着标本柜。标本消毒和防虫工作困难，损失严重。标本柜经常被搬来移去，标本管理日趋艰难。植物标本已经到了必须抢救的地步。

1975 年初，我和程树志同志起草了反映"急需建设新标本馆，以挽救国家珍贵植物标本不受损坏"的信件，经我定稿后，组织本室 14 位科技人员联名，以手抄信件的形式，寄给当时主持中央工作的邓小平以及李先念、华国锋和谷牧等所有国务院副总理，因周恩来总理在病中，不能影响他老人家的健康，所以没有寄给他。

与我合作向国务院领导提交新建植物标本馆报告的程树志同志（植物研究所老年办公室提供）

植物分类学研究室绘图组的部分同志在新标本馆西侧合影（李敏提供）
（左起：蔡淑琴、吴彰桦、张泰利、刘春荣、冀朝祯、冯晋庸、郭木森）

　　信件寄到国务院后，邓小平、李先念副总理阅后批示给谷牧副总理兼建设委员会主任调查。谷牧又批示建设委员会常务副主任宋养初主管此事。经调查后谷牧副总理批示："国家需要一个较大的植物标本馆，但建在现在的地方是不合适的（即西外大街141号），已委托科学院选择合适的地方建设……"（大意）。所有副总理都画了圈。一天，建设委员会常务副主任宋养初通知相关人员到建设委员会大楼（位于二里沟）开会。参会人员有北京市规划局局长这一重要人物，还有中科院负责基建的领导，植物研究所参会人员有李森党委副书记、汤彦承主任、我和曹子余同志。会上宣布了国务院领导的批示，要求我们落实馆址。市规划局局长明确地说：西外大街141号不能建设，如果城区没有合适的地点，就只有十三陵水库地区或怀柔县。我们回所后商议，最好建在香山植物园。但是植物园有部分人不同意，怕影响植物园发展。后经多方做工作，大家才取得共识，确定标本馆选址在中国科学院北京植物园。由中国科学院设计院承担设计，设计方案为庭院式的复合楼群，即现在坐落于香山的国家植物标本馆及其楼群。考虑到标本馆的发展，设计容量为20年内放置400万号标本。地下室一半区域作为副号标本室，一半区域为化石标本室。同时考虑到学科的发展，还规划设计了解剖、孢粉、细胞、化学、生化实验室的建设，即现在位于楼群南侧的二层小楼。在建筑材料方面，后来接任的党委书记张瑞琪原在国家物资部工作，对东北林区熟悉，委派王子询等同志到东北联系采购建筑木材。因此，原标本馆的大门、木结构用材都是上等木材，如水曲柳等。大门的设计庄重大气，甚是气派。施工由工程兵建设，标本馆的结构具抗震能力。可惜工程兵后期撤走，装修由工程队承担，质量比较差。最后验收，经全室同志检查，仅铁窗安装就有 100 多处不合格，有的甚至有 2~3 厘米的缝隙。但总算解决了标本的存放问题。

1983 年标本馆工程完工，1984 年植物分类学与植物地理学研究室和古植物研究室搬迁到香山新标本馆。

2.14 阖家团圆

1975 年 12 月初，人事处何立军大姐通知我："你爱人的调令已经发出。"我喜极而泣，13 年半了，我们一家四口分居三地，我精神上的压力、生活上的困难一言难尽。当时，两个孩子在北京借读小学，听到妈妈要调来北京，高兴得欢呼雀跃。父母分居，学校对借读生歧视，给孩子幼小的心灵造成了伤害。

科研人员两地分居问题的解决，得益于胡耀邦同志主持中科院工作。1975 年初，他给中央写的"汇报提纲"中，提出必须要解决知识分子的实际困难，归纳起来就是"房子、票子、妻子、孩子、炉子"，群众形象地称之为"五子登科"。依据中央指示，北京市为中科院批了 400 户进京户口，我们是其中的一户。王美林于 1975 年 12 月 30 日来北京，31 日到植物研究所人事处报到，办理了入职手续。

我们一起到海淀区甘家口派出所户籍管理办公室办理户口入籍手续，当工作人员看到原户籍迁出表时，同我们聊起来：女儿年近 13 岁，快接近年满 16 岁子女不能随同母亲迁移户籍的规定……当听到我们大学毕业时，为了学习和工作自愿分居，她以欢迎、祝贺的态度快速把两个孩子的户籍写入户口本。美林长长地舒了一口气，我知道，这是她长久隐藏于心底的包袱，现在终于放下来了。我的户口也从植物研究所集体户口转到王美林为户主的家庭户口本上，我们全家得以真正意义上的团圆了。

1988年，女儿结婚成家；1992年，小她约4岁的弟弟结婚成家，各自建立起小家庭；1997年春季，我们的大家庭在紫竹院公园照了第一张全家福；2000年"六一"儿童节，我们夫妇带着9岁的外孙和4岁的孙子在陶然亭公园欢庆他们的节日。家庭团圆，让我们的生活时时充满了欢声和笑语。

1997年春，游北京紫竹院公园，全家的第一张合影 *

2000年带外孙和孙子在陶然亭公园欢度"六一"儿童节 *

2.15 神农架植物考察

　　1975年下半年，我担任中国科学院植物研究所党委委员、植物分类学研究室副主任，协助汤彦承主任工作。植物地理组提出要对湖北神农架地区进行区系考察。那时的神农架保留着原始森林，带有浓厚的神秘色彩，还传说有"野人"出没。大神农架海拔3052米，是华中地区第一高峰，在中国植物区系中占有十分重要的地位。室领导研究决定对这个地区进行考察，但只靠植物地理组是很难完成的，需聚全室之力（包括人员和经费）进行全面考察和标本采集。

　　当年11月，我和应俊生同志前往联系考察事宜和踩点。我们先到武汉，与湖北省农林厅联系，获批准。武汉植物研究所得知消息，提出同我们进行联合考察，这是一件幸事。他们当即派所领导李春祥、黄仁煌等3人与我们乘长途汽车，经兴山县转到神农架林区的松柏镇。林区领导非常欢迎，同意提供条件，并指定林区科学技术委员会的万家祥同志负责安排，组织林区人员参加考察。后来，湖北省药品检验所也要求参加。为了保证安全，林区政府配备了武装民兵，并且兼作民工。这样，考察队人员超过70人。我们与林区共同拟定了考察两年（1976~1977年）的计划。联系工作结束，我们5人回程过房县，县林业局局长是一位老八路（东北人），非常豪爽好客，留宿一天，三餐以白酒招待。那个时候，到地方考察，同当地部门喝喝酒，可以很快地联络好感情，拉近关系，收获支持和工作配合。

　　1976年4月，室里正式组建考察队，除植物地理组的应俊生、马成功、张志松、何其果外，还有陈家瑞、周根生、董惠民、万奔奔、张志耘、南勇和我等共14人参加。我和应俊生任领队。那时的野外考察，得自己带铺盖，从所里领取野外装备，包括炊具和生活用具。由于处于国家物质贫乏时期，我们从北京购买了青鱼干、橡皮鱼干（朝鲜产）、咸鸭蛋等耐储藏的野外食品。全队先到武汉，住武汉大学招待所集中学习了3天，后会同武汉植物研究所的队员乘长途汽车到达神农架木鱼坪。全大队人员又集中培训，统一工作方法。考察队分成3个分队，第一分队以北京植物研究所为主，负责关门山地区、大小神农架、大九湖地区；第二分队以武汉植物研究所为主；第三分队由湖北药品检验所的同志任分队长。我所部分队员分别参加到二、三分队中。武汉植物研究所的部分队员和林区人员及民工亦分别插在各分队。

我们一分队以区系调查为主，由应俊生、马成功和我分别带5人完成。林地样方面积设置为20×20平方米，海拔每上升100米做两个样方，进行详细的表格登记；样方内取土壤样品，深挖到母质，每10厘米取样品1份，以备作土壤孢粉分析；采集样方内每种植物凭证标本，分乔、灌、草3层，乔木记载树高、胸径、树冠、年轮数等。复杂的群落，每天做一个样方都感到紧张；高山草甸和竹林一般为1×1平方米。野外工作相当艰苦，住在工棚，自己做饭，中午每人一饭盒米饭，一两条鱼干加一个鸭蛋或两个土豆。劳动量很大，每天步行上下山10~25公里；晚上登记、压制标本，直到12点后才能结束一天的工作。有一天，从小神农架工作结束后返回，天色已晚，手电筒的亮度有限，我不慎落入半米多深的坑里，右脚严重扭伤，疼痛难忍。但还要行走三四公里的河滩路才能回到驻地，只能扶着张志松老兄踩着石块艰难地前行。待回到驻地，脚腕已经红肿得吓人，没有治伤药，只靠擦涂些白酒消肿，三天后才有好转。这一年的最后一个考察点是大九湖地区，在这里，除了采集区系标本外，还在干枯的湖中心挖了一个近两米的土壤剖面，取样厚度为5厘米，这是做土壤孢粉分析的理想材料。大九湖工作结束，提前两天请马帮将标本运到5公里外的公路转运站，由一位民兵负责押运。这位民兵带有半自动步枪，那个时期人们没有保护野生动植物的意识，他到转运站休息时看到半山上有一头狗熊，就连开两枪，狗熊毙命。第二天我们步行到转运站，那里的值班人员已经吃了一顿狗熊肉。考察队的汽车来拉标本，将剩余的狗熊肉拉到总部加餐，估计有150多公斤。那天我因生病无缘品尝。这一年，全队采集标本近万号，每号要求6份。标本分配原则是：第1、3份分给北京植物研究所；第2、4份给武汉植物研究所；第5、6份给湖北药品检验所。我所人员还为标本室采集了200号、每号20份作为国际交换的标本。这次考察，标本采集成果颇丰。

神农架林区每年有上交木材1万多立方米的任务，砍伐状况不可控制，严重地影响到原始森林的生态安全。为保护神农架原始森林，我们撰写了建立神农架自然保护区的建议，在考察实践中为林区培训了多名年轻科技人员。9月下旬结束工作，国庆节前回到所里，考察共持续了半年时间。

　　按照原计划 1977 年继续考察，植物地理组却提出不参加了。作为室负责人，我很被动，不得不另外组织人员，由许介眉、梁松筠、潘开玉、张志耘、李良千、何其果、南勇和我 8 人组队，许介眉任队长。5 月出队，除补采区系标本外，还完成了上一年植物地理组没有完成的海拔 1000~1300 米的区系样方，全队采集标本 3000 多号。9 月中旬结束神农架野外工作后，本所队员又前往利川水杉坝水杉原产地考察。我们在利川水杉坝见到了上千棵水杉大树，但可能多数是次生植株。终于在谋道溪见到了最古老的水杉植株。我们还采集了土壤样品，供孢粉分析。9 月下旬，队伍从万县乘轮船到武汉，转乘火车回所。

　　历时两年的神农架植物考察，首次全面查清了神农架地区的植物资源，为我国植物分类、区系和植被的研究积累了丰富的第一手资料，也为后来的中美联合考察提供了条件，更重要的是，为神农架国家级自然保护区的建立奠定了科学基础。

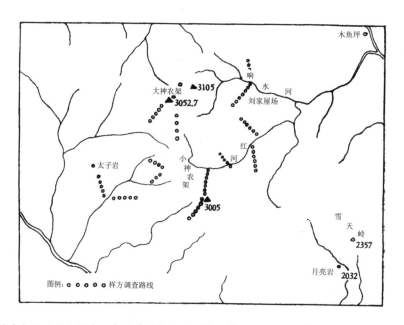

神农架林地样方调查示意图〔引自应俊生等，《植物分类学报》，1979，17(3)〕

1976 年神农架植物研究所考察队队员（南勇提供）
（左起：马成功、董惠民、路安民、张志松、南勇）

1976 年同神农架林区考察队队员合影（南勇提供）
〔应俊生（左 1）、董惠民、张志松、路安民、林区队员杨仕煊（右 3）〕

1976 年同神农架林区考察队队员合影（南勇提供）

1977年神农架考察队队员围拢在铁坚杉树下（南勇提供）
（左3起梁松筠、潘开玉、杨仕煊、南勇、许介眉、路安民，右1何其果）

1977年考察队队员攀登大神农架海拔3052米山顶（南勇提供）
（左起：李良千、许介眉、潘开玉、何其果、梁松筠、路安民、张志耘和南勇）

2011年重返神农架考察
（左起：孙苗、刘文静、陈之端、路安民、王美林、申国珍、叶建飞、张景博、葛结林）

2.16 破格录取李振宇

20 世纪 70 年代中期，我室不少专家收到来自福建省建宁县寄来的请求帮助鉴定的标本，这些标本多数已由寄件人李振宇做了初步鉴定。专家们发现，他鉴定的名称多是正确的，王文采先生还发现，有的植物在福建省没有被记载过，他也能给出正确的学名，看来是个做植物分类学工作的好苗子。

1977 年秋，中国科学院信访局接待了一位来自江苏省宜兴县 50 多岁的吴姓农民。他对植物分类学极有兴趣，采集了许多标本，十分珍贵。家里发生火情时，他竟然先抢救标本。标本积累多了，如何排列？他自创了一套分类系统，按照乔、灌、草、花、果等性状排列，基本上是中国古代本草学阶段的分类。他先给时任中科院院长方毅写信，汇报他的分类系统。方毅院长批示：请院信访局办理。他后专程来北京，信访局要求植物研究所派人到院里接待，植物研究所科研处处长派我去了院部。我热情地同吴同志交谈之后，特向信访局负责人反映了李振宇的情况，提出应该将像李振宇这样的年轻人送到大学或研究所加以培养，做分类学研究工作。信访局的同志做了记录，收了我送的材料，我以为此事就完结了。不料 1978 年春节，《人民日报》在头版头条发表了"不拘一格 选拔人才"的文章，报道李振宇被破格录取为中国科学院植物研究所的研究生，还有江西的一位青年被录取为中国科学院天文台的研究生。因没有事先通知，所里摸不着缘由，我也不知所措。春节第二天，所党委召开会议学习春节社论，我作为党委委员参加学习，党委书记及其他委员都感觉莫名其妙，不知此事。我汇报了向院信访局反映情况的全过程。但到现在我们也不知道是哪位领导批准的（估计是方毅院长，他是中国共产党中央委员会政治局委员）。党委徐全德书记指示，既然党报已经发布，所里应赶快派人去组织考试。会上决定由我去福建，我当场提出请福建籍陈心启同志和我同去，党委同意了。

我们先到福建省科技教育领导小组（以下简称"科教组"，即后来的科技厅）讲清来由，此事已惊动了福建省，他们庆幸省里出了这样一位优秀人才。科教组派福建师范学院植物分类学教师林来官陪我们去建宁县。当时小李是当地铸造厂的工人，初次见面发现他确实对分类学极有兴趣，他住的房间堆满了标本，还用低微的工资购买了分类学鉴定的书籍。工厂领导说，他每个周末带着饭盒就上山采标本（该县是山区）。考试考了植物学、植物分类学和英语三门课，还考察了他实际鉴定植物的能力。三门课由我监考，陈、林二位上山采标本。李振宇植物学和植物分类学成绩都得70多分，英语没学过，但他知道 Chairman Mao（毛主席）。他识别植物的能力很强，对陈、林采到的所有标本，他几乎都能鉴定到种。我和陈心启回所以后，向所、院领导写了报告，建议先调李振宇到北京补习两年专业课和英语，再进行硕士生入学考试，得到批准。

振宇很用功，两年后他考取了王文采先生的研究生，后获硕士学位，成为十分优秀的植物分类学家。

李振宇在福建省建宁县工厂时采集标本（李振宇提供）

李振宇在广西九万大山（李振宇提供）

2004 年 4 月拜访福建师范学院植物分类学家林来官教授 *

2.17 与病魔抗争

1980年2月的一个星期天，我带着购物本到离家最近的白石桥西南的一个小副食商店买鱼，排队期间，突然感到腰腿不适，站立困难，即刻回家。第二天到北京大学第一医院骨科检查，拍了腰部透视片，医生诊断为坐骨神经性疾病，把我推到神经科；而神经科医生看了此片判断是骨科病，又把我推回骨科，推来推去没有定论。当时，我担任植物分类学研究室党支部书记，任务繁重。我想大概是工作太累了吧！决定离开室里一段时间，出差去南方地区查阅标本。我与张志松、张志耘和李良千一起去了桂林中国科学院广西植物研究所、贵阳贵州省生物研究所、中国科学院昆明植物研究所和广州中国科学院华南植物研究所，我带小张（张志耘）查看葫芦科标本，以便完成编著《中国植物志》葫芦科的任务。老张（张志松）和小李登记裸子植物标本，填写中国裸子植物分布图。这些地区葫芦科植物种类分布较丰富，标本量颇大。白天看标本很有兴趣，精力也充沛，但不能久坐，得站着工作。但行走和晚上睡觉时，腰和左腿疼痛难忍，甚至彻夜难眠。步行稍长距离，得请张志松老兄搀扶，其他事宜由两位年轻人办理。出差近两个月，我受了大罪。从广州返京路过郑州，下车看望岳母，走路实在困难。我去售票处买回北京的火车票，已经无法站起来排队了，在我后面的好心人向售票员说明情况，才让我买到一张下铺火车票。回到北京，我又去北京大学第一医院，这次换了一位医术高明的医生，他看了两个月前的那张透视片，马上诊断是腰椎间盘突出症，要求住院动手术。

对手术治疗，家人和朋友多数不赞成，理由是腰椎神经密集，容易出瘫痪事故，建议采取保守疗法，按摩、牵引、蜡疗、打针（B_{12}）、吃药（六味地黄丸）。因我不同意动手术，医院拒开转院按摩的证明，所里也不予报销。经刘亮同志介绍，西直门内一小胡同有位盲人按摩师，我于是隔一天去一次，每次六角钱（那时能买七至八两猪肉）。早晨6时骑自行车去（骑自行车腰腿不太疼痛），一次按摩约半个小时，疗后返回办公室工作，又每周两次骑车去北京大学第一医院做牵引和蜡疗，经过3个多月的治疗，病情逐渐转好。

医务室孙大夫很关心我的治疗进展，她热情地帮我找到在中国科学院电工所工作的年轻电工小郑同志（时年25岁），他有家传骨科手艺，请他到居住在中关村的孙大夫家里为我推拿按摩。小郑的手法很好，不仅不疼，还感到舒服。他按摩了5次后，我的病腿就可以慢慢抬起来了，这是转好的征兆。那时，我左腿已明显比右腿细了不少，还短了2厘米。那之后，小郑又到我家里，并将他的按摩技巧传授给美林。美林学会了按摩技术，能掌握着力点和力度。小郑不收取任何费用，只要求我们送他两本书以作纪念。后来我就由美林每天按摩，并坚持睡硬板床。在6个多月的治疗时间里，我仍坚持照常上班和周末加班。腰椎间盘突出症是一种顽疾，许多患者终生难愈。40余年了，我却未曾复发过，这多得益于王美林对我的呵护。在与同病朋友聊天交流治疗经验中，他们都说我恢复得这么彻底，真是个奇迹！

2.18 强化英语口语训练

从高中到大学二年级，我一直学习的是俄语。自大学三年级起，经老师批准后我才选修了第二外国语英语。每周两节课，两年下来，算是达到初步入门、可以自修的水平。到植物研究所后，导师匡先生对我的科技术语（英文、拉丁文）要求高，训练严格，又达到了写作和应用的程度，但日常生活交流的口语没有跟上。

1982年，所领导批准我公派出国作两年访问学者。1982年9月，我报考了中国科学院职工业余大学第八届英文口语班，强化口语训练。这个班有28名学员，4位老师授课，我是班上年龄最大者（已满43岁）。上了有半年的课，内容多是文化、社交、日常生活用语，授课采取填鸭式的训练。比起同时学习的年轻人，我的反应较慢。1983 年 3 月学习期满，结业考试，我的口语成绩为 A-、笔试包括听力为 B，总算达到了出国的要求。

2.19 晋升副研究员

1986 年 7 月，植物研究所人事处公布晋升副研究员布告。由于所里多年未提职称，植物研究所又人才济济，报考者近百人，因院里分配名额极有限，竞争十分激烈。考试顺序由人事处安排，将我排在第一个，这对我是一次考验。每人报告 15 分钟，答辩 5 分钟。我报告的题目是"被子植物系统学的方法论"，这是一个综合性命题。我运用自己研究工作的实例，分析了系统学研究中 3 个学派（表征分类学派、分支分类学派、进化分类学派或折衷学派）的基本观点、优缺点，表述了自己的学术观点，特别强调了系统学研究中"时空观"的重要性。报告得到职称评审委员会的好评。据一位评委透露，我取得了全所唯一 90 分以上的最高分。在第一批公布通过副研究员的八人名单中，我位列榜首。这一天同时还公布我被聘请为植物研究所高级职称评审委员会成员。

2.20 母亲辞世

1986 年 7 月，王美林陪同我回老家探望老母亲。母亲那时已半身不遂多年，靠兄嫂、侄儿女们照顾。这次回去，王美林替我方方面面打算得很周到，带了不少礼物。我们送给全家老少每人一身衣料，他们都很欢喜。她还亲自下厨，给全家及亲戚朋友做了几顿美食，又特地宴请了多年为母亲看病的医生，以示感谢。我为老母洗了脚，略尽了孝心。

母亲遗像

1987 年 5 月，哥哥连发三封电报，通知母亲病危。那时，我刚开始主持植物研究所的全面工作，一时很难脱身回去。哥哥又发加急电报，我才放下工作，请假赶回家。那时交通非常不顺畅，从北京乘火车约 15 个小时才到达渭南站，下车后再乘汽车转到大荔县时，天已经黑了，只得在大荔县城住了一晚。待我第二天上午赶到家时，母亲已经不省人事。我坐在炕前，拉着她的手，轻声喊她。大概人最后会有心灵感应，她口微微张了一下，我含着泪水给她喂了半勺西洋参口服液。我到家不足 20 分钟，母亲就与世长辞了。按照农村的风俗习惯，我和兄嫂为母亲料理了丧事。

我一生亏欠母亲。我半岁时失去父亲，当年母亲只有 25 岁，哥哥 6 岁。在妇女没有地位的旧社会，母亲为抚养两个年幼的儿子，没有选择改嫁，受尽了苦难。她对我们兄弟要求严格，希望我们成人成才。她虽识字不多，但对我的读书抓得很紧，要求特别严格。我 9 岁时，姥姥已经去世，母亲也要回到我们村务农，就狠心把我留在舅舅家，因为舅舅这里的学校健全、教学质量好。我因离不开母亲，就闹逃学，为此受到她多次严厉处罚。记得在一个大雪天，她将我的衣服脱光，罚我跪在雪地上，她却背着我悄悄流泪。为了保证我上学，她忍痛让刚满 14 岁读初中二年级的哥哥辍学，送他到耀县县城店铺当学徒做童工。贫苦人家的孩子成熟早，我也早早理解母亲的苦心，小学之后，我再没有让母亲操心过我的学习。

我参加工作后，母亲来北京两次。第一次是 1970 年冬季，待了两个月。那时我月薪 56 元，夫妻和孩子分居三地，经济相当困难，很少给生活在农村的母亲经济上的帮助，而她却从农村给我的小家带来棉花、棉布和新棉被等。她来京，正赶上我受到莫须有的审查，她的精神也受到很大影响。我只带她去了一次天安门广场和王府井，去时乘从二里沟到王府井的无轨电车，回程时，我陪她经西单、西四、新街口、动物园，步行回到二里沟，两人节省了三角钱。回到宿舍后，我已感到很累，母亲却忍着疲惫给我们做起饭来。

母亲第二次来京是1974年，我要去西北出差两个月，她来京帮助照顾孩子。她在60多岁时患中度半身不遂，靠哥嫂和侄女伺候照顾了10多年。我因距离远，无法在她身边尽孝，母亲却常用"尽忠尽不了孝"的话语安抚我，对我的工作非常理解和支持。回想起来，从小到大都是母亲在为我付出，我没有给予她多少精神上的快乐，也没给过她充实的物质生活。等我终于有了能力反哺时，她却离我而去，我感到十分惭愧和痛心。

　　母亲辞世的第三年，为了表达对她的深切缅怀，我和老伴商议出资为她立墓碑。请兄长和大侄子操办，墓碑上题写：治家守儿苦创业，为国育人严教子。

　　料理完母亲丧事后，接到西北大学狄维忠教授邀请，我从老家又赶往西安，参加他的3位硕士生任毅、廖文波和仲铭锦的论文答辩。

母亲和我的女儿

二侄子路建军

2014年与兄长一家（路建军摄）

2.21 引进生物数学家徐克学先生

徐克学是我任所长期间引进植物研究所的生物数学家。他于 1965 年毕业于北京大学数学力学系，后在山西省工业技术学校任教。在 20 世纪 70 年代的中草药运动中，因爱好植物，加入了山西省中草药调查研究组，参与编写《山西省中草药》。1975 年，他负责筹建山西省晋东南地区药品检验所，后来开始探索使用统计学方法研究药用植物，这与当时世界上在生物学中运用数量分类学方法的思路几乎是同步的。

20 世纪 70 年代初，数量分类学在国外刚刚兴起，汤彦承主任敏感地意识到生物数学对植物分类学学科的重要性。当 1979 年徐克学以协作身份在中国科学院生物物理研究所从事生物数学研究时，汤先生慕名而去，与徐克学促膝长谈，邀请他到我们研究室做兼职指导。后汤先生萌生引徐克学入植物研究所发展数量分类学的想法。但因无法解决老徐爱人户口从上海迁京的问题而未实现，此事成为 1981 年汤先生卸任室主任前的一件憾事。

我与汤先生搭档十多年，曾担任他的副主任，了解引入生物数学的重要性。老徐于 1982 年调入国务院农村发展研究中心，家庭也得以团圆。于是我继续寻找机会，争取调老徐入植物研究所。1987 年，我已经担任植物研究所所长。这年夏季的一天，植物分类学研究室已故技术员张无休的骨灰拟从八宝山迁到植物研究所附近的万安公墓，他的继父杜润生老领导，时任国务院农村发展研究中心主任。那天，我和陈心启主任等参加骨灰送别，我设法搭乘杜老的专车，利用从八宝山到万安公墓短短 20 多分钟的路程，向他简要汇报了植物研究所希望引进徐克学同志加强中国数量分类学研究的强烈愿望。杜老是老革命，做事干练果断，他对我国发展生物数学非常支持，立刻拍板放人，只提出徐克学需将在农业部的住房腾退问题。现在的很多年轻人不了解，在 20 世纪 80 年代，住房可是个大问题。我即刻向杜老保证，等植物研究所住房建好后，立刻腾退农业部的住房。就这样，历经千难，徐克学先生终于入职植物研究所，开启了他生物数学和生物信息学的全职研究工作。与此同时，他一直兼任中国科学院研究生院教授，讲授生物数学课程 20 多年。学生们说，他的课堂座无虚席，反映出当时研究生对生物数学的迫切需求。他为中国生物数学研究和教学作出了重要贡献，2008 年被中国科学院研究生院授予"杰出贡献教师"称号。

徐先生后来又产生了拍摄植物图像这一爱好，成为我所中国植物图像库的创始人。1994 年，他主持"中国植物图像库"工作，完成了我国多个生物多样性热点地区的植物考察和图像拍摄。近 30 年来，他以"居群"概念采集过万种植物的图像近 50 万帧，建立了图片管理数据库。2022 年夏，我与他的九三学社社友王美林登门拜访。老徐本来中等个子，现在显得消瘦，腰弯背驼。但他仍在电脑上整理、鉴定新拍摄的植物图片，分类入库。他说："只要是植物研究所科研人员研究需要，凡他拍摄的照片，分文不取、全力支持。"我的眼睛有些湿润。老徐的声音依然洪亮，透过他厚厚的眼镜片，他眯缝的眼睛仍然炯炯有神，他背虽驼，但人立起来！

衷心祝愿徐克学教授健康长寿，潜力充分发挥，生命更加精彩！

探望生物数学家徐克学研究员（右）*

2.22 晋升研究员

　　1988 年，植物研究所晋升研究员的指标由中国科学院人事局下达，名额极少，评审难度极大。我身为所长，没有申报，选择退让。所里两位院士，即名誉所长汤佩松和王伏雄先生，在我完全不知情的情况下，联名给周光召院长写信，提出我已达到研究员水平，呈请中科院专拨指标。周院长同意并批示院人事局特为我下达一个研究员指标。人事处王亚东处长接到院通知，组织所研究员职称评审委员会专门开评审会，听取我的任职报告。我的报告题目是"我的学术思想的形成和发展"。经过所内外 10 多位教授的评审，以平均 90 分以上的高分，全票通过研究员任职资格。在此附上我的任职报告提要：

我的学术思想的形成和发展

　　1974 年以来，我的研究重心在于被子植物系统与进化的研究。根据国际上本研究领域的发展以及本人的工作实践，逐渐地形成了自己的研究思想体系和研究方法，主要论点在"被子植物系统学的方法论"（见《植物学通报》，1985 年）一文中作了详细的阐述。概括地说就是："生物进化无外乎两个过程，一个是时间上的进化，一个是空间上的进化，即指植物的进化存在于时间梯变和空间梯变之中。生物进化中的这两个过程是相互统一、相互制约的。任何一个类群都在一定的时期发生于某一个特定的地区。随着时间的推移，它们在不断繁衍后代的同时在地球上才得到散布和发展，或者随着时间的推移，有的类群正在不断地收缩其分布区而面临着绝灭，或者已经绝迹。研究生物类群在进化中的这两个相互联系的过程，并且探索它们进化的动力（原因），是我研究植物系统进化所采用方法的基本原则和出发点。"这也是植物进化生物学（Evolutionary Biology of Plants）的研究内容，是我奋斗的方向。上述观点的形成，经历了一个较长时间的思考和实践过程，可分为3个阶段。

1. 奠基时期（1962~1973 年）

一次偶然的机会，1962 年初我报考了匡可任教授的研究生。匡先生出了一道考题："什么叫植物分类学？什么叫植物地理学？两者有何关系？"我依据辩证唯物论的观点作了回答：植物分类学是从时间梯度上研究植物类群的关系，植物地理学是从空间梯度上研究植物类群的关系，两者（指时空关系）是相互制约和相互统一的，等等。这份考卷匡先生打了 95 分。这道考题也使我陷入长期的思考之中，成为我研究思路的萌芽。

研究植物的系统与进化，植物分类学是最重要的基础。导师匡可任教授的严格培养和基本功训练，使我迈进了植物分类学研究的大门，掌握了研究方法。我先后参加了《中国高等植物图鉴》《中国植物志》三卷册的编著和出版，发表了 12 篇有关植物分类学的研究论文，这个时期的研究成果已在获奖项目中得到肯定。最重要的是，匡可任教授在植物系统学以及植物器官学的极深造诣对我有很大影响，他的传授和自己的钻研，使我在被子植物形态演化以及植物系统学知识方面奠定了一定的基础，对我后来学术思想的发展起了重要的作用。

2. 发展时期（1974~1984 年）

1974 年，担任植物分类研究室主任的汤彦承教授，根据学科的发展及我本人的基础，适时地从组织上保证了我的研究方向，即被子植物的大系统（Macrosystematics）或称宏观进化（Macroevolution），成为我终身的奋斗目标。在我们日常的学术交谈中，他给我提了许多指导性意见和许多有益的启示，这是我永远不能忘记的。

起初，我系统地研究了国际上的发展动态，集中在两个问题上：1）植物系统进化研究的原理和方法；2）现代被子植物分类系统各个学派的基本观点及系统大纲比较研究。

现代被子植物系统学的发展，主要表现在两个方面：第一，研究方法的多样化，三个学派，即表征分类学派（Phenetics）、折衷学派（Eclectics）或称进化分类学派、分支分类学派（Cladistics），采用不同的原理和方法，探索植物类群之间的关系；第二，植物学各分支学科所获得大量新证据的积累，并在建立分类系统中被广泛采纳。20 世纪 80 年代以来，4 个现代被子植物分类系统，即 A. Cronquist(1968 年、1981 年)、A. Takhtajan(1969 年、1980 年)、R. Dahlgren(1975 年、1983 年)、R. Thorne(1983 年)的系统，在已有知识的基础上，更广泛地利用了比较胚胎学、植物化学（包括血清学）和植物超微结构等方面的新资料和证据，几乎在同一时期作了修订。这就使被子植物系统学的研究呈现出空前活跃的局面。

这种情况促使我在理论上分析各个学派的优缺点，完善自己的学术思想。我陆续发表了"对于被子植物进化问题的述评"（1978 年）、"现代有花植物分类系统初评"（1981 年）、"关于被子植物进化研究的回顾和展望"（1983 年）和"诺·达格瑞被子植物分类系统介绍和评注"（1984 年发表，1989 年修订）等四篇综述和评论性文章，系统地阐述了自己在几乎所有重要问题上的观点，得到国内同行的良好反映，为植物研究所在这一研究领域争得了领先地位。与此同时，我选择了一些研究课题，一方面是以自己的实践深入地掌握各个学派的研究方法，另一方面是为了验证自己的学术思路。先后在国内外刊物上发表了"论胡桃科植物的地理分布"（1982年）、"裂瓜属的研究"（1985年）、"Embryology and probable relationships of *Eriospermum* (Eriospermaceae)"（1985年）、"*Campynemanthe* (Campynemaceae): Morphology, microsporogenesis, early ovule ontogeny and relationships"（1985年）、"Studies of the subtribe Hyoscyaminae in China"（1986年）等五篇研究论文；完成了"A cladistic study of the families of the superorder Lamiiflorae"文稿（后于1991年发表），论文分别被世界著名植物系统学家 R. Dahlgren、A. Takhtajan 以及我国著名植物学家吴征镒院士等所引用，并得到世界同行的好评。

3. 成熟时期（1985 年往后）

在丹麦进修研究的两年中，我得到著名植物系统学家 R. Dahlgren 教授的指导和十分热情的合作，学到许多书本和期刊中难以掌握的研究方法和学术观点，使我对世界上的各个流派有更深入的了解，这对于我取各家之所长、避各家之所短，系统地形成自己的学术思想益处多多。在此基础上，我发表了"被子植物系统学的方法论"（1985 年）。运用这个思想，1987 年我提出"金缕梅类植物科的谱系分支、地理分布和进化"这一研究项目，得到国家自然科学基金委员会的经费资助，被"系统与进化植物学开放研究实验室"列入重点课题之一。我试图通过这项研究完整地体现自己的学术思想，以求达到世界先进水平。

2.23 争取张宪春入职植物所

　　著名植物学家秦仁昌院士领导的植物研究所蕨类植物分类学研究，处于世界领先地位。由于退休制度的实施，所里出现人才断层，急需补充年轻优秀人才。1989 年 7 月，蕨类植物学家邢公侠先生提供信息，说云南大学朱维明教授推荐他的硕士生张宪春，学习刻苦，善于野外工作，对蕨类植物的学习和研究有浓厚兴趣。这正是我们所需要的人才。但是，那一年云南省为了保留人才，研究生毕业一般不能出云南省，要求留本省工作。

蕨类植物学家张宪春研究员（张宪春提供）

当年 8 月，我利用去昆明开会的机会，在朱维明教授的陪同下，去云南省教育厅找专门负责学生分配的学生处处长商谈。这位女处长当时是个大忙人，很难找到。一位好心人告诉我们，她正在云南师范大学某楼。我们立刻赶到那里，到后看到找她的人很多，很难搭上话。好不容易送上我的名片，她一看便变得很客气。我提出希望将云南大学毕业的硕士生张宪春分配到中国科学院植物研究所。她当时没有同意，强调了云南省分配学生的规定。我说："我们研究所已经支援云南省 20 多位高水平植物学科技人才，吴征镒院士就是由我们所调到昆明的。"她缓和了口气，说要向副省长请示。后来又提出要我所缴纳 3000 元的培养费，我们认为不合理，没有答应。经过多方交涉，张宪春于当年 10 月 1 日终于来所报到。张宪春刻苦努力，进步很快！1995 年 8 月，我应邀到巴黎法国自然历史博物馆工作，在博物馆巧遇宪春。他那段时间正在荷兰查阅标本，这次特意与他的合作者从荷兰开车来该馆进一步研究标本。我俩畅谈交流，还一起品尝了法式美食。

张宪春不负众望，现在已成为我国蕨类植物学研究的学术带头人。

2.24 参加胡秀英博士百龄诞辰学术讨论会

2005 年 2 月，应深圳仙湖植物园主任李勇博士和香港中文大学毕培曦教授的分别邀请，我偕夫人王美林参加了两地举办的"中国植物系统学百年回顾学术交流会"（深圳）和"祝贺胡秀英博士百龄诞辰学术讨论会"（香港）。

2005 年 2 月下旬参加深圳举办的"中国植物系统学百年回顾学术交流会"，
会议发起和组织者有深圳仙湖植物园老主任陈潭清（前排左 3）、届时主任李勇（二排右 1）和香港中文大学毕培曦教授（二排右 6）（深圳市仙湖植物园档案室提供）

胡秀英（1908~2012），江苏徐州人，1933 年毕业于南京金陵女子文理学院，1949 年获美国哈佛大学博士学位，是哈佛大学有史以来第二位华人植物学女博士，中国植物分类学家尊称她"胡博士"。她长期在哈佛大学植物标本馆任高级研究员，从事植物分类、植物地理和植物资源利用研究，学术著作颇丰。她撰写的中国冬青属和锦葵科研究专著成为分类学的经典之作。她在推动中美植物学交流和为中国培养植物学人才等方面作出了重要贡献。后来，她在香港中文大学兼职任教期间，多次来大陆讲学，参加了 1993 年在北京举办的中国植物学会 60 周年全国代表大会，并将她收集的菊科、兰科两大箱文献无偿赠送给植物研究所。

我第一次见到胡秀英博士是 1989 年在美国波士顿。那年，应著名植物学家、美国密苏里植物园主任 Peter H. Raven 邀请，王伏雄院士、洪德元研究员和我对美国 5 个植物学研究单位进行了访问和考察。胡博士时任哈佛大学阿诺德树木园和标本馆的高级研究员，我们三人在哈佛大学和阿诺德树木园访问期间，她亲自驾车陪同。那年她已 81 岁高龄，但她娴熟的驾车技巧让我惊异。胡博士身材矮小、着装俭朴，却精力充沛、和蔼慈祥，令人钦佩。她还热情地亲自烤火鸡请我们品尝。在胡博士的关照下，我们在波士顿的考察访问很顺利。

深圳仙湖植物园举办的学术讨论会，有来自国内不同单位的上百位学术同行参加。我做了题为"被子植物起源研究中几种观点的思考"的报告，反响很好。会后举办了胡秀英博士的百岁寿宴，十分热闹。植物分类学家野外工作多，心胸豁达，大多健康长寿！

深圳会议后，洪德元夫妇和我们一同到达香港中文大学，参加那里举办的另一场学术报告会。毕培曦教授给我出题"20 世纪 90 年代之前的中国植物分类学"，洪德元的报告题目为"20 世纪 90 年代之后的中国植物分类学"。在报告中，我特别赞颂了胡秀英博士的科学成就及对中国植物分类学的贡献。会后，我们参观了胡博士在香港中文大学的工作室。

参加香港中文大学举办"胡秀英教授百龄遐寿荣庆学术研讨会"
（右起：洪德元、潘开玉、胡秀英、王美林、路安民）

2.25 我的岳母

　　我的岳母可是一位了不起的女人！她叫张文卿，湖南省南县汉寿人氏。1961 年 8 月暑假，我第一次拜访她。她是一位勤劳、善良而充满生活智慧的长辈。美林介绍我，"他家是农民"。岳母立刻打断她："农民家怎么啦？人好就行！"我心里暖暖的，亲切感立生。随着对她的了解，我对这位妈妈的敬重之情，不自控地点燃起来。她出身于农村，母亲在她约 15 岁时就去世了。作为家中长女，她意志坚强，担负起照顾弟妹的重任。艰苦的生活造就了她吃苦耐劳的优秀品质和乐于学习新技能的好习惯。她后来嫁到常德，1938 年 6 月女儿美林出生时，恰逢抗日战争。日寇攻打湖南，在"长沙会战"和"常德会战"的艰难时期，她带着三四岁的幼女钻树林、躲苇荡，避开日寇的围追堵截；后又钻过防空洞，躲过飞机的狂轰滥炸……历经诸多磨难，母女俩存活下来。抗战胜利后，她随丈夫王铭川工作变动，辗转到过湖南、湖北、四川（含重庆）和河南多地，直到 1958 年 9 月调到河南省冶金煤炭厅工作后，他们才结束了漂泊的生活，在郑州定居下来。

　　我们大学快毕业时，正值国家经济困难时期，毕业生的工作分配极度困难。所幸对于我们那一届毕业生，学校和系领导制定出按学习成绩分配的原则。系领导和班里党、团支部委员做了分数排队工作，那个时代，组织要求保密，我们都是严格遵守的。王美林向我提出："我们步入社会，工作先分开两三年，有利于各自了解社会，提高工作能力和品德修养。"我同意了她的意见，因此，1962 年 10 月，我到北京中国科学院植物研究所工作，她则分配到中国科学院西北生物土壤研究所兰州分所，该所后搬迁到陕西省杨凌，新成立了中科院西北植物研究所。我们到各自工作岗位后，一边专注于补充学习自己缺乏或深度不够的知识，一边努力做好本职工作。那个时期，我

岳母与她的长女美林、小女美森

们严格遵守国家一年 12 天探亲假的规定，仅有一次因儿子得了急性阑尾炎住进北京儿童医院，她才请假在北京多住了一周。在我们分居的那些岁月里，岳母为我们抚育、照顾两个孩子，作出了巨大牺牲。女儿出生前，她就辞掉了工作，对这位极度自律、不愿依靠他人经济过生活的女性来讲，得下多大的决心？现在想来，那也是对她的一种伤害。美林临近预产期仅剩三四天的时候，一个人挺着大肚子从兰州乘火车硬座约 22 个小时，回到郑州岳母家。第三天半夜有了疼痛感，岳母独自拉着两轮大板车，把她送进郑州市妇产医院。出院时，仍由岳母拉回美林和新生儿。女儿出生后，美林无奶哺乳，岳母也没有用牛奶喂养婴儿的经验，这成为当时一大难题。岳母一方面请教医生，一方面四处打听有实践经验的人，寻找各种方法，在她不断地琢磨探索之下，女儿被喂养得很健康。当时的产假只有 56 天，美林在产假结束的前一天，将女儿托付给老人家，独自一人返回工作岗位。

三年后的冬季，儿子出生的前一个月，岳母带着外孙女赶到陕西杨凌，准备照顾妻子的生产。临盆前是单位同事、农业育种专家容珊女士把妻子送进妇产医院的。她是广州人，身材瘦小，吃力地拉着大板车上坡下坎，这份重恩，妻子至今无法忘怀。儿子出生后的第 42 天，我请了探亲假才见到他。岳母见我消瘦，每天给我煮满满一碗荷包蛋，约七八个，逼着我吃下，我享受着"坐月子"吃鸡蛋的待遇。儿子刚满 60 天时，我接到所里催我回京工作的电报，便带着岳母和两个孩子乘火车，先送她们三人回郑州。当时列车上人满为患，挤上火车是现如今难以想象的艰难。送站的朋友只得踹开车门，先将我挤推上车，我艰难转身接过儿子，来不及多想，转手将他递给身旁一位陌生的解放军同志。接着岳母被送站的朋友在车下连抱带推，而我在车上拽拉，她才勉强上了车。最后，3岁多的女儿又被抱递上车来。车门关了，我已满头大汗，刚喘一口气，突然想起，还要抱回儿子……一位好心的乘客挤腾出座位的一角，让岳母坐下，我把儿子交到她怀里，女儿则一直趴在岳母肩膀上。我的两只脚被人挤得紧靠在一起，动都不能动，车厢憋闷，我感到呼吸都困难。一路上，大人小孩都忍受着饥渴。奇怪！两个孩子一点儿都没有吵闹，我心生忐忑。我们煎熬了11个多小时才到达郑州，顾不得腿脚还麻木着，雇了两辆三轮车，拉我们回到岳母家。开门第一件事，我迅速掀开包被，查看儿子的状况。嗨，小家伙睡得很香，真是个心宽的小子！我长舒了一口气。岳母虽已疲惫不堪，却只休息片刻，顾不得劳累，赶着做了一顿可口的饭菜，喂饱女儿和我。第二天，我抓紧安排他们三人的生活用品，办理了琐事。第三天一早，我便启程回京。临行前，岳母特地将几盒河南产的黄金叶牌香烟递到我手上。我两眼饱含泪水，转身疾走，我不敢回望抱着孩子站在门口送别的老人。

我与孩子、妻子分三地生活，偶尔还需给我生母寄点儿生活费，经济上确实困难。岳母有湘绣手艺，平日很会安排两个孩子的吃穿用，她有个记账的小本子，记录着每一笔花销。她记账的本事，得益于新中国成立初期全国推行的文化扫盲学习班。她学习非常认真，语文大概达到小学六年级水平，算术可以口算、心算、打算盘。她把节余的钱为两个孩子购买可长期使用的必备品，如挑选美观而耐用的箱子、织毛衣的纯毛毛线等。

她把两个孩子养得很健康，她琢磨出了一套抚育婴儿的经验，被左邻右舍传开，用现代的话讲，招来了找上门的"客户"，请她帮助抚育幼婴。我认识其中时间较长的两个娃娃，一个名小惠，一个名小莉。后者是个残疾女孩，出生不久就被她父母抱送过来，经过岳母的精心照料和呵护，孩子残疾的腿基本上好了，只眼睛还留下一点点不适，十五六岁时已长成亭亭玉立的大姑娘。岳母重任劳碌，为的是减轻我们的负担，结果却留下了驼背的体态，这一直让我们心怀愧疚。

1969年3月，岳母第一次来北京，那时儿子刚过两岁。我们带她爬长城，她兴趣极浓，说年轻时听过孟姜女哭长城的故事，仰慕长城已久。我们带她去天安门广场，儿子不要我们抱，只要姥姥背。他对姥姥有着深厚的感情，与我们接触少，较陌生。这一次岳母只待了不到10天，就带着外孙回郑州了。1973年夏天，一个孩子上小学，岳母第二次来北京。她在北京大约待了4个月，把我们三人的生活安排得井井有条，让我度过了入京工作以后难得的一段舒心生活。待安排我们三人生活走上正轨后，她又只身回郑州了。

1975年末，美林和孩子进京户籍解决后，郑州只留岳母一人，她已70多岁了，

1973年岳母来京在植物研究所二里沟宿舍平房照顾外孙女和外孙 *

我劝她来京与我们一同生活，她一直不同意，并对我说："你妈还在，她守寡一辈子不容易，应该和你们住在一起。"我母亲辞世后，就又向她提出进京居住的事，她提出："住北京，户口怎么办？"我们在向甘家口派出所提交了老人进京户籍申请的同时对她讲，从申办到批准有一个过程，先搬家住北京吧，她同意了。趁此机会，我赶快找到郑州的朋友，为她做好彻底搬家的准备，户籍和房子仍保留着。住了一段时间，户籍未获批，理由是妻子的妹妹在南京，可以入籍南京。老人听后，湖南人的火爆性格、倔强脾气上来了，非要立即返回郑州，我们的一再恳求和亲友的劝阻都无济于事，无可奈何！只得费力又把她送回郑州。

1990年，岳母满80岁，妻子采取强硬态度，非要她入住北京。趁暑假，我带着儿子、女婿和南京大外甥四人一起到郑州，先将她居住的房子交回原单位，邀请了她在郑州的邻居、朋友聚会一次，连她当年抚育过的小惠和小莉也赶来送行。这次岳母进京没有户籍、粮票和证券的顾虑，心情不错。亲手带大的外孙女和外孙对她很尊敬，第四代两个曾孙子很可爱，她很开心，经常显露她做一手好菜的本领，吃得全家老少皆喜笑颜开，对她称赞有加。遇到家里有人过生日，她总骑上小三轮车到市场挑选新鲜食材，做几个大菜、硬菜。岳母在北京随我们一起生活了16年，她有自己的养生经验，很少生病，视力一直保持在1.5，近90岁时，还能阅读小5号字的书刊。她喜欢看报读书，特别是趣味性科普知识，偶尔还对我们谈些共产党领导好的看法。93岁以后，她的兴趣转向读写《汉语词典》，碰上怪癖字，常考问得我们目瞪口呆，忙查找《词源》方能回答。闲暇时，她还会骑上她的小三轮车，在住所附近逛逛。

岳母晚年随我们生活在二里沟宿舍楼房 *

　　2006 年春季的一天，全家人带她去王府井玩，在中国照相馆照了全家福，接着到街对面的全聚德烤鸭店吃了高档的烤鸭餐。老人非常高兴，但又一直盯着她女儿悄悄地说："花钱太多了吧！"她女儿笑着说："放心吧！难得让您这么开心一回。"当年 8 月 31 日，岳母腹部右侧急性疼痛，120 救护车将岳母送到北京武警医院急救室进行全面检查，后转到住院部，在那里又重新检查一次，诊断为胆囊炎，住进病房。医生叮嘱第一周禁食；第二周的第四天，岳母有了食欲，妻子遵照老母要求准备好食物喂她，她却只吞咽了半勺就推开不吃了，后来医生建议每天打一次 300 元的针剂，三天下来并没有效果；第三周，岳母精神还好，轻声告诉美林，把南京的妹妹和湖南常德的外甥女叫来见个面吧；第四周，神志清醒的岳母向妻子交代已做好的丧葬服存放在家里的位置和其他身后诸多事宜。9 月 30 日正午，岳母辞世，享年 96 岁。她走得从容安详。

　　10 月 2 日在阜外医院太平间举行遗体告别仪式前，我们请化妆师为一生喜爱干净、着装素雅的岳母进行整容，送往八宝山遗体火化，将她的骨灰安放于万安公墓。翌年4 月，我和妻子去郑州注销了岳母张文卿的户籍。

　　她老人家驼着背忙里忙外的身影经常在我脑海里浮现。一想起她老人家慈祥的面容，想起她对我轻声细语的叮嘱，想起她为一家人做出的一道道美味佳肴，我就忍不住热泪盈眶。

　　岳母和我的亲娘一样，是我这一生最亏欠的人！

3

国际学术交流和科学考察

3.1 阿尔巴尼亚植物区系和植被考察

1973 年夏，国家开始派遣专家出国考察。根据中科院和阿尔巴尼亚地拉那大学的科技交流协议，国家先后派出地震考察组、植物考察组和农业考察组。植物考察组由植物研究所选派，所领导最初提名钟补求教授和我前往，钟先生因身体欠佳谢绝了，改换王献溥同志和我同去。

我和王献溥到院外事局办理出国手续。那个时期，国家为公派出国人员提供两套外衣服装。外事局工作人员先带我们到院设的服装部（即先前出国人员交回的旧服装）挑选适合自己的服装，我因身材消瘦，没有合适的；王献溥也没有适合的。院批准给我们按标准发放制装费。我到王府井"红都"店定制了灰色和黑色中山装各一套。

7 月 4 日，党委副书记李森同志专门到首都国际机场为我们送行。我们乘坐的中国民航班机经苏联伊尔库斯克加油，在机场候机厅用餐后，继续航行。7 月 5 日（莫斯科时间）到达莫斯科，住中国驻苏联大使馆。7 月 6 日换乘苏联班机到匈牙利布达佩斯，入住中国驻匈大使馆。在匈牙利等了 3 天，7 月 9 日才搭乘从柏林起飞经过布达佩斯的德意志民主共和国的飞机到达地拉那机场。地拉那大学自然科学系主任 Kol Paparisto 教授和 Leonard Jopuji 教授等在机场迎接。那时，出国人员很轻松，不需要自带费用，每一站都由使馆人员接送，在使馆吃住，吃饭不限量，顿顿有美食。在莫斯科和布达佩斯逗留期间，使馆外交官（三秘）抽半天时间带我们游览市容。那个时期，这两个国家看起来相当发达，街道上小汽车川流不息，超级市场商品丰富，人民生活富庶。

阿尔巴尼亚是一个多山国家，山地和丘陵占 3/4 的国土面积，森林覆盖率达 38%，属地中海型气候，冬春多雨，夏季干旱。在 40 多天的考察期间，几乎没下过雨。

我同王献溥（左5）会见地拉那大学生态学家（左4）

除硬叶常绿植物外，草本植物多数干枯。采集标本十分方便，除鳞、球茎类植物外，压制标本几乎不必换纸。考察地区分为两个阶段。第一阶段考察中部和南部，从地拉那出发到达中部的爱尔巴桑、卢什涅，西南部的费里、发罗拉，东南部的科尔察到南端的萨兰达至希腊边界。结束中、南部地区考察后，接待方安排我们到最大的海港都拉斯休息一周，住在亚得里亚海海滨的高档宾馆，我们得到了躺在洁净的沙滩晒太阳、在碧蓝的海水中游泳的机会。第二阶段对北部地区考察，到了佩什科比、库克斯、斯库台，最后到达阿尔巴尼亚境内的阿尔卑斯山脉。此处山势险峻，最高峰耶泽尔察山海拔2700米，山顶终年积雪。北部考察结束后，又安排我们到都拉斯休息，等待航班。

考察全程，中、南部地区地拉那大学派出一位植物分类学家陪同，北部地区派出一位植物生态学家陪同。阿方派的汉语翻译 Lili Dinga 在北京大学学过两年中文。司机是位热情好客、技术熟练的年轻小伙，开着中国生产的北京吉普车，在崎岖的山路间灵活穿梭，使我们饱览了位于南欧巴尔干半岛西南部这个国家的自然风光。其近30%的领土在海拔1000米以上，东部和中部为2000~2400米的山地，整个地势由东部向西部逐渐降低到1000~200米，直到海滨。山地和丘陵间多为河谷盆地，以地拉那河谷盆地最为著名。西侧水域则是地中海向北扩展的亚得里亚海，是阿尔巴尼亚地中海型气候形成的重要因素。

这次考察共采集标本630多号，经鉴定约有540种，还采集了一些苔藓标本。野外工作结束返回地拉那，受到地拉那大学校长的接见。8月19日，地拉那大学副校长 Bisim Daja 举行欢送宴会，他递给我和王献溥各一个信封，赠给我们各一套阿尔巴尼亚生产的铜质茶具和纪念阿尔巴尼亚共产党诞生地的一幅小型木刻艺术品。宴会后，我们到驻阿使馆汇报工作，使馆工作人员将我们两人递交的信封拆开，各取出少部分阿币列克分发给我们，说是按国家规定的"零用钱"，并介绍，这里有德国出产的桌柜用台布，可以买些回去。我俩到商店按钱数买了两米多台布，这是一种棉绒质漆布，美观、大方、耐用，拿回来后得到了夫人的称赞。我们将赠送的铜质茶具上交给植物研究所，并将出国前新做的两套中山服交回中国科学院外事局。

8月20日，我们乘飞机离开地拉那，途经布达佩斯、莫斯科回到首都机场。所党委徐全德书记又专门到机场迎接，可见那个时期国家和所领导对这次考察的重视。在近两个月里，我的体重增加了约5公斤，地中海夏季强烈的阳光把我晒得黝黑，同志们开玩笑地说："来了位黑人。"

这次考察采集，我对于地中海型气候条件下的植被、植物区系有了深入的认识。

同植物分类学家（男）和翻译 Lili Dinga 女士交流工作计划

进入林区，开展实地工作

川断续属 *Dipsacus* sp. 1 种（路安民摄）

水仙属 *Narcissus* sp. 1 种（路安民摄）

3.2 第一次赴美国参加第二届国际茄科学术会议

1981 年，我接到美国密苏里植物园著名茄科专家 W. G. D'Arcy 博士的邀请函，请我参加 1982 年 8 月 3~6 日在美国圣·路易斯举办的"第二届国际茄科生物学和系统学"国际会议，经费（来回机票、会议注册费、食宿费）由该园主任 Peter H. Raven 全额资助。

这是我第一次独自赴美，由于没有旅行经验，闹了些小乌龙，却都有惊无险。从北京搭乘美国泛美航空公司 PA15 航班，该机航程为北京—日本东京羽田机场—美国纽约。我的目的地是美国圣·路易斯（Saint Louis）。因机票上没有标明需在日本换乘航班，我误以为航班停留是加油等待，不知道 PA15 直飞纽约，我需要在羽田机场换乘美国旧金山至圣·路易斯的班机。等我回过神来，该班机已经离港了。我心中慌乱、有些紧张，拿着机票到机场改签处，办事人员对我说，要改换航线。改道洛杉矶转机到丹佛，再转机到圣·路易斯。飞机到了洛杉矶，机场人员给了我一张机场地图，要我到另一个航站楼转机。这时，我已分不清东西南北，朝指示的方向猛跑，顾不上交通规则，跑了大约 10 分钟，遇到一位黑皮肤的机场工作人员，他礼貌地指出候机厅的准确位置。我气喘吁吁说了声"Thank you"，跑到登机口，仅 8 分钟，飞机就起飞了。到达丹佛机场，我才平静下来。丹佛是美国西部高原上的一座城市，有点像我国西北部的西宁，但机场很大。航站工作人员对我说，45 分钟后，有一个航班去圣·路易斯，并帮我办理了机票手续，乘候机大厅电动车到登机口。飞机到了圣·路易斯，已经是晚上 12 点多，Nancy D'Arcy（W. G. D'Arcy 的夫人）和我们研究室在那里进修的陈家瑞同志早已在机场等候，辛苦他们了。好在他们从航站厅大屏幕看到我已改变航线的通告。飞机上我还一路犯愁，北京托运的行李箱能否随机到达？因为行李里装着胶版印刷的两份学术报告，每份 30 册。当我看到行李领取处的行李箱时，我的心才放松下来。可见当时日本、美国的航空已相当发达。

我们提取行李到达酒店已经是凌晨两点，折腾了一天一夜，加上时差，我已疲惫不堪。5 点多起床，忘记了如何打领带，反复多次，总算打好了。早上 7 点乘大巴去植物园开会。当时我没有受过专门的英语口语训练，发音和语调都不理想，在我做大会报告前，在植物园的华人（包括台湾同胞）都很热心，他们请了一位英语老师纠正我的发音和语调。我胆大，做报告不怕讲错，因幻灯片准备得非常理想，报告完后，

参加第二届国际茄科生物学与系统学大会，与会议主持人、
茄科植物学家 W. G. D'Arcy 博士进行融洽的交流

效果竟然还不错。我问在美国读博士的台湾同胞彭镜毅，他说能听懂 65%。

我为大会撰写了两篇论文："Studies of the subtribe Hyoscyaminae in China" 和 "Solanaceae in China"。天仙子亚族含 6 属，主要分布于东亚、中亚到非洲北部，以中国为分布中心。论文根据形态学、孢粉学、化学、地理学和细胞学等性状，综合分析了其系统演化，从系统发育的观点分析了它们的地理分布、分布中心以及现代分布形成的原因。报告得到各国茄科植物学家的赞赏，认为是研究天仙子族的经典之作，并称我是研究该属群的权威。两篇论文发表在由 W. G. D'Arcy 编辑的会议正式出版的专著 *Solanaceae: Biology and Systematics*（Columbia University Press. Now York.1986, 56-78）中，并将论文中的一幅植物图 *Anisodus tanguticus* 定为专著的护封。

会后，我在圣·路易斯逗留了三四天，同研究室的吴鹏程和陈家瑞同志招待我。

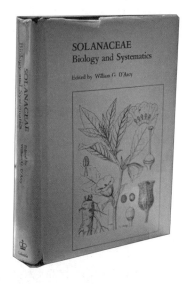

第二届国际茄科大会的论文专著集，竟采用山莨菪图做成了护封

周末我们三人逛城市，专门到了密西西比河畔，那里有一座高192米的拱门Gateway Arch，乘电梯从一边上去，从另一边下来。据说，这座拱门是纪念美国人从东部向西部迁移的必经之路，修建得很宏伟。我用会议发的零用钱，委托吴鹏程同志帮助买了一台直流电收录机（那时国内很难买到，且价格昂贵），带回来经过改装，用于学习外语。会议结束后，Peter H. Raven专门会见我，赞扬了我的学术报告，又由于我当时已任植物分类学研究室主任，便就两个单位的合作事宜交换了意见。回程倒是很顺利。在旧金山转机时，在候机厅看到一队看起来只有十五六岁的学生，听说是经李政道先生建议，中国派出赴美留学学习物理学的"神童"。不知这批学生后来情况如何。

与吴鹏程（左）和陈家瑞（右）同游圣·路易斯（陈家瑞提供）

3.3 留学丹麦

20 世纪 80 年代，世界被子植物研究领域有四大系统学家，即苏联的 A. Takhtajan，美国的 A. Cronquist，R. Thorne 和丹麦的 R. Dahlgren。他们在 1980~1983 年这个时间段，几乎同时修订了自己的分类系统。当时，我对前三个系统已有一定的研究，并发表了"对于被子植物进化问题的述评"（1978 年）和"现代有花植物分类系统初评"（1981 年），文章中对这三个系统进行了比较和评述，基本上掌握了他们的理论、观点和系统大纲。但我对 R. Dahlgren 的系统还不甚熟悉，他的系统较多地利用了胚胎学、植物化学、超微结构的证据，并运用了当时刚刚兴起的分支系统学方法，有创新。因此，我利用公费出国进修两年的机会，选择去丹麦哥本哈根大学植物学博物馆，向 R. Dahlgren 教授学习新的研究方法和学术思想。

我同 R. Dahlgren 教授在瑞典南部考察当地的植被和植物区系

1983 年 10 月 12 日，我乘国航离开北京，途经法国巴黎戴高乐机场，转乘斯堪的纳维亚航空公司航班到达丹麦首都哥本哈根国际机场，提取行李后走出机场大厅，就见到已在等候的 R. Dahlgren 教授。他很热情，亲自来接机，让我的陌生感顿时消失。我们乘出租车到位于市中心的哥本哈根植物园，博物馆就建在植物园内，当时已经是下午三四点钟。R. Dahlgren 教授带我拜会了博物馆、图书馆的有关同事，熟悉环境。这里是哥本哈根大学植物学研究中心，还设有细胞与解剖研究所、系统学研究所、生态学研究所、植物学图书馆等。然后送我到他已经联系好的公寓。我住四楼，楼层很高，30 多公斤的箱子 R. Dahlgren 一口气帮我提到了房间门口，他离开时天已黄昏。打开房门，发现没有床上用品，打电话给使馆教育处，负责留学生的老郑同志很快开车来，安排我在使馆招待所住了一夜。第二天，我在使馆吃完早饭，到留学生处登记，领了生活费，老郑又开车送我回到住处。我去银行办了存款手续后立即回到博物馆，教授带我到超市买了被褥和生活必需品。

　　我的住所是一座青年基督教徒公寓，设有起居室、大厅、公用厨房和卫生间，入住的成员有大学生、研究生、售货员和护士等 20 多人。他们过着半集体生活，晚饭一起用餐，餐前先唱基督教圣歌，饭后宣读《圣经》选段，最后以圣歌结束，每晚用餐近两个小时。他们轮流值日，包括做晚餐、保持公寓卫生，看不出谁是组织者，但分工明确，各负其责。他们两次邀请我同他们一起用餐，我都婉言谢绝。原因是没有时间承担做饭，也不能唱圣歌、读《圣经》。

住同一公寓、常来住所与我聊天的丹麦青年（左）

我工作的办公楼在植物园内，植物园原来是皇家花园，位于市中心，相当于北京的王府井地区。每天上午10时，都能听见丹麦皇家卫队的军乐团演奏。植物园面积不大，但植物种类丰富，据介绍有25 000多种。植物园具备各种温室，例如有专门用于从北极寒带格陵兰地区引种植物的冷室，也有控温和控湿自动化设备很高的热带温室。温室大门外栽培着引自中国的珙桐和水杉。丹麦属寒温带海洋性气候，经常小雨绵绵，只有七八月份才可清晰地见到大太阳，这是人们晒太阳最美好的季节，男男女女都身着泳装，躺在公园草坪上享受日光浴。由于纬度偏北，晚上11~12时太阳尚未落下。我的住所离哥本哈根标志性象征的美人鱼广场不远，走路不到10分钟。夏日晚饭后，我常去那里散步。这里冬季夜长，早晨9时许天才亮，下午5时天已渐黑。夏日最高气温25摄氏度，冬季最低温度零下10摄氏度。宿舍暖气一年到头开放，可自己根据气温变化掌控开关，办公室全年保持在24摄氏度左右，较适宜工作。

哥本哈根大学植物园温室前栽种着中国特有植物水杉和珙桐

哥本哈根大学的植物学博物馆（秦仁昌院士曾在这里工作）

哥本哈根大学植物学博物馆内我的办公室

与我合作在《植物杂志》发表"格陵兰地衣"一文作者 H. Hansen

丹麦哥本哈根市的地标建筑美人鱼广场

我在丹麦进修两年，工作可分 3 个阶段。第一阶段，主要研究 R. Dahlgren 的学术思想，掌握他所提出被子植物分类系统的精髓，后撰写了 "R. Dahlgren 被子植物分类系统介绍和评注" 中、英文两篇文章，分别于 1984 年和 1989 年发表，历时大约半年。第二阶段，开展实验性工作，做了两项胚胎学实验，研究类群是原大百合类系统位置尚未定的两个属（科）。第一项是研究南非特有属 *Eriospermum* 的胚胎学，弄清楚了大小孢子、胚囊、胚胎、胚乳、种子发育的全过程，实验十分成功，提出 *Eriospermum* 的系统地位应提升为科，论文于 1985 年在 *Nord. J. Bot.* 发表。第二项是研究巴布亚新几内亚特有属 *Campynemanthe*（Campynemaceae）的形态学、小孢子发育和胚胎早期发育，研究论文于 1985 年由 R. Dahlgren 和我联名发表在 *Nord. J. Bot.* 上。这个阶段用了大约一年时间。这段时间，我阅读了当时几部经典的胚胎学原著，熟练地掌握了研究植物胚胎学的理论、方法和实验技能。第三阶段，集中于系统学方法论的研究，特别是当时刚兴起的分支系统学（Cladistics）的学习和应用。1984 年 6 月初我收到秦仁昌教授 5 月 27 日寄给我的信，鼓励我学好分支系统学方法。经与 R. Dahlgren 讨论后，我选择了 "唇形超目分支系统学研究"，唇形超目包括 23 个科，选择木犀科和茄科作外类群。我全面研究了 25 个科植物的各种性状，并分析性状状态的性质，区分每个性状状态是祖征还是衍征，做出性状矩阵，并采用分支分析的方法进行运算，然后根据运算结果做出分支图，确定类群间的系统关系。我撰写的论文 "A preliminary cladistic study of the families of the superorder Lamiiflorae" 于 1990 年在 *Bot. J. Linn. Soc.* 发表；中文论文 "被子植物系统学的方法论" 于 1985 年发表在《植物学通报》上，这篇论文比较系统地评述了系统学研究中的 3 个学派，即表征分类学派、进化分类学派（折衷学派）和分支分类学派，并全面地阐述了自己的学术思想。

留学期间，留学生党员选举我担任党支部书记。来自祖国各地的大学生、博士生、进修访问学者，共计 80 多人，专业不同，年龄差距较大，我属于年长者之列。大家来到异国他乡，都很友好，相互帮助。我利用周末常到大使馆为学生理发，偶尔去医院看望生病的同学。组织留学生业余文艺活动，国庆节或春节组织聚餐。1985 年春节，我们组织了一次大型联欢会，每个人可以邀请两位丹麦朋友参加。这次活动，中国驻丹麦大使、政务参赞等领导也光临指导。学生们各自准备食品，花样繁多、量亦充足。联欢会上文艺节目十分精彩，笑声、喝彩声不断。在异国他乡，远离祖国和家人，大家度过了一个温馨的春节。

我同在丹麦攻读核物理博士学位的王世光交流学习和工作

　　R. Dahlgren（1932~1987）是瑞典人，在丹麦哥本哈根大学任教授。他的被子植物分类系统首次发表于 1975 年，之后依据新的证据和资料不断修订，到了 1983 年，在理论、方法和大纲方面已经形成了完整的体系。1987 年 2 月，他因车祸不幸遇难。他的夫人 Gertrud Dahlgren 博士继续完成他的研究，于 1989 年和 1995 年发表了最后的分类系统和系统图。Gertrud Dahlgren 博士在瑞典南部隆德大学系统学研究所任职，是一位博学、和善的植物学家。他们家住隆德，我在丹麦两年，教授夫妇多次邀请我到他们家做客。从哥本哈根乘轮渡约 40 分钟到瑞典海港马尔默，教授夫妇从家里开车约半小时到码头迎接。他们的住房宽敞，圣诞节和元旦一般留我住三四天，多数时间是我们三人一起交流学术思想、探讨一些理论问题，亦到隆德大学标本馆、植物园和实验室参观学习。他们还带我了解瑞典的风土人情，行走在森林间，到过他们的海边别墅，参观过养老院等。第一次去他们家，他送给我一台小型日本产奥林帕斯相机，我回赠了国产的工艺品。1989 年夏天，我和洪德元同志邀请 Gertrud 博士来中国访问，请她在开放研究实验室做学术报告，并带她游览了北京的名胜古迹，还在我家设宴招待。后安排她访问了昆明植物研究所，她受到吴征镒院士的热情接待。邀她来访并热情招待，除学术交流，更是为了表达我们对在瑞典、丹麦留学期间受他们夫妇关照的

R. Dahlgren 教授带我去他瑞典的南部海边别墅

1983 年在 R. Dahlgren 教授家过圣诞节，我们互赠圣诞礼物

1989 年夏，在二里沟家里宴请来访的 R. Dahlgren 教授夫人
Gertrud Dahlgren 博士（洪德元摄）

感谢，及对已故 R. Dahlgren 教授的深切怀念。

1985 年 10 月 11 日我按时乘火车回国，历时 12 天。离开丹麦时，许多朋友到车站送行。列车是从哥本哈根开往苏联莫斯科的，车上很空，每人一个包厢。火车途经柏林车站时，要同来自巴黎开往莫斯科的列车重新组合，但因该次列车中途出事故而迟迟未到，故在柏林车站整整停了 8 个小时，真急人。重新组合后的列车前行经过波兰首都华沙、白俄罗斯首都明斯克，历经 50 多个小时，到达莫斯科时天色已晚。由于长时间的晚点，使馆没有派车接站，我找到车站专拉行李的一位青年，将行李推出车站。车站外虽安装有 5 部电话，却坏了 3 部，无法同使馆联系。这位青年人很好，帮忙找到出租车，我付了 15 卢布，他特别高兴。出租车司机用手表示要 20 卢布，好在我学过俄语，稍能应付，只能答应。到达驻苏联使馆，行李只能摆放在大门外，值班室一位女同志打电话，一位男管理员出来让我自己用小车将行李推到招待所，这时已经半夜 12 点，因 1973 年我在这里住过几天，虽然路灯昏暗，我还能找到，推了三趟，才将行李堆在招待所大厅，接着到值班室预订了回北京的火车票。第二天，我独自前往莫斯科红场游览，得到火车票订上的消息。第三天上午，使馆派卡车拉行李到托运站，那里的女值班员工作效率很低，使馆人员送她一小瓶二锅头，她才开始办理托运手续，7 个人的行李花了半天时间。晚上上车，一个包厢 4 个人，我同驻芬兰使馆一位回国司机在同一个包厢。他的行李很多，好在是中国列车，列车长很好，让我们将一部分箱子放在车厢连接处，并给我另外安排了一个床位，同波兰一位植物药物学家住一个包厢。他是去蒙古国乌兰巴托参加药用植物讨论会的，我们有植物学方面的共同语言，能说英语，彼此谈得很开心，他请我品尝了波兰列巴（面包）。列车经过蒙古国，海关检查很严格，特别是对蒙籍华人，会没收值钱的东西。正好这次列车上乘有在苏联多地演出舞剧"丝路花语"的甘肃歌舞团回国，他们给这些蒙籍华人帮了大忙，行李放在演员们那里避免了检查。火车到达二连浩特要通过中国海关，海关人员看到我年纪大，像是位教授，没有检查我的行李，而那位司机的每个箱子都被打开进行了检查。火车过关停了 3 个多小时，于 22 日下午才到达北京车站，夫人美林携儿女到车站迎接。因带回的资料多，孩子们请了他们的同学前来帮助，好不热闹。就这样，我结束了两年紧张、艰苦的留学生涯。

那时，从莫斯科到北京，火车需行驶六天六夜，这次旅行对我是很有意义的。列车经过莫斯科以东的东欧大平原，又进入北南走向的乌拉尔山脉末端，这里是欧亚的分水岭，地势低平，海拔约 350 米。列车驶入西伯利亚大平原，海拔约在 150 米以下，围绕贝加尔湖转了大半天。这一片广袤的大地，水资源充沛，草地和草原景观富有特色，白桦林一眼望不到尽头，令我诧异，这是久居华北的我从未想象过的自然景观。列车驶入蒙古国，是一望无际的戈壁、荒漠，很少看到树木、森林，草原上的草在这个季节已经干枯。待火车行进入我国内蒙古自治区，虽已是秋季，牧草仍显丰沛，牛羊成群。乘了六天火车，受到北国风光的洗礼，目睹了欧亚大陆的植被变化，我并不觉得劳累，还感觉颇有收获。

3.4 赴英国参加第三届国际系统与 进化生物学学术讨论会

1985 年 7 月，我在丹麦留学期间，参加了在英国南部海滨城市布赖顿举办的"第三届国际系统与进化生物学学术讨论会"。

从哥本哈根国际机场搭乘斯堪的那维亚航班到达伦敦希思罗机场，我事先已联系植物研究所在英国伦敦皇家学院攻读博士学位的施定基同志在机场接我。他先带我到中国驻英国大使馆留学生招待所办理住宿手续，我们同住了一晚，彼此交流了留学生活及研究成果。第二天，又与在英国自然历史博物馆进修的华南植物研究所林有润同志会合，三人游览伦敦市容，参观英国皇家植物园（邱园）和自然历史博物馆。伦敦是一个多雨多雾的城市，曾被称为"雾都"。很幸运，我在这里的三天均是大晴天，我们参观的兴致颇浓。第四天，我乘火车从伦敦到布赖顿，在会议签到处遇见了陪同吴征镒院士参加会议的昆明植物研究所植物生理学者季本仁同志，彼此不认识，英语交谈中，才知道他是陪同吴老完成德国的工作后赶来英国参加会议的。

1962 年我刚到植物研究所工作时认识了吴老，那时他每次从昆明来北京，都要到办公室看望我的导师匡可任教授，我在旁边为他端茶倒水。这次他亦来出席会议，我很高兴，能有机会向他请教及进行学术交谈。大会签到处发给参会者的胸卡需注明来自国家，我是从丹麦参加的，胸卡写着"DENMARK"，林有润是自英国参加的，胸牌写着"U. K."，吴老的胸卡写的是"CHINA"。吴老是中国参加会议的唯一代表，他在会上做了学术报告，我则带着研究"南非植物毛合草属胚胎学及系统关系"的论文进行交流。大会有一次需要提前预订的自费晚宴，吴老没有预订。我想到他是中国唯一参会代表，不能缺席这次晚宴，于是说服了吴老，将预订的餐票（30 英镑）送给他。会后，我们一起参加野外考察，向吴老学习野外识别植物，并进行了深入的交谈，向他汇报了留学两年的研究成果和回国后的研究设想，得到了他的赞赏和鼓励。这次会议收获不小，认识了一些国外同行，深入地了解了本学科国际研究动态。会后，我返回哥本哈根，为两个月后结束国外学习做准备，完成最后的工作总结。

参加第三届国际系统与进化生物学学术讨论会期间，向吴征镒院士
汇报我在丹麦的研究工作（林有润摄）

与吴征镒院士和林有润（右）在会议宾馆广场休息

会间参观英国南部牧场（林有润摄）

3.5 第二次赴美国考察访问

1989 年 4 月，受美国著名植物学家、密苏里植物园主任 Peter H. Raven 的邀请，我以中国科学院植物研究所所长、中国植物学会副理事长兼秘书长的身份出访美国近一个月，同行的有时任中国植物学会理事长、《植物学报》（中、英文刊）主编的王伏雄院士和系统与进化植物学开放研究实验室副主任、《植物分类学报》主编洪德元研究员。访问的目的是探讨植物研究所、中国植物学会与美国植物学研究机构及学术团体的交流与合作，了解美国植物学研究机构的管理经验。

我们走访了密苏里植物园、华盛顿史密森研究院、纽约植物园、波士顿哈佛大学植物系和阿诺德植物园、加利福尼亚 Rancho Santa Anna 植物园等 5 个主要单位，受到所访问单位的热情接待。在密苏里植物园，我们有幸会见了在该园工作访问的苏联著名植物学家 A. Takhtajan 院士；在纽约植物园，受到蕨类植物学家 Robin Moran 博士的热情接待，会见了著名植物系学家 A. Cronquist 教授；在波士顿拜访了胡秀英博士，参观了哈佛大学标本馆、实验室和植物园等；Rancho Santa Anna 植物园主任 R. Ellis 博士陪同参观，并就我们的合作进行了深入商谈，我们还会见了世界四大被子植物系统学家之一的 R. Thorne 教授和著名木材解剖学家 S. Carlquist 教授等。我们与这些科学家进行了较深入的学术交流，收获颇丰。访问将结束时，Peter H. Raven 主任为我们举行了隆重的欢送晚宴，密苏里植物园全体董事会理事、在该园访问的苏联莫斯科总植物园主任及 A. Takhtajan 院士等出席。这次出访达到了预期目的，收获满满。

对中美植物学交流起重要作用的戴威廉博士（中）

在密苏里植物园会见苏联著名植物学家
A.Takhtajan 院士（左 3）

Rancho Santa Anna 植物园主任 R. Ellis 博士
热情接待我们（洪德元摄）

Rancho Santa Anna 植物园的蓝蓟属 *Echium* sp.

在加利福尼亚地区的龙舌兰科丝兰属 *Yucca* sp.

3.6 第一次赴日本参加学术讨论会

　　1990 年 9 月，应日本大阪市立大学著名生态学家依田恭二教授和日本东北大学农学部草地研究室主任伊藤岩教授邀请，我参加了两个植物生态学科讨论会。大阪大学举办的讨论会是关于西藏生态学研究的双边会议。1990 年 6~7 月，大阪市立大学生态学家组队来中国西藏进行科学考察，得到我所的合作和帮助。植物研究所分类学家郎楷永研究员和生态学家孙世洲研究员陪同考察。考察期间，亦得到西藏生物研究所副所长、原植物研究所科研人员倪志诚研究员的帮助。会议主题是双边科学家交流和总结考察成果。我报告的题目是 "The plant biodiversity and conservation in Xizang (Tibet)"（西藏植物多样性及其保护），内容分 5 个部分：① The diversity of ecological systems（生态系统的多样性）；② Rich kinds of plants（丰富的植物种类）；③ Stronger differentiation of plant species（植物物种的强烈分化）；④ Genetic diversity of plants（植物遗传多样性）；⑤ On the plant conservation in Xizang（西藏植物的保护）。这次会议上，我认识了在该校攻读博士学位的方精云博士，在与他的交谈和接触中，我很欣赏他的学识和人品。回国后同副所长陈伟烈研究员和生态研究室主任郑慧莹研究员商量，决定邀请方精云博士来植物研究所工作。那个时候，回国优秀人才的要求不高，只需提供一套住房，由于我们迟迟未能落实，他去了中国科学院生态环境研究中心。我一直对没有引入这位优秀的生态学青年人才感到愧疚。好在 2010 年 8 月，方精云院士调来担任植物研究所所长，为植物研究所的发展作出了贡献，了结了我心中的遗憾。

　　大阪市立大学会议结束后，我自行乘新干线去往位于仙台市的东北大学，参加该大学主办的"国际生态环境讨论会"。我国参加会议的著名生态学家有植物研究所姜恕研究员、内蒙古大学李博教授、东北师范大学祝廷成教授等。我报告的题目是 "On the plant conservation in China"（中国的植物保护），内容分 4 个部分：① Nature reserves of China（中国的自然保护区）；② Botanical gardens of China（中国的植物园）；③ Public education for plant conservation（植物保护的公众教育）；④ Plant Red Data Book for China（中国植物红皮书）。这次会议还参加了对日本鸣子温泉地区的生态环境和植被考察，印象深刻。会后，我们在东京住了一晚，体验了日本的榻榻米。第二天，从成田机场乘日航返回北京。

参加日本仙台"国际生态环境讨论会"
〔李博（左1）、伊藤岩（会议召集人，左5）、祝廷成（左7）、
李永宏（左9）、姜恕（左10）和路安民（左11）〕

参加日本活火山地貌的考察
〔左起陈敏副教授、李博教授、姜恕研究员、伊藤岩教授、祝
廷成教授（右3）、路安民研究员（右2）和李永宏博士（右1）〕

我在日本鸣子温泉地区的植物调查

3.7 第二次赴日本参加
第十五届国际植物学大会

    1993年8月28日至9月3日，"第十五届国际植物学大会"在日本港口城市横滨太平洋会议中心召开，来自世界各国的3500多名植物学家出席了大会。中国植物学家参会人员众多，仅植物研究所就有20多人出席。我以研究金缕梅类植物的部分成果在会上进行交流，并做了3项工作：

    第一，当时我国首份《生物多样性》期刊创刊号出版发行。该刊由钱迎倩任主编，汪松、陈灵芝、黄亦存和王美林任副主编，王美林任编辑部主任。创刊号中文版本和英文版本以不同内容同时出版发行。当时我主管所里学报编辑室，受王美林同志委托，携带300份英文期刊在大会上进行宣传，刊物摆放在资料领取处，很快被拿光了。这是首次在国际上展示中国学者在生物多样性方面的研究成果。

| 同杨亲二（左）和李良千（中）
会间休息 | 与胡正海教授阅览墙报 | 陈灵芝研究员
（《生物多样性》期刊首届副主编） |

第二，日本植物园协会举办招待晚宴，据说招待会由日本 20 多个植物园出资，每个植物园 2 万日元，邀请世界上部分著名植物园的代表，在横滨市的重庆饭店举行中餐招待。中国南京中山植物园主任、时任国际植物园协会副主任贺善安教授和我参加。晚宴开始前，被邀请者介绍各自的植物园情况。我介绍了植物研究所北京植物园和设在四川都江堰的华西亚高山植物园。宴会规格很高，我第一次品尝红烧大龙虾，记忆犹新。

第三，参加国家自然科学基金委员会植物学考察组的活动，考察日本著名植物学单位。考察组由国家自然科学基金委员会生命科学部朱大保处长、北京大学著名植物生理和生物化学家吴相钰教授和我等 4 人组成。我们参观了东京大学生命科学学院和筑波大学生命科学学院及一些自然博物馆，进行了精练的座谈交流。我们对日本植物学研究水平有了一定的了解。

同朱大保处长（右1）、吴相钰教授（左2）访问日本东京大学

同朱大保处长（左2）、吴相钰教授（左4）访问筑波大学

3.8 赴澳大利亚参加
第四届国际茄科学术讨论会

　　1994 年 9 月，"第四届国际茄科生物学与利用进展学术讨论会"在澳大利亚南部城市阿德莱德举办，来自世界上数十个国家的学者参加。受王宽诚科学基金的资助，我与我的第一位学生张志耘赴澳参加。我们乘中国民航班机从北京到达香港，转乘澳大利亚航空公司的航班在墨尔本转机到达阿德莱德市，去承办单位阿德莱德大学报到。在这里会见了不少国际上研究茄科植物的老朋友。会上，我做了题为 "Embryology and adaptive ecology in *Przewalskia*"（茄科马尿泡属的胚胎学和适应生态学）的报告；张志耘的报告题目是 "A comparative study of *Physalis*, *Capsicum* and *Tubocapsicum*, three genera of Solanaceae"（茄科酸浆属、辣椒属和龙珠属三个属的比较研究）。两篇论文均在 1999 年由 M. Nee，Symon D. E. 等编辑的专著 *Solanaceae IV. Advance in Biology and Utilization* 中登载。

　　会议组织的野外考察，增加了我对南半球澳大利亚南部温带植物区系成分的一些初步认识。会议组织了一次夜间游览野生动物园，见到了一些特有动物，如袋鼠、考拉等的夜间活动，很有趣。对晚宴安排的烧烤袋鼠肉，我尝了一口，颇有新鲜感，味道似牛肉，但实在不欣赏。会议结束后我们乘机由原路线返回，在香港停留一天。小张是广东人，在香港有亲戚，带着我第一次逛游这里的露天自由市场，增加我对香港市容的印象。

与大会主持人 D. E. Symon 教授舒畅地交谈

在第四届国际茄科大会上做"马尿泡属的
胚胎学和适应生态学"学术报告

参观阿德莱德大学植物园

澳大利亚是桉树属植物的多样性中心，这是我们见
到最繁茂的一株（路安民摄）

3.9 应邀赴柬埔寨考察

　　1982 年 6 月民主柬埔寨政府成立后，亟须恢复生产和发展经济，土地出售价格低廉，1 万美元可以买到 1 公顷农田，引起了在香港做生意的柬埔寨籍华人蔡老板（蔡氏公司董事长兼总经理）投资的兴趣。1995 年 5 月，他通过大陆雇员张小姐找到了张志耘，邀请专家帮助考察种植经济作物的农业用地。小张问我能否参加考察，想到读大学时，我对土壤农化有兴趣，也曾做过一些土壤肥力调查，加之出身农村，对农田有较深入了解；在神农架考察时做过植被样方，熟知土壤取样方法，自感完成此任务不是难事，又考虑到可以看看热带植物的情况，便接受下来。在张小姐的陪同下，我和张志耘到达香港，会同蔡老板乘香港航班到金边，入住蔡氏家族的小楼。在蔡氏兄弟的陪同下，经过三天对不同地块的调查、取样，以及在现场我向蔡老板等人的详

同蔡氏兄弟调查土地（张志耘摄）

蔡氏兄弟、张志耘和我

观察庭院热带植物（张志耘摄）

游柬埔寨吴哥窟（张志耘摄）

细讲解，算是完成了任务，对方十分满意。蔡老板特意安排我们乘飞机到著名的佛教古迹吴哥窟游览。吴哥是在柬埔寨王朝兴盛的公元 9 世纪至 15 世纪建造的，佛塔林立，浮雕和壁画精美，是东南亚著名游览胜地之一。

柬埔寨属热带季风气候，沿途的植物考察，使我对亚洲热带植物区系有了一些了解。

3.10 应邀赴法国国家自然历史博物馆工作

    1995 年 8 月，受法国国家自然历史博物馆主任 Ph. Morat 教授的邀请，我到巴黎鉴定研究该馆收藏亚洲分布的茄科植物标本，历时两个月。向 Morat 主任推荐我承担此项工作的是中国科学院华南植物研究所胡启明研究员，他曾在该馆做过合作研究。此时，我已卸任研究所的行政职务，时间能自主了。

    我从首都国际机场乘坐东方航空公司班机到达比利时首都布鲁塞尔国际机场，换乘法国航空公司班机到达巴黎戴高乐机场时天色已晚，因托运的行李未按时到达，心里有些慌。据说，是东方航空公司班机将行李带到了终点站西班牙首都马德里机场。填写申报单时，碰巧与我同航班的我国一个农业考察团亦来巴黎，行李也未到达。该考察团有人接机，他们看到我无着落，邀我同他们一起到已订好的宾馆，很感激他们帮我解决了一夜住宿。第二天早晨在宾馆用餐后，我乘地铁到巴黎的中国驻法留学生管理处暂住几天，然后去博物馆报到。Morat 主任热情地接待，介绍了博物馆的概况及我的工作任务，并暂借 2000 法郎以应急需，告诉我他们已向移民局申报了，先去移民局注册，再到银行办理聘金账户。第二天上班，机场根据行李箱上的地址将箱子直接送到博物馆，悬着的心情一下子放松了。按照南京林业大学向其柏教授推荐的地址，在离博物馆步行半小时的巴黎意大利广场附近找到比较便宜的旅馆，上班十分方便。博物馆离卢浮宫和巴黎圣母院也不太远，散步即可到达。

    两个月的时间，我将该馆采自亚洲各地区的茄科植物标本全部鉴定完毕，向馆方提交了一份亚洲茄科植物标本名录，共有 120 多种，并将发现采自西亚库尔德斯坦地区（伊拉克和伊朗毗邻地区）的一个新属告诉了馆主任和老教授 Vital，6 份标本的根、茎、叶、花、果和种子齐全，应属于天仙子族，定名古天仙子属 *Archihyoscyamum* A. M.

Lu。他们很高兴，建议在法国著名生物学刊物 *Adansonia* 发表，允许我将 6 份标本全部带回中国研究，并主动提出将其中 3 份标本赠送给我所标本馆（PE）。这一研究的论文"*Archihyoscyamum*: a new genus of Solanaceae from Western Asia"于 1997 年以英文和拉丁文双语发表在 *Adansonia*（19:135-138）。编、审者均一字未做修改，一位审者还写道："作者是研究该属群的权威。"

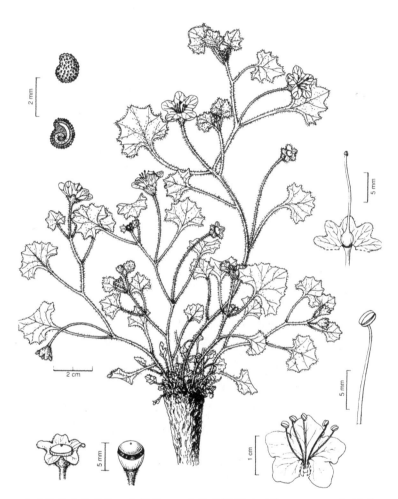

发现茄科天仙子族一个新属——古天仙子属 *Archihyoscyamum* A. M. Lu

在巴黎的两个月，周末共有 8 天，植物标本馆不开放，无法工作和查阅资料。在那段日子，经常碰到巴黎工会组织的罢工，公共交通停运，我只能徒步游览有"文化艺术之都"称号的巴黎的名胜景点。如始建于 1204 年的卢浮宫，是法国文艺复兴时期最珍贵的建筑之一，被誉为世界三宝的"断臂维纳斯"雕像、"蒙娜丽莎"画像和

"胜利女神像"石雕就在宫里展出，栩栩如生，至今难忘；象征世界机械文明的埃菲尔铁塔，具古老巴黎象征的巴黎圣母院大教堂，位于戴高乐广场中央的爱德华凯旋门，尤其是那面向着香榭丽舍大街的《马赛曲》浮雕，吸引着全世界人们的目光；等等。

我住的小旅馆每天只有15法郎的自费早餐，提供茶水、咖啡，定量的法棍面包、牛奶、肉肠。没有个人做饭条件，我两个月的主食是方便面和面包，因吃遍了世界各地生产的方便面，经过比较，鉴定出泰国生产的香辣牛肉面味道最佳。我们的国家发展很快，20世纪90年代的中国，人民生活已经比较富足，出国人员不需要再省钱购物带回国了。最后半个月，我光顾了旅馆附近越南人经营的小餐馆，一碗越南河粉40法郎；华人开的小饭店，一个锅贴或水饺1法郎。

工作结束回国的那个早晨，我刚上出租车就遇到倾盆大雨，赶到戴高乐机场雨停了，但机场显示牌发布，布鲁塞尔机场因罢工关闭。我的机票是乘法航从巴黎到比利时布鲁塞尔，换乘东方航空公司航班，从布鲁塞尔回北京。只好乘机场的长途汽车经4个多小时到布鲁塞尔市区。一路心情不太好，无心观赏沿途风光。天色已晚，从市区再打出租车到机场付出250法郎高价。到机场时，东方航空公司飞机早已降落，在同机场谈判后，允许起降一次，我们同机先到马德里，再直返回北京。三四百人的大飞机，自带行李，上飞机时拥挤不堪，好在我只有一个小拉杆箱，还能承受。经过20多个小时的艰难旅程，总算平安回到北京。

在法国国家自然历史博物馆工作时巧遇张宪春博士

3.11 欧洲三国工作和考察记

1998 年 8 月至 11 月，我偕夫人美林去欧洲工作 3 个月。目的是为编写英文版葫芦科植物志，到欧洲一些大标本馆查阅标本，并搜集原始被子植物中我国没有分布的科属资料和标本。我得到中美 *Flora of China* 国际合作项目经费（美方出资）资助；王美林刚退休，自费陪同前往。

第一站，法国国家自然历史博物馆。该馆始建于 1653 年，位于巴黎市中心的塞纳河畔。标本馆（P）馆藏 700 多万份植物标本，号称世界上馆藏量最多的标本馆。因 1995 年曾在这里工作两个月，环境比较熟悉。美林帮助我寻找放在标本馆中不同位置的标本，拍摄模式标本及我国不产的有研究价

在法国国家自然历史博物馆标本馆工作 *

值的标本和植物照片。该馆的标本分大区按分类系统放置，大量原始被子植物科属产于东南亚到澳大利亚，在这里我看到大多数科属的标本，增加了感性知识。18 世纪到 19 世纪，欧美采集家从我国获得的标本数量多、质量高。如我国中、西部产的茄科特有属（种）天蓬子 *Atropanthe sinensis*，我所标本室只有花果不全的几张标本，

而该馆竟然有 16 张完好标本，叶子还保持碧绿；还有金缕梅科特有属（种）山白树 *Sinowilsonia henryi*。该馆不仅标本多，标本馆大楼门前还栽培一株，枝叶繁茂。我俩相互配合，工作效率很高，收益不小。我们自带小型做饭设备，膳食丰富又节省。

巴黎植物园引种产于中国中部地区特有属（种）山白树 *Sinowilsonia henryi* Hemsl.*

巴黎塞纳河桥上的雕塑 *

　　到达巴黎的第一天，正值周末休息日，我们仍旧住在 1995 年我住过的旅馆。安顿好行李后，步行到博物馆，带美林认识和熟悉工作环境。随后，沿着塞纳河漫步前行，欣赏着河两岸雄伟的建筑群，优雅别致，数不清的名胜古迹承载着具有纪念意义的悠久历史。河流曲折宛转，依地形而建，连接两岸的桥，在灿烂的阳光下，座座显露出不同的建筑风格，装饰精致亦各显特色，有的还加有黄金点缀，吸引着我们尽情观赏和拍照。美林爱好摄影，胶卷消耗很快。不知不觉走到据说名叫勒阿弗尔港的码头，那里停放着各式各样的游船，令人眼花缭乱。夫人感慨地说：塞纳河的桥是由

巴黎铁塔景区留念

惬意地坐在荷兰海牙国际法院门前

钢铁、天然花岗岩加艺术构筑而成，是具极高美学价值和精湛建筑工艺相结合的艺术品。兴趣正浓，突然乌云压顶，一阵急风暴雨，浇得我们透心凉，找不到地铁站。法国人一般不讲英语，一位学者模样、能讲英语的路人告诉我们，先乘地面公交车才能转换地铁。找到公交车站，女售票员看到我们全身淋透，客气地招手示意我们上车，没有收车费，到了地铁站又示意下车，我们微笑着向她招手表示谢意。

利用周末，我做夫人的向导重游了埃菲尔铁塔、卢浮宫、巴黎圣母院、香榭丽舍大街、大教堂、凯旋门等。每人花 45 法郎参观了巴黎大剧院，壮观而优雅。凡尔赛宫离市中心约 20 公里，最早是皇家狩猎的地方，路易十四始建的皇宫，后来不断扩大，成为世界有名的豪华宫殿。宫殿后花园设计壮观，花坛无数，栽培多种奇花异草，引人入胜。

室内工作结束后，我们参加当地华人文法旅行社组织的五国游。大巴车从巴黎向法国东北部行驶，在南锡、梅斯停留，我们参观了法国享有名气、规模宏大的制作葡萄酒的地下酒窖，其奢华程度令人大开眼界。酒窖长 50 公里、宽 10 米，专供欧洲各国皇族使用，亚洲仅日本皇族加入。进入卢森堡，该国位于法国东北部和原西德西南部的莱茵断裂谷地区，谷壁陡峭，这里人们的生活悠闲恬静。到了原西德，经过特里尔、波恩和科隆，见到了以雄伟闻名世界的科隆大教堂。荷兰的第一首都阿姆斯特丹是一座大水城，运河通畅，可以乘船游览全城，是该国的经济、文化中心，也是一座花园城市；第二首都海牙是政治中心，也是国际法院所在地，国际图书馆和国际法学院设在 1907~1913 年建造的和平宫内。比利时首都布鲁塞尔的国会广场中央有一个用多种花卉铺设的"鲜花地毯"（面积约有一个足球场大），吸引着观光者的目光，导游说逢双年 8 月中旬才可以看到，我们是幸运者，正好碰上。返回巴黎途中，路过滑铁卢，这是拿破仑全军覆灭的地方。滑铁卢古战场的圆丘上高高地耸立着一头金属雄狮，昂头面向法国。

五国游的另一个目的是考察西欧的自然环境及植被，这里濒临大西洋的北海，属典型的北温带海洋性气候，地势相对平坦，植被类型和植物种类比较简单，但栽培植物种类丰富，如荷兰花卉世界闻名。

荷兰盛产色彩鲜明的杨木木靴 *

比利时布鲁塞尔的鲜花地毯 *

第二站，英国皇家植物园邱园（Kew）标本馆和英国自然历史博物馆。从巴黎乘法航到英国伦敦希思罗机场，自然历史博物馆的 Mike Gilbert 先生到机场接我们，他是 *Flora of China* 编委会聘任的联络员，负责对接编志人员在英国的工作。他将我们送到英籍马来西亚华侨梁美贤大姐家租住。梁大姐热情好客，接待过不少中国植物学家，她安排我们入住一间较大的向阳房间。这里距离邱园不远，步行 10 多分钟的路程，工作十分方便。

邱园大门＊　　　　　　　　　　　　　邱园新建的热带植物展览温室＊

我们在邱园标本馆和植物园工作了两周。我的合作者、老朋友 C. Jeffrey 是邱园标本馆的高级研究员、世界葫芦科和菊科专家，这时已退休在俄罗斯科学院科马洛夫植物研究所居住和工作。葫芦科标本多已鉴定和整理，我主要查阅一些疑难种及我国不分布的近缘种标本，花了较多的时间阅览了我国不分布的原始被子植物标本，美林协助拍摄有研究价值的标本照片，收获不小，工作顺利完成。

美林对邱园慕名已久，兴致很浓，十分执着地走遍了这座世界著名植物园的每个角落，观察植物、拍摄照片、收集资料，忙得不亦乐乎。在我完成标本馆工作后，她特别设计了参观路线，近一天的时间带我走遍园内各个展区和温室，特别是观察了园里或室内栽培的原始被子植物。我印象最深的是一座被人称作"植物多样性温室"的地方，规模大，室内设计着多种生境，栽培着引种自世界各地的 6000 多种植物，以显示邱园栽培技术水平之高。在这里，我亦会见到著名分子系统学家 M. Chase 博士，交流了工作，并推荐陈之端博士到他的实验室进行短期访问，他同意后得以实现。

英国自然历史博物馆展览产自美国加利福尼亚的巨大红杉树树干横断面 *

参观欧洲最古老的图书馆之一的牛津大学博德利图书馆（中间为房东梁美贤大姐）

英国自然历史博物馆始建于 1753 年，久负盛名。我们参观了古生物、矿物、动物和人类等展厅。我工作的植物标本馆空间宽阔，由于有在邱园标本馆工作的基础，在这里工作量不大，我俩工作 3 天按计划完成。午间休息时，到毗邻的海德公园享用自带午餐并散步，了解英国人的民俗风情。

在伦敦的 3 个周末共 6 天，房东梁大姐开着自家车带我们和来英留学的马来西亚学生参观丘吉尔庄园和故居，在蔚蓝色的天空和碧绿色的大草坪上，每个人心情愉悦。到了牛津大学，正好遇到学生们的毕业典礼仪式，他们各自身穿不同的学位服装，同家长兴高采烈地在草地上拍照留念。我们特意找到牛津大学植物系的 3 层小楼。后来的周末，我们在金碧辉煌的白金汉宫门前观看皇家卫队表演；在泰晤士河畔观看威斯敏斯特宫，它雄伟壮观，是英国议会所在地，塔楼高处的大本钟令游人仰慕，威斯敏斯特大教堂是典型的哥特式建筑风格。始建于 1886 年的伦敦桥横跨泰晤士河，塔桥两端由四座石塔连接，主塔高 35 米，方正、厚重、古朴，与法国巴黎塞纳河上的桥风格不同。在这里，感受到了另一种文化风情。

格林威治公园亦是参观者必到之地，它坐落在伦敦东南方向的泰晤士河畔，是老格林威治天文台留下的文化遗产。园内优雅静谧，绿树成荫。大门右面墙壁上镶嵌着一个似银盘的电动标准钟，以罗马数字标示出钟圆盘面上的 24 小时，时针、分针和左上方小圆盘的秒针转动着。钟旁诠释文："国际标准时间（格林威治时间），地标海拔 154.70 英尺。"地球东西两半球分界线的本初子午线也在这座典雅的庭院里，是一条镶贴于地面、宽约 1.5 厘米笔直的黄色金属线。本初子午线位于经度零度零分零秒，它的东向为东经、西向为西经。沿着本初子午线走到一座古老两层楼房的墙根处，抬头望见镶在墙壁上的铜牌，铜牌中央有一条对准子午线的直线，将这条直线诠释为"世界本初子午线，北纬 51 度 28 分 38 秒 2，经度零度零分零秒"。故国际标准时间将子午线零度定为零时。地球划分 360 度，24 个时区，每隔 15 经度相差 1 小时。世界各国根据其经度位置确定标准时间。在本初子午线端，脚踩东西两半球留影，有纪念意义。

到了英国女王居住的王宫小镇，游客穿梭不息，在蜡像馆目睹了前女王的蜡像。

步行在著名的牛津大街上，在一家外币兑换处用美元兑换英镑，付出 12% 手续费。回到住处，房东老梁说："我们这里只要 3%。你们真是吃了大亏！"

伦敦工作结束后，M. Gilbert 已帮助联系好爱丁堡皇家植物园的工作。我们提前一周预订了火车票，乘车到爱丁堡火车站，植物园派人接站，安排入住英国私人家庭。房主是一对老年夫妇，我们每天支付 37 英镑，他们提供英式早餐。

与爱丁堡植物园图书馆馆员深谈藏书情况 *

参观爱丁堡市的古城堡 *

爱丁堡皇家植物园始建于1670年，标本馆建于1839年，是世界上著名植物园之一。

爱丁堡植物园引种了许多原产自中国的植物种类，仅中国杜鹃花属植物就有300多种，栽培技术很高。分布于日本和我国台湾地区的昆栏树 *Trochodendron aralioides* 在该园第一次见到，户外长势良好。标本馆收藏中国植物标本的种类丰富，是中国分类学家研究标本分类必去之处。在这里，我们遇见了昆明植物研究所有名的女强人李恒研究员，她对分类学研究非常地热爱、勤奋、执着。见面后美林同她亲切拥抱，她们都是湖南人。休息时，她邀请我们到她住的海滨招待所（爱丁堡植物园提供），每天5美元。用她已准备的食材，共同做了一顿丰盛的午餐。饭后，带我们到海滩欣赏风景，捡拾海滩贝壳，交流研究成果，都得以很好地休息。

爱丁堡城市不大，是苏格兰的首府，历史悠久。古城堡坐落在陡峭的悬崖上，雄伟而壮观。在阳光下，显露出富有层次的绚丽多彩。

我们在爱丁堡逗留了一周后返回伦敦，做离开英国的准备。最后两天，美林收拾行李，我帮助老梁整理房屋前花园。由于门前紧靠门墙根处生长着一棵树，它影响着房子的安全，我建议挖掉，老梁欣然接受，花了半天时间才连根除掉，又清除了花园的杂草和垃圾。后来多年，我们和老梁都会互送贺年卡保持联系。

第三站，俄罗斯科学院科马洛夫植物研究所。从伦敦乘英国航空公司航班到圣彼得堡，老朋友C. Jeffrey和夫人到机场接我们。C. Jeffrey于20世纪80年代初到中国访问，在植物研究所查阅东亚葫芦科标本，由我接待。他退休后，领英国退休金到圣彼得堡与植物学家 Magrida 共同生活。他将我们安排在科马洛夫植物研究所的招待所住宿，这里环境很好，有做饭的条件，美林用从伦敦带去的食材做了可口的中国餐招待他们。

*科马洛夫植物研究所 ***

科马洛夫植物研究所（设植物园）是世界上重要的植物学研究机构，集中了俄罗斯许多著名植物学家，如 V. L. Komalov，A. Fedorov，A. Takhtajan 等。我在标本室查阅葫芦科植物标本，因多数已由 C. Jeffrey 鉴定，我只花费了一天半时间。主要是同他讨论我已撰写完成的葫芦科植物志英文稿，由于对有些属、种的处理彼此有些不同意见，花费了较多的时间进行讨论，最后达成了一致，并对文字做了进一步的润饰、修改，基本达到了定稿的标准。在该研究所工作期间，与标本馆主任交谈时，我的俄语已连不成句子，主任不说英语，只能由 C. Jeffrey 作双方翻译。那时，俄罗斯经济正处于困难时期，研究所半年发一次工资，职工上班也不正常。植物园温室破旧，无钱维修，植物也不得不忍受着严寒。由于经济状况不佳，社会秩序多少有点乱。

工作完成之后，C. Jeffrey 带我们游览了圣彼得堡，它是沙皇彼得大帝从 1703 年开始在邻近芬兰湾涅瓦河支系一个小岛上筹建的圣彼得堡皇宫城。如今街道整齐，道

与 C. Jeffrey 讨论 *Flora of China* 葫芦科 *

路宽阔，建筑宏伟，错落有序。由于已是秋季，难以显示城市的繁荣。C. Jeffrey 带我们步行到地铁站，需从地面乘下行的梯式电梯下到涅瓦河底部数十米的站点，登上地铁车厢，摇摇晃晃，行驶速度缓慢，灯光昏暗，我们心里有点恐惧。到达河对面站点，再乘上行电梯到达地面，出了地铁站，才深深地呼了一口气，心神兴奋起来。冬宫博物馆位于涅瓦河畔，河上停泊着"阿芙乐尔"巡洋舰，这是苏联十月革命一声炮响的地方。博物馆内布展的大幅人物油画和各种收藏珍宝可以同法国卢浮宫收藏媲美，非常漂亮。走出冬宫已经有寒冷感，我们站在可以眺望到冬宫的涅瓦河桥上，美林为我拍摄一张似油画般的留影，这张照片一直挂在家里墙壁上，突显保存价值。冬宫周边

C. Jeffrey 带我们参观冬宫 *　　　　唐崇钦研究员陪同游览莫斯科城（路安民摄）

的教堂、各种式样的建筑物和雕塑同样美观，色彩艳丽、协调，如今也是世界旅游者的向往之地。

10 天以后，我们乘俄罗斯航班，这里的机场工作人员态度不友好，硬将两人的行李按一个人计，说行李超重，让我们补交了 50 多美元的超重费。飞机到达莫斯科机场，由于我先前已联系中国人开办的人民宾馆，该宾馆派人接机。接机的青年小常是湖南人，他告诉我们，宾馆是俄罗斯承办奥林匹克运动会时保留下来的运动员公寓，他的老板租赁了其中三层楼，主要接待来自中国的旅客。宾馆附近有一个露天市场，是中国人在这里出售衣服、玩具和手工制品的地方。那一段时间，俄罗斯警察对中国一些商贩不很友好，一旦发现卖假货，就没收护照，搜查住处，没收贵重物品并高额罚款。回国时，同机的一位东北商人说他被罚了 20 多万美元。在莫斯科安排好住处后，我电话联系了我所光合作用研究室的唐崇钦研究员，她在中国驻俄罗斯大使馆科技处工作，她的先生是中国驻俄罗斯使馆首席武官。一天，她和她的先生由使馆雇用的当地司机开车到宾馆来看望，并带我们参观红场，瞻仰伟大革命导师列宁的遗容，光顾了红场周边的高档商店，货品琳琅满目，美林仅对银制饰品和套娃颇感兴趣。中午，他们在莫斯科的北京饭店招待了我们。饭后，又开车带着参观莫斯科郊外为纪念反法

参观非宫殿式圣彼得堡冬宫 *

西斯胜利 50 周年而建的胜利广场。纪念馆内布置着第二次世界大战时期苏联战胜希特勒法西斯的各个主要战场，以光、声、蜡像等方式表现出战场的逼真，景象惨烈，我们深受教育。最后，带我们向驻俄罗斯的中国大使馆行驶，路经莫斯科大学，车在大学门前广场停下来，我们仰望了这所名校众多著名科学家的金属雕像。在使馆武官官邸用过招待晚饭后，唐崇钦同志送我们回到宾馆，非常感谢他们夫妇对我们的热情款待。

在莫斯科没有工作任务，因莫斯科地铁站闻名世界，我们特意乘坐地铁，每个车站都下车参观。每个站点建筑风格各不相同，像似宫殿，雕塑和壁画装饰亦各具特色，使人流连忘返。我们在莫斯科逗留 6 天后启程回北京，宾馆工作人员小常又送我们到机场，这次我们从绿色通道进入候机厅，心里无比轻松和愉快，乘中国国际航空公司航班顺利回到北京。

以前，我和美林各自忙工作，她还要照顾家庭和孩子，经济也困难，无条件出国陪伴。我一个人较长时间地出国工作，对我来说是一种压力和负担。吃不好、睡不好，紧张于工作，不会调整休息，神经绷得紧，放松不下来；加上业余爱好不多，工作稍有闲暇，也无以自遣。这次出国 3 个月，两人劳逸结合，自己做饭能吃好，观光有伴，竟有心情欣赏各地文化和艺术。这是一种对家庭的依赖感、安全感和幸福感。

3.12 第三次赴美国访问、参加会议和考察记

1999 年 7 月，我近 60 岁，第三次去美国，做了三件事。

第一件，受古植物学家 S. R. Manchester 博士邀请，我赴美国访问佛罗里达大学自然历史博物馆。我与陈之端研究员从北京乘机经底特律转机到达杰克森维尔市，Manchester 博士驱车数十公里到机场接我们。途中我朝窗外望去，领略美国东南部亚热带地区的生态环境和植被。之端曾在自然历史博物馆同他合作了一年，比较熟悉，一切由之端联系和安排，我很轻松。我们住在他新购买的两层小楼，站在窗前就可以看到他们的私人小游泳池和湖岸边静卧的张开大嘴的鳄鱼。这里是一座大学城，建筑比较分散，博物馆独立建制，环境十分优美。

我们重点讨论合作研究的"东亚－北美古今植物区系比较研究"项目，于 2009 年联合发表了"东亚种子植物特有属及其北半球地质历史"长篇论文。该博物馆馆藏化石标本丰富，利用这次访问机会，我查看了许多被子植物化石标本，很有收获。著名古植物学家、美国科学院院士 D. L. Dilcher 亲自开车带领我们参观他的私人天然林场，增加了我对美国亚热带植物区系和植被的感性认识。

第二件，参加"第十六届国际植物学大会"。我已毕业的博士冯旻于 1998 年 8 月到美国留学，他的先生马欣堂也是我们的同事。我和之端乘机到圣·路易斯国际机场时，马欣堂开车到机场迎接。安排好住宿后，我们一起到大会注册处报到，并领取到会议资助的 400 美元银行卡。美林也参加这次大会，不过先期两天到达。办完手续后，冯旻夫妇将美林和行李送到我们的住处。与冯旻近一年未见，彼此有说不完的话，十分愉快。

国际植物学大会是世界植物学界的盛会，每 6 年举办一次。第十六届国际植物学

中国学者与第十六届国际植物学大会主席 Peter H. Raven 合影 *

（左起：路安民、许智宏、Peter H. Raven、陈心启、卢宝荣、洪德元）

大会于 1999 年 8 月 1~7 日在密苏里州圣·路易斯市召开。大会由国际生物科学联合会（IUBS）与真菌学会、大学、科研单位等 10 个单位联合主办，北美植物学会共同体等 10 多个单位承办，经费得到 30 多个单位和个人赞助。与会者超过 4000 人，中国有 150 多人出席，规模不小。美国科学院院士、密苏里植物园主任 Peter H. Raven 担任大会主席。会议划分 6 个学科领域，我们的学科属于系统与进化植物学。会议收到论文摘要 4000 多篇，展出壁报 2000 多张，内容十分丰富。大会分主旨报告、全会报告、分会交流报告。根据学科专题总计设分会场 200 多个。会上，我们交流了种子植物科属地理的研究成果。美林携带《生物多样性》期刊在大会展出宣传。她第一次到美国，利用大会间隙走遍了密苏里植物园各个角落，观察植物和拍摄照片，兴致很浓。大会主席 Peter H. Raven 在中餐馆举行大型晚宴，招待编写 Flora of China 的中外作者和部分参会代表，我们碰见了不少植物分类学界的同行。

　　大会结束后，在密苏里植物园任职的朱光华博士组织了一次密西西比河观光游，中国部分会议代表和编写 Flora of China 的中方作者参加。圣·路易斯市地处密苏里河和密西西比河汇合处以南，耸立于河畔高达 192 米的不锈钢拱门为城市的主要标志，象征着此处为美国人从东部向西部迁移开发的必经门户。密西西比河是北美洲流程最长、流域面积最广、水量最大的河，为世界第四条长河。该河流经的密苏里州东南部

会见古植物学家孙革（左1）和 S.R.
Manchester（左3）*

会见美国著名植物系统学家 R. Thorne*

会见马红教授和曾担任 *Flora of China* 项目秘
书的 Ihsan Ail Al-Shehbaz 博士（中）*

会见 *Flora of China* 项目英国联系人 Mike
Gilbert（左3）（陈忠毅提供）
（左1王美林、左4陈忠毅）

是金属铅矿丰富的地区。美国中部高平原区周边有欧扎克高原和阿巴拉契亚高原等，这里是全美金属矿藏丰富的地区，沿河两岸停泊的轮船、船坞、码头设施以及民居建筑呈现出一幅繁忙的工业城市景象。这里还留存着人工挖掘铅矿遗址，运送矿石的狭长而崎岖的通道，有的路段只能容纳一人通过，可以想象在当时无机械的情况下，矿工们无安全保障劳作的艰辛。我们参观了美国作家马克·吐温的故居和博物馆，他是现实主义文学奠基人、短篇小说大师，童年时期居住在密西西比河西岸的密苏里州汉尼拔，他经历了美国从自由资本主义到帝国主义的发展过程，《苦行记》就是写他自己 1861~1866 年间在美国西部地区所经历冒险生活的一部半自传体著作。他的多部著作中，充分地表达了美国劳动人民所遭受的屈辱和苦难。他的作品被选入我国语文教科书中。

朱光华博士（右2）组织部分中国学者游密西西比河*
〔张树仁（右1）、路安民（右3）、李德铢（右4）、龙春林（右5）和
宋宏（左2）〕

第三件，美国东、北和西部的考察及游览。结束了密苏里州的活动，冯旻夫妇开车拉着之端、美林和我从圣·路易斯到达俄亥俄州的阿森斯市，入住他们的单幢住房，这里环境幽静，空气清新而舒适。第二天，冯旻带领我们参观她留学的位于阿巴拉契亚山下美丽温馨的俄亥俄大学。该校始建于1804年，坐落于阿巴拉契亚山脉一个小山丘上，校园被蜿蜒的俄亥俄河森林公园包围着，建筑雄伟、古典雅致，展示着历史悠久的峥嵘。第三天，我们5人带着午餐攀登阿巴拉契亚山。这里的地形不复杂，海拔约500米，植物类群和植被为阔叶乔灌木混杂林，系北温带北纬约40度地区常见的植物科属，也看到了一些北美分布的特有属，对美国温带植物区系和植被情况有了一些粗浅认识。

次日，冯旻夫妇利用暑假，租车载我们向美国首都华盛顿方向行驶，沿途植物和行道树对我们同样有吸引力。沿途入住城市郊外驿站，也叫汽车旅馆，居所有炊具和洗浴设施。汽车开进华盛顿城区时找不到停车位，围城转了三圈才在距白宫不远的地方找到停车位。我们看到了华盛顿纪念碑，这是该市的地标，为纪念美国首任总统乔治·华盛顿而建造，为世界最高的石制建筑。白宫外等待参观的队伍很长，我们没有时间，只好作罢。步行到林肯纪念堂，它是为纪念美国第十六任总统亚伯拉罕·林肯而建，堂内林肯雕像高 5.8 米，我们坐在纪念堂前，谈论林肯总统对美国经济振兴所作的贡献。到了国会广场，由于气候干旱、炎热，草坪低矮，有些枯黄，没有烘衬出广场的美丽。之后驱车经过费城，这里是 1776 年美国宣布独立时的临时首都。随后赶往纽约，进入纽约州就遇到需缴纳过路费一事，引起我们一阵的议论。纽约市的第一个目的地是自由女神像，它耸立在哈得逊河流入大西洋河口附近、上纽约湾北部，可惜不能乘船在海上观看正面，我们所站的位置只能看到背影。进入纽约市区，同样找不到停车位，只好坐在车上朝外观光，欣堂开车，冯旻看着市区地图指挥。路经曼哈顿区，在中央公园处找到短暂休息的机会，下车观望。公园是一处人工制造的自然景观，是纽约市民的休闲场所和旅游者的观光点。我们在最近处的纽约市立博物馆内转了一圈。路经华盛顿广场，向海望去，哈得逊河岸簇拥的人流排着长队，等候乘船近距离观赏自由女神像。这时已是下午 3 点，我们只好带着遗憾，沿百老汇大街行驶，从车窗仰视华尔街、帝国大厦、联合国总部等建筑。

汽车经过长岛，沿大西洋海岸向东北方向的波士顿行进。波士顿是美国东北部的海港城市，是著名的哈佛大学所在地。李建华博士在这里接待我们。建华出国前曾在我们研究组进修一年，研究金缕梅科蜡瓣花属 *Corylopsis*，取得了很好的进展，后在美国留学攻读博士学位时仍继续研究该科，以丰硕的研究成果取得博士学位。毕业后，他选择留在哈佛大学阿诺德树木园工作。他安排我们住在他家，一幢独门住宅、三口之家，我们住在宽敞的地下室，一家人的热情招待令人感动。第二天，他带着我们参观哈佛大学标本馆。馆藏的绝世珍品为玻璃质植物标本（玻璃花），标本用玻璃制作，极为精细，植物结构逼真，非常美观，涉及植物界各个类群的代表种，据说有 847 种。标本以高超的仿造技艺，将每种植物各部的形态、花果解剖结构表现得惟妙惟肖，栩栩如生，既刻画出科学的精准度，又表现出艺术的美感力，真是学习植物学的极佳教具。据展室介绍，这套精品是由哈佛大学植物博物馆第一位馆长 George L. Goodale 策划，获得 Mary L. Ware 和他的母亲 E. C. Were 捐助，由德国艺术家布拉斯卡父子（Leopold and Rudolf Blaschka）在德国制作的，从 1886 年到 1936 年，历时 50 年完成，全世界只有两套，堪称植物界教学的伟大工程。

阿诺德树木园以引种栽培木本植物为主，并以引种中国植物种类丰富而闻名。我

李建华博士（中）带我们参观哈佛大学植物标本馆的玻璃花 *

特别观察了北美产的胡桃科山核桃属 *Carya* 植物，该属呈北美和东亚间断分布，北美分布的 12 种顶芽有芽鳞，而东亚分布的 4 种均为裸芽（无芽鳞）。

我们从波士顿市向五大湖区继续前行，横穿阿巴拉契亚山。在车上，远远望见从地面升起的巨大喇叭形的混浊气旋直冲云霄。在阿巴拉契亚山前，我们共遇见 3 次。其中一次"喇叭"面积大、持续时间长，我们见识到了龙卷风的威力。大家议论，为什么这个地区龙卷风如此之多？可能与地形、地貌、气候和海洋洋流变化有关吧！在穿越阿巴拉契亚山脉北部、经过海拔 1638 米的马西山时，我关注到这里的植物种类和植被情况，进一步加深了我对美国温带植物区系的印象。我们继续向五大湖区前行。天气晴朗，白云穿梭在清澈的蓝天里，形态各异，变幻迅速，让人心情极舒畅。靠近五大湖群，眺望美国和加拿大交界的北美名胜尼亚加拉大瀑布，大家兴奋不已。它坐落在伊利湖和安大略湖之间的尼亚加拉河上，落差 50 米、宽 1240 米，瀑布水流湍急，宣泄的轰鸣声遮盖住人们的喧闹声。站在观景台上看去，景象尽收眼底，确实壮观。远望对面的加拿大也是人山人海。之端买船票回来，发给每人一件带帽的宽大塑料雨衣。登上轮船，看到湖水清澈，瀑布急下，撞击湖面，水花飞溅。人在船上，心随水波荡漾，水雾弥漫了湖面上来往的船只。船在湖面航行了约 20 分钟，可以近看对岸加拿大观光瀑布的人流。水雾在阳光照射下，折射出七彩颜色，在自然美景的衬托中，呈现出一幅若明若暗、仙境般的彩色画卷。

我们沿伊利湖继续西行，到达芝加哥。这座城市既是美国中西部的工业、金融和商业中心，又是农业和畜牧业产区。"五一"国际劳动节就起源于这里。之端博士曾在这里与菲尔德自然历史博物馆（Field Museum of Natural History）的 Peter R. Crane 教授有短期合作研究，对该市比较熟悉，自然地成为我们的向导。他带领参观了航天博物馆和阿德勒天文馆后，我们沿着密歇根湖畔散步，深深地呼吸清新的空气。走到市区繁华地段，一阵响亮长鸣的口哨声吸引了我们，几位身高约 1.60 米、略胖但健

尼亚加拉大瀑布水域景观 *

排队等候中 *
（右起：陈之端、马欣堂、冯旻、路安民）

瀑布下落击起水浪，水雾弥漫（陈之端摄）

考察俄亥俄州阿巴拉契亚山地植物（冯旻摄）
（右起：马欣堂、陈之端、王美林、路安民）

硕的黑皮肤中年女交警站在十字路口，边吹着口哨，边挥舞着短棒干练地指挥着车辆和行人。外来的旅游者多围观她们，以赞扬的目光向她们的敬业精神致敬。芝加哥公牛队在世界篮球界享有美誉，这座城市的公园多配有公牛群塑像，牛体色泽自然、美观，栩栩如生，给我们留下了难以忘却的记忆。

从芝加哥返回到冯旻和欣堂在阿森斯的住地，他俩安排我们与在俄亥俄大学进修的中国朋友到邻近旷野地游玩，野餐烧烤，畅谈国内的发展，很是轻松愉快。第三天，冯旻夫妇开车送我们回到圣·路易斯。我们住在密苏里植物园招待所，等候航班。两天后，之端和我们二人乘机到达美国西部大城市洛杉矶，我所生态研究室孙世洲研究员的大女儿小孙在该市工作，她开车到机场接我们，并把我们送到已预订好的华人开办的旅馆住宿。张志耘也从休斯敦来这里同我们会合。小孙特意为我们四人购买了好莱坞影视城的门票。好莱坞占地面积很大，山川、湖泊、大小洞穴齐全，宫殿、楼阁、民居等建筑齐备。我们观看了一场战斗性攻击实地表演，一位军人开着一辆战车飞跃3米高的障碍跳入水池，与几位武士搏斗的场面，令人惊心动魄，我们了解了好莱坞大片的拍摄；后乘小火车穿越洞穴途中，一只大"狗熊"朝我们猛扑过来，确实惊悚，设计很逼真；最后的花车表演倒是很赏心悦目。

我们到美国西部的一项重要工作是考察这里的自然环境和植被。在圣·路易斯时就有朋友说："到了美国不到拉斯维加斯，不算到过美国。"第四天，四人乘旅游大巴向拉斯维加斯市行进，车上的导游讲：这座新建城市是20世纪70年代初在干旱沙漠区由一个小镇发展、建立起来的。途经科罗拉多大峡谷风景区时，车停下来观光。从洛杉矶市（年降水量约360毫米）出发，大巴车行驶在东西走向的科罗拉多高原上，它的面积约30万平方公里，海拔2000~3000米，地势高峻，呈典型的"桌状高地"，故又有"桌子山"之称。顶部岩层平展，但多为破裂的缓冲地表，迄今还残存有红、白、灰、黄和黑色大小不等的碎石砾，更像戈壁。该地区的年降水量约100毫米，植被多为旱生型多年生杂草类和超旱生小灌木，稀疏地铺散在高原上。发源于南北走向的落基山脉的科罗拉多河（河水红色），湍急的水流在不同的地块或极特殊的环境倾泻在科罗拉多高原上，以排山倒海之势往下侵蚀和深邃切割，千百万年的日积月累，形成了供现今观赏的科罗拉多大峡谷。峡谷形状极不规则，从鲍威尔湖沿东西走向的河流延伸至米德湖这一段，长约460公里。峡谷上部开阔，蜿蜒曲折，似一条桀骜不驯的巨蟒，其谷壁断面层层叠叠，色泽各异，沿海拔变化起落，循谷延伸，其夹杂的皱襞大大小小的土石柱，记录着被河水奔流冲刷的痕迹。峡谷下部陡窄，看不到呈"V"

美国西部大峡谷地貌一隅*

字形的谷底。这里年降雨量不足 90 毫米，低矮的松柏类匍匐生长在干涸地的阴面，小灌木状的豆科植物寥寥可数。

我们到达拉斯维加斯后入住宾馆，导游告诫大家：这是世界上最著名的大赌场，有人输掉了来时的豪华汽车，有人输掉了飞机，也有人输掉了所有，只穿着短衣裤回去。参观了该市的豪华建筑和赌场设施，游乐场所、奢华的高楼各式各样。据说，世界上排前十名的大酒店在这里都设有分店，有的酒店床位超过 6000 个，每年要举办 3000 场以上大、小国际会议。

这次在美国的考察和旅行历时约 3 周，8 月中旬我们从洛杉矶乘国航班机回到北京。

4

植物系统发育与进化研究组及其主要科研成果

4.1 植物系统发育与进化研究组

　　1974 年 8 月，植物分类学与植物地理学研究室对研究方向做了进一步调整，成立了"植物系统发育与进化研究组"，汤彦承主任宣布我任组长，主要成员先后有张芝玉、潘开玉、张志耘、陈之端和孔宏智等，技术人员有顾利民（后调至所物资处）和温洁，以及历届的研究生。张芝玉 1961 年于复旦大学毕业入职植物研究所，转读本所秦仁昌教授的研究生，攻读蕨类植物系统分类，在本组主要从事植物演化形态学（广义）研究并负责实验室建设工作；1986 年奉调上海第二军医大学任教。潘开玉 1962 年于四川大学毕业入职植物研究所，1986 年到本组做研究工作，兼管经费和成果以及实验室建设。张志耘 1976 年于中山大学毕业，分配到本组，汤主任指定我任她的指导教师，从事系统分类研究。陈之端和孔宏智分别于 1992 年和 2000 年取得博士学位后留所任职，正式加入本组工作。

　　研究组成立之初，首先开展对胡桃目的系统演化研究，在《植物分类学报》发表了"马尾树科的形态及分类系统位置的讨论""论胡桃科植物的地理分布""胡桃目的分化、进化和系统关系"；同时，在植物进化理论和研究方法的探索中，在同一刊物发表"对于被子植物进化问题的述评""现代有花植物分类系统初评""诺·达格瑞被子植物分类系统介绍和评注"；在《植物学通报》发表"被子植物系统学的方法论"等论文。较系统地形成了自己的学术思想体系和研究方法。继而对茄科天仙子族进行系统进化研究及对被子植物进化程度最高的类群唇形超目（包括 23 科）进行分支分析，论文以英文发表在国际著名刊物或专著上。

　　1985 年以前实行计划经济，研究经费由植物研究所支付。植物研究所发放工作人员工资、购置大型设备、提供出差用品（包括照相机）和办公用品等，每年给研究

A. 路安民　B. 张芝玉　C. 潘开玉　D. 张志耘　E. 陈之端　F. 孔宏智　G. 顾利民　H. 温洁

植物系统发育与进化研究组早期成员（1974 年 8 月至 2004 年 10 月）

室分配一定的研究经费指标，由室主任掌管，用于研究室日常研究费用、出差费、小型设备购置等。例如，在我担任室主任的 3 年间，所里每年分配给本室 10 万元指标。除了保障研究、出差经费外，3 年中，利用这笔费用，为室里购置匈牙利产的英文打字机 37 台、理光（5 型和 10 型）照相机共 38 台、解剖镜若干台，分配到各研究组使用，以保证大家完成科研计划。

1985 年以后国家逐步实行市场经济，研究经费实行基金制。1986 年中国科学院自然科学基金正式改为国家自然科学基金，国家自然科学基金委员会（以下简称基金委）成立。截至 2005 年，本研究组主持或合作主持完成中科院重大科研项目 1 项、国家自然科学基金重大项目 1 项、重点项目 3 项、面上项目和青年基金项目 10 项，通过基金委或中科院组织的专家验收，均取得优秀的成果，并得到高度评价。例如：

1987~1991 年，我们得到国家自然科学基金和系统与进化植物学开放研究室的联合资助，对中级演化水平的金缕梅类植物（包括 19 科）开展形态学、孢粉学、解剖学、细胞学、胚胎学、植物化学、植物地理学、古植物学的综合研究，在此基础上做了系统发育和进化的分析。发表学术论文 18 篇。

1987~1990 年，我作为第一负责人主持了中科院重大项目"中国生物资源的调查与评价"。该项目由本院植物学、动物学、微生物学领域多个研究所的上百位科技人员合作完成，重点对武陵山地区和红水河上游地区进行全面调查和资源评价，取得了大量第一手资料和重要成果，出版了多部专著。

1990~1994 年，我作为项目学术领导小组副组长，协助吴征镒院士主持了国家自然科学基金重大项目"中国种子植物区系研究"，并负责"中国种子植物区系中重要科属的起源、分化和地理分布的研究"。选择不同演化水平的 56 个种子植物类群，用系统发育的观点开展世界性的地理分布分析，发表论文 70 篇。后汇集有代表性的 45 篇，由我主编并出版了专著《种子植物科属地理》（1999 年）。

1997~2005 年，我们得到国家自然科学基金两个重点项目的资助，开展"原始（基部）被子植物（包括 60 科）的结构、分化和演化的研究"，特别加强了花部的形态发生、分子系统学和古植物学证据的研究，共发表学术论文 92 篇。编译《植物系统学进展》（1998 年）和专著《原始被子植物 起源与演化》（2020 年）均由科学出版社出版。

2000~2003 年，陈之端和中国科学院昆明植物研究所合作主持国家自然科学基金重点项目"东亚植物区系中重要类群和特征成分的形成和发展"，获得云南省自然科学一等奖。

1998 年，吴征镒、汤彦承、我和陈之端发表"试论木兰植物门的一级分类：一个被子植物八纲系统的新方案"；2002 年，吴征镒、我、汤彦承、陈之端和李德铢联名以英文发表"被子植物一个多系 - 多期 - 多域新分类系统总览"，将木兰植物门（被子植物）分为 8 纲 40 亚纲 202 目 572 科，其中命名 3 个新纲 22 个新亚纲 6 个新目；2003 年，我们合作出版《中国被子植物科属综论》，这是一部关于被子植物演化研究的论著，系统阐述了著者们研究植物系统学的基本理论和方法，综合分析了中国分布的 346 科 3100 余属，论述了各科的系统位置、科内和属下的分类系统、分布区及现代分布格局的形成和起源。

2001 年，研究组被命名为"植物系统发育重建"创新组，陈之端任首席研究员、课题组组长，研究范围从被子植物扩展到整个高等植物（有胚植物）。利用分子系统学方法，研究其进化速率不同的基因或 DNA 片段的核苷酸序列，以探讨植物系统发育关系与演化，并结合形态学、古植物学和生物地理学的研究结果，揭示植物大类群的起源、分化和现代地理分布格局及其成因。创建了包括中国维管植物 78 目 312 科 3114 属的生命之树，发表论文数十篇，编辑专刊 *Tree of Life*（2016）和专著《中国维管植物生命之树》（2020 年）。

研究组根据学科的发展，2008 年适时地分建"进化发育与调控基因组学研究组"，孔宏智研究员任课题组组长，开展对基部真双子叶植物中 A、B、C 和 E 类 MADS-box 基因的进化研究。从基部真双子叶植物中选择代表性类群，研究控制花部器官发生和发育的 A、B、C 和 E 类 MADS-box 基因的拷贝数目、序列结构、表达式样、基因功能与系统发育关系，探讨关键性发育基因的序列结构、表达式样和基因功能的进化，揭示基部真双子叶植物中新基因、新基因功能乃至新调控体系所产生的基本式样及其与花的发育和进化的关系，阐明基部被子植物中花发育模式的基本情况和进化机制，为解释被子植物的起源和快速分化提供分子学证据。

4.2 研究组主要研究成果介绍

4.2.1 中国茄科植物（1986 完成[①]）

1987 年，该成果荣获中国科学院科技进步二等奖。本人是项目主持人。

成果包括《中国植物志 第六十七卷 第 1 分册》茄科（1976 年出版），约 20 万字、40 幅墨线图版。本人为该卷册学术编辑之一及 24 属中 19 属的主要编著者、8 篇研究论文中 5 篇论文的作者或主要作者。

茄科是一个经济价值较高的植物类群，是重要的蔬菜、药用植物、粮食作物和烟草工业原料等。我们研究了近 200 年来国内外发表的文献和资料，查阅了国内外大量标本，多次到野外仔细观察、到农田考察，厘清了中国茄科植物 24 属 105 种 35 变种，发现了 1 个新属、2 个新记录属、18 个新种、15 个新变种和 8 个新组合；对每个分类群的中名、学名和研究历史做了考证，详细地描述其形态特征及变异、地理分布、生长环境和经济用途，为我国对该类群植物的开发和利用提供了坚实的基础资料，如对茄科蔬菜种质资源的调查、重要经济价值植物枸杞的正确鉴定，以及对含莨菪类生物碱药用植物资源的开发，都提供了重要的理论依据和应用指导。对学术意义较大和经济价值较高的类群做了深入研究。例如，对散血丹属做了世界性修订，建立了属下新分类系统，发表 3 个新种；对枸杞属植物进行了较全面的野外调查，发表 2 个新种和 3 个新变种，尤其对广泛栽培的两种枸杞即宁夏枸杞 *Lycium barbarum* 和枸杞 *Lycium chinense* 做了深入调查研究，指出了中华药典的错误及对栽

---

① 指该成果最后一篇论文或专著发表的时间，后同。

培地区（天津）经济造成的损失；对天仙子亚族（包括 6 属）开展了全面性研究，该群植物是一类含莨菪类生物碱的重要药用资源，包含的 6 属我国均有分布，其中 2 属为中国特有；利用形态学、孢粉学和化学等多方面的证据，首次提出亚族内属间的系统关系，并根据植物系统发育和地理分布统一的原理提出：中国西南部是该群植物的分化中心，横断山的山地阔叶森林地区为该群植物的区系中心，很可能也是它的起源地。我以该研究论文"Studies of the subtribe Hyoscyaminae in China"为题于 1982 年 8 月在美国召开的第二届国际茄科生物学和系统学科学讨论会做了大会报告，得到国际同行们的高度赞许。著名植物学家 P. H. Raven 教授评价说："这是一篇优秀的论文。"大会组织者 W. G. D'Arcy 博士高度评价道："实际上是对该类群植物的世界性研究。"全文于 1986 年刊登在专著 *Solanaceae: Biology and Systematics* 中，专著封面选用了文中一幅精绘的植物形态解剖墨线图。另一篇论文"Solanaceae in China"同时在该专著发表。专著的主编指出：这是第一次将中国茄科植物介绍给西方读者。

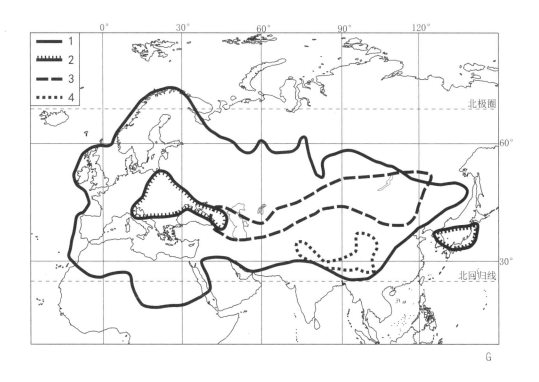

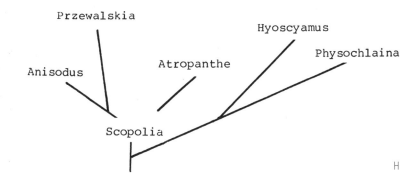

A. 赛莨菪 *Scopolia carniolicoides* C. Y. Wu & C. Chen

B. 山莨菪 *Anisodus tangutica* (Maxim.) Pascher（彩图）*

C. 天蓬子 *Atropanthe sinensis* (Hemsl.) Pascher

D. 天仙子 *Hyoscyamus niger* L.（彩图）*

E. 天仙子 *Hyoscyamus niger* L.

F. 漏斗泡囊草 *Physochlaina infundibularis* Kuang

G. 天仙子亚族 4 属的世界地理分布（抄绘）：图例 1. 天仙子属 *Hyoscyamus*；图例 2. 赛莨菪属 *Scopolia*；图例 3. 泡囊草属 *Physochlaina*；图例 4. 山莨菪属 *Anisodus*；另外 2 属即天蓬子属 *Atropanthe* 和马尿泡属 *Przewalskia* 为中国特有属，前者分布在华中地区，后者产自青藏高原

H. 天仙子亚族 Hyoscyaminae Dunal 可能的系统关系

中国茄科天仙子亚族（族）的研究（见：英文，Lu et al., 1986；论文目录）

4.2.2 中国葫芦科植物（1986 完成）

该成果获 1987 年中国科学院科技进步三等奖。本人是项目主持人。

成果包括《中国植物志 第七十三卷 第 1 分册》葫芦科，近 30 万字、41 幅墨线图版，本人为该卷册编辑之一；中国产 32 个属，我是其中 26 个属的主要编著者；8 篇研究论文中，我为 5 篇论文的作者或第一作者。

葫芦科植物由于多数为雌雄异株，果实一般较大，是一个研究难度较大的类群，但也是经济价值很高的类群，如作消夏水果和蔬菜的全部瓜类植物，以及大量的药用植物。我们研究了 200 多年来国内、外发表的文献，查阅了大量标本和模式照片，多次深入野外和农田进行考察和观察，厘清了我国分布的 32 属 154 种 35 变种，发现了 3 个新记录属、37 个新种、15 个新变种及 15 个新组合；对每一个分类群的中文名和学名进行考证，做了较详细的文献引证，描述其形态特征及其变异、地理分布、生长环境和经济用途。这是首次对我国葫芦科植物进行全面的分类学研究，为我国对该类群植物开展深入研究和利用提供了理论基础和科学依据，现已得到科研、教学和生产部门的广泛运用和引用。特别是对瓜类植物的种质资源、新品种的培育中寻找野生近缘物种提供了重要的科学依据；对重要药用植物，如雪胆属 *Hemsleya*、绞股蓝属 *Gynostemma*、栝楼属 *Trichosanthes*、罗汉果属 *Siraitia* 都进行了深入的调查和研究，对这些植物类群的开发利用发挥了较大作用。同时，对分布在东亚、种类丰富的裂瓜属 *Schizopepon*、赤瓟属 *Thladiantha* 和雪胆属等做了世界性分类学修订，对绞股蓝属、罗汉果属等进行了全面系统的研究，提出了以上 5 个属的分类系统；并对裂瓜属、赤瓟属和绞股蓝属的地理分布进行了讨论，提出这 3 个属的分布区中心分别在横断山地区、中国西南部或中国长江以南，尤其是西南地区的论点。以上研究成果为世界性葫芦科植物研究提供了重要资料，达到了同类研究的国际水平，得到了世界著名葫芦科分类学专家 C. Jeffrey 的高度评价。

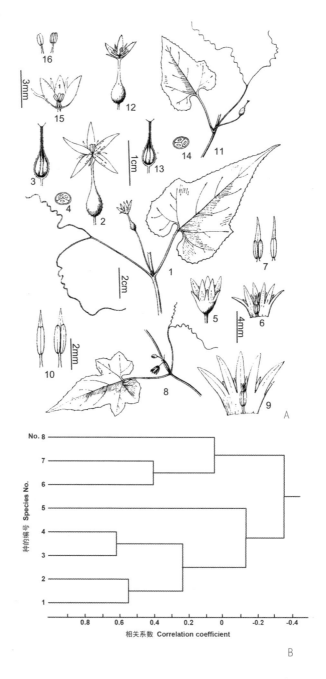

A. 3 种裂瓜的形态结构：1~7，新裂瓜 *Schizopepon bicirrhosus* (C. B. Clarke) C. Jeffrey；8~10，西藏
裂瓜 *S. xizangensis* A. M. Lu & Z. Y. Zhang；11~16，喙裂瓜 *S. bomiensis* A. M. Lu & Z. Y. Zhang
B. 裂瓜属的树系图

注：裂瓜属 *Schizopepon* 是一个东亚到喜马拉雅分布属，8 种，中国均产，其中 6 种为中国特有。横断
山及其毗邻地区是分布区中心。文章采用数量分类方法，选取 31 个花粉性状和形态学性状，对该属 8 种
进行了相似性距离系数和相似性相关距离系数分析，做出树系图。分析结果同我们的分类处理基本上相符
合，8 种在树系图上出现的顺序一致（图 B)，将所显示的 3 个分支划分为 3 亚属。

裂瓜属的研究（见：路安民等，1985；论文目录）

4.2.3 毛合草属的胚胎学和可能的系统关系（1988 完成）

该成果于 1983~1985 年在丹麦哥本哈根大学完成，包括在北欧的 *Nordic Journ. Bot.* 发表的 "Embryology and probable relationships of *Eriospermum*（Eriospermaceae）"（1985 年）和中国《植物学报》发表的 "毛合草的一种异常胚囊"（1988 年）两篇论文。

毛合草属是分布于非洲南部的一个特有属，约 100 种，过去一直归隶于广义百合科。由于它的种子仅芝麻大小并密生长毛，其系统位置一直未能确定。我的胚胎学研究揭示出它的大、小孢子发育，胚囊形成，胚乳发育，胚胎发育至种子形成全部过程；还发现一种畸形胚囊。根据胚胎学证据，结合其他形态学性状，并与相关类群作以比较分析后，证明该属植物在百合科乃至单子叶植物中，有一组十分奇特的性状组合：即外珠被由两层细胞组成；核型内胚乳，在胚的发育过程中，内胚乳被完全吸收；具有由珠心组织发育而成的外胚乳；胚胎发生方式是单子叶植物中不常见的茄型；其成熟种子的胚呈圆柱状、倒锥形，几乎充满整个种子；种皮生有由外珠被的外层细胞所延伸的长毛。因此，这个属应作科级分类单元。即使在百合超目中毛合草科也是相当孤立的，很难判断它与哪一个科有清晰的亲缘关系，提升为新目放在百合超目更为适当。

论文发表后，许多国外同行来信索取抽印本；当代世界著名的植物系统学家 A. Takhtajan（苏联）、R. Dahlgren（丹麦）在他们的专著中分别于 1987 年和 1988 年引用；南非植物学家 A. E. van Wyk 教授来信说："非常感谢你对我们南非的科 Eriospermaceae 作出的贡献。"

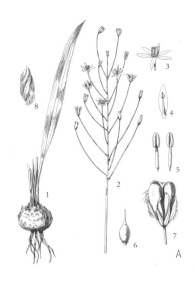

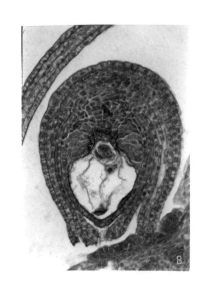

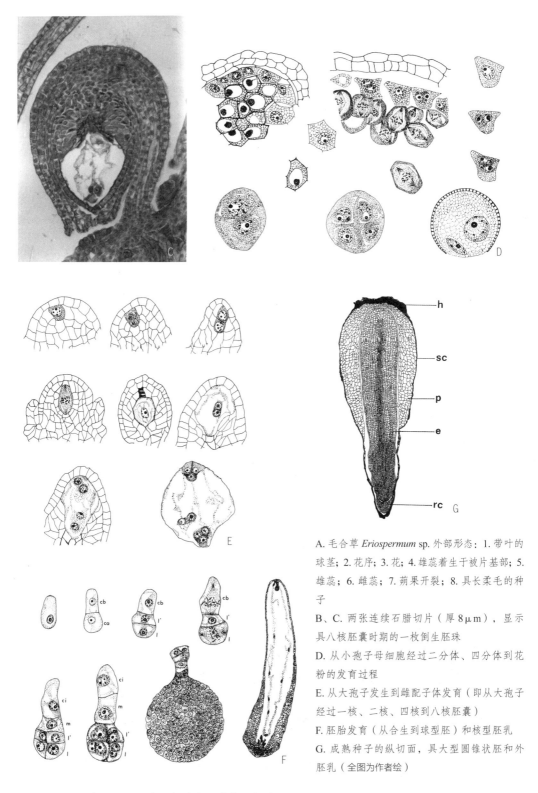

A. 毛合草 *Eriospermum* sp. 外部形态：1. 带叶的球茎；2. 花序；3. 花；4. 雄蕊着生于被片基部；5. 雄蕊；6. 雌蕊；7. 蒴果开裂；8. 具长柔毛的种子

B、C. 两张连续石蜡切片（厚 8 μm），显示具八核胚囊时期的一枚倒生胚珠

D. 从小孢子母细胞经过二分体、四分体到花粉的发育过程

E. 从大孢子发生到雌配子体发育（即从大孢子经过一核、二核、四核到八核胚囊）

F. 胚胎发育（从合生到球型胚）和核型胚乳

G. 成熟种子的纵切面，具大型圆锥状胚和外胚乳（全图为作者绘）

毛合草属的胚胎学研究（非洲特有属）（见：英文，A 见 R. Dahlgren et al., The families of the Monocotyledons p. 169, 张晓霞抄绘，1985；B~G 见 Lu, 1985；论文目录）

4.2.4 胡桃目的分化、进化及系统关系（1990 年完成）

该成果是在我同导师匡可任教授（1977 年病故）编著的《中国植物志 第二十一卷》胡桃科的基础上，研究组进一步开展的对胡桃目植物系统进化的研究成果。1979 年春，我和顾利民出差去贵州雷公山深入调察，并采集到马尾树的实验材料，经仔细的外部形态学、节部和木材解剖学、孢粉形态学和细胞学等综合研究，于 1981 年由张芝玉署名发表了"马尾树科的形态及分类系统位置的讨论"〔《植物分类学报》19(2):168-177〕。马尾树科 Rhoipteleaceae 是我国一个准特有科，仅含单种属，系统位置一直未被确定。上述研究确定该科是胡桃科的近缘科。1982 年，我发表了"论胡桃科植物的地理分布"〔《植物分类学报》20(3):257-274〕，首次运用植物类群的系统关系和地理分布相统一的原理，论述了胡桃科属间的系统关系，并根据它们的现代地理分布和化石分布，建立了该科的演化系统。首次提出"中国西南部到中南半岛北部带有季节性干旱的热带山区森林中，极可能是胡桃科植物的发源地"的论点。该文章在国内外产生了较大影响，被许多同行所引用；有学者称赞：这篇论文是研究植物科属地理的范例和经典之作。1987 年，美国古植物学家 S. R. Manchester 著的 *The Fossil History of the Juglandaceae*，对胡桃科的起源地提出了不同的观点，认为胡桃科起源于北美。1990 年，我们发表了"胡桃目的分化、进化及系统关系"〔《植物分类学报》28(2):96-102〕。文中讨论了胡桃目的概念，包括胡桃科和马尾树科；并详细地对胡桃目植物的性分化、果实传播方式与分化、生态及其地理分布的分化等进行了较系统的分析，重申了我们的论点，并且提出胡桃目与杨梅目和山毛榉目有密切联系，属于金缕梅类植物演化最高级的一个类群。

野核桃 *Juglans cathayensis* Dode 雄花序枝 *　　　　　　野核桃雌花序枝 *

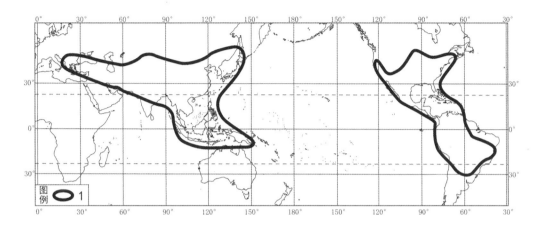

A. 世界胡桃科植物地理分布图（抄绘）

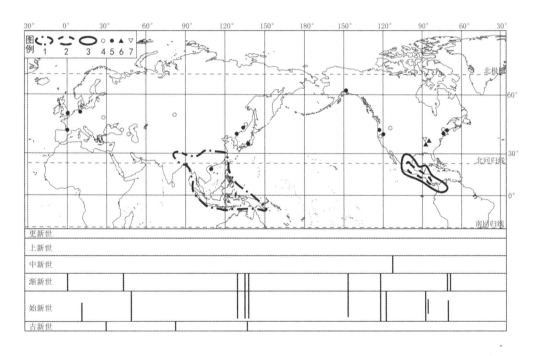

图例：1. 黄杞属 *Engelhardia* 的分布区；2. 美黄杞属 *Oreomunnea* 的分布区；3. 果黄杞属 *Alfaroa* 的分布区；4. 黄杞属 *Engelhardia* 的孢粉化石分布点；5. 黄杞属 *Engelhardia* 的具三裂苞片果实化石分布点；6. 化石属 *Paraoreomunnea* 和 *Paleooreomunnea* 的具三裂苞片果实化石分布点；7. 化石种 *Eokachyra aeolius* 的雄花序和雄花化石分布点。

B. 黄杞复合群 3 属呈东南亚和中美间断分布（抄绘）

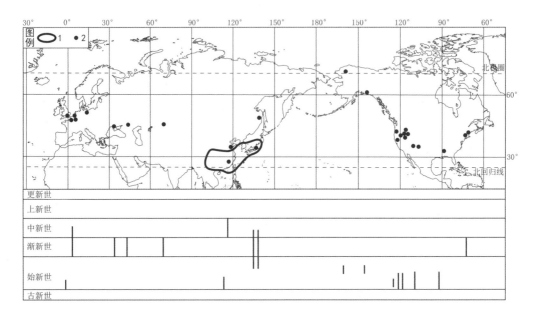

图例：1. 化香树属 *Platycarya* 的现代分布区；2. 化香树属的化石地理分布点。

C. 化香树属的现代和化石地理分布（抄绘）

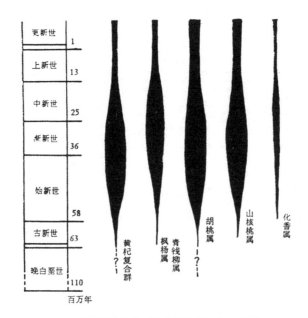

D. 胡桃科植物化石出现的地质年代示意图

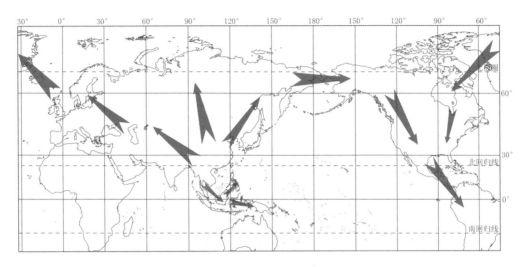

E. 胡桃科植物的散布路线示意图（抄绘）

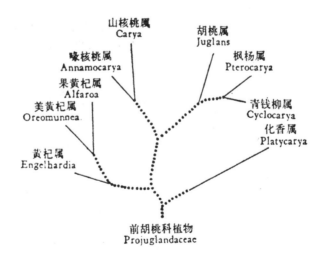

F. 胡桃科植物属间的演化关系示意图

注：虚线表示已灭绝的植物，实线表示现存的植物。

论胡桃科植物的地理分布 （见：路安民，1982；论文目录）

1. 枝；2. 小叶下部；3. 果实正面观；
4. 果实背面观；5. 圆果化香树 *P.
longipes* Wu 的枝；6. 圆果化香树 *P.
longipes* Wu 的小叶下部。

A. 化香树 *Platycarya strobilacea*
Sieb. & Zucc. 的形态观察

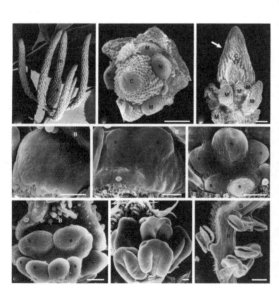

B. 化香树花序及雄花的形态发生

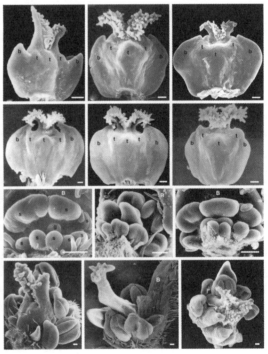

C. 化香树雌花的形态发生

胡桃科化香树花序和花器官的发生（见：英文，Li et al., 2005；论文目录）

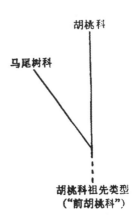

B.1~7. 马尾树叶节维管束在不同水平面上的变化；8~10. 叶片下表皮的气孔

1.具果实的枝条；2.具叶柄、腋生芽和托叶痕迹的小枝；3.托叶；4.叶背面的中脉；5.叶背面的边缘；6.一段叶轴；7.腋生花序梗；8.花序轴的一段，每节具一由三花集成的聚伞花序团，但花尚未开放；9.已开放的花；10~13.花式图；14.雄花；15.幼小的雌蕊；16.已成长的雌蕊；17.子房的横切面；18.胚珠；19.果实纵切；20.果实的横切面；21.果实的纵切面；22.胚。

A. 马尾树 *Rhoiptelea chiliantha* Diels & Mazz. 的形态学观察（见：匡可任，1960，《植物学报》Vol. IX No.1 图版 1）

C.马尾树科的分类系统位置示意图

马尾树科的形态及分类系统位置的讨论〔见：张芝玉，1981，《植物分类学报》19(2)〕

4.2.5 中国植物资源调查与评价（1990 完成）

该课题是中科院"七五"重大项目"中国生物资源调查与评价"中植物学科专题。我是项目申请人和第一负责人，项目总经费 360 万元。该专题属二级课题，经费 112 万元，本人亦任课题主持人，负责制订研究方案和组织实施，并兼任野外考察队总队长，以及组织 5 本专著的编著。1987~1990 年，由中国科学院植物研究所、华南植物研究所、昆明植物研究所、武汉植物研究所和成都生物研究所等数十位科技人员分工完成。

课题分为重点地区全面调查和 7 个专题调查两部分。

重点地区全面调查，指武陵山和红水河上游两个地区植物资源调查与评价。前一地区组织 5 个调查队，后一地区组织 3 个调查队。分别对植物资源丰富、但过去调查较薄弱的湘、黔、川、鄂四省接壤的武陵山地区和滇、黔、桂接壤的红水河上游地区开展全面调查。采集标本共 27 000 余号，基本厘清了两地区的植物种类、分布，发现了一些新类群和新分布，为研究中国植物区系提供了重要依据，也为中南地区植物资源合理开发利用及保护提供了第一手基本资料，并较全面地提出了这两个地区应该保护的珍稀、濒危植物种类以及可引种栽培的重要资源植物种类。

7 个专题调查，指对香料植物、可可脂代用品植物、胶用植物、植物性农药、植物性食品添加剂和强化剂的调查与评价，以及速生绿化树种和野生观赏植物调查与引种栽培、重要野生经济植物种子的搜集和种质保存。通过调查、化学分析、引种栽培，为生产上提供了一批极具开发利用价值的植物种类，搜集和保存了一批重要种质资源。

课题组在调查研究的基础上，陆续出版了 5 本专著：《武陵山地区植物检索表》（约 100 万字）；《武陵山植物调查研究报告集》（约 25 万字）；《红水河上游地区植物调查研究报告》（约 40 万字）；《植物资源专题调查研究报告集》（约 20 万字）；《中国樟科植物资源及精油研究》（约 10 万字）。

这项研究经过中科院组织的专家验收评审，专家委员会认为其成果"属国内领先，达到国际同类工作的先进水平"。1991 年，课题组被评为"中国科学院先进集体"，并颁发荣誉证书和奖金。

北京队同广西九万大山当地队员（李良千摄，覃海宁提供）

（前排左起王建荣、龙光日、何关福、柳州林业局黄书记、路安民、蒙东培；第二排左
1韦柳萍、左2覃春明、左4韦培胜、左5张灿明；第三排左起覃海宁、罗毅波、韦超然、
傅德志）

广西柳州考察队（李振宇提供）

（左起：张灿明、李振宇、王文采、陈之端、罗毅波）

红水河上游地区植物资源考察队成员名单

总 队 长：

路安民、李振宇（中国科学院植物研究所）

中国科学院植物研究所队：

队长：李良千

队员：傅德志、覃海宁、陈之端、张大明、罗毅波、张灿明

负责广西河池地区 10 县、市及贵州黔西南布依族苗族

自治州 4 县的调查任务

中国科学院华南植物研究所队：

队长：吴德邻、曾幻添

队员：李毓敬、张桂才、李志佑、刘念、叶华谷、陈海山（中

国科学院华南植物研究所）；王映明、张炳坤、王翔（中国

科学院武汉植物研究所）

负责广西百色地区 8 县、市的调查任务

中国科学院昆明植物研究所队：

队长：苏志云

队员：方瑞征、陶德定、俞宏渊、陆仁富

负责广西百色地区 4 县及云南曲靖地区 9 县、市的调查

任务

参加红水河上游地区植物资源考察队的单位及分工

植物资源考察队取得的部分研究成果

4.2.6 被子植物系统学的方法论（1991 年完成）

在生物系统学研究中，就研究方法而论有 3 个学派，即表征分类学派（Phenetics）、进化分类学派或称拆衷学派（Eclectics）和分支分类学派（Cladistics）。**表征分类学派**的基本观点是分类群之间的关系取决于它们的性状总体相似性的程度，并且将所有性状都看作有均等的价值。我在研究裂瓜属的系统时，采用了该学派的方法，〔见《植物分类学报》，1985, 23(2):106-120〕，但对于这个学派的观点我基本上是不赞成的，在"对于被子植物进化问题的述评"一文中已阐述〔见《植物分类学报》，1978, 16(4):1-15〕。**进化分类学派**的方法是用进化的概念解释表征发展（或称演进发生）和种系发生分支（或称谱系分支发生）。在实际的研究中，它既包含了表征分类的相似性原则，又强调谱系分支分类根据性状的进化状态来确定分类群之间的关系。我在研究毛合草属的系统位置〔见 "Embryology and probable relationships of *Eriospermum* (Eriospermaceae)", *Nondic Journ. Bot.*, 1985, 5(3):229-240〕、茄科天仙子亚族〔见 "Studies of the subtribe Hyoscyaminae in China", In W. G. D'Arcy (edit.), *Solanaceae: Biology and Systematics*, 1986, 56-78〕和低等金缕梅类〔见 "'低等'金缕梅类植物的起源和散布"，《植物分类学报》，1993, 31(6): 489-504〕时采用了这种方法。**分支分类学派**只研究种系发生分支。它特别强调：研究的类群必须是单元发生群；必须分析性状是祖征（即原始的性状）还是衍征（即衍生的性状）、来源于共同祖先的衍生性状状态叫作共有衍征（synapomorphy），依据共有衍征的分布式样作谱系分支图（cladogram）。在确定性状的性质时，过于加权了外类群的比较。我在研究唇形超目（见 "A preliminary cladistic study of the families of the super-order Lamiiflorae", *Bot. J. Linn. Soc.*, 1990, 103: 39-57〕和金缕梅类〔见 "金缕梅类科的系统发育分析"，《植物分类学报》，1991, 29(6): 481-493〕时采用了这种方法。对于这个学派的贡献和缺点，我在"诺·达格瑞被子植物分类系统介绍和评注"〔见《植物分类学报》，1984, 22(6): 497-508〕一文中做了讨论。基于上述分析，三个学派的主要分歧是如何分析性状和确定分类群之间的关系，根据我对不同研究方法的实践和比较，提出确定性状和性状状态性质的原则有 6 点：①化石证据；②性状分布的普遍性；③性状的相关性；④性状的协同演化；⑤个体发育反映系统发育的重演原则；⑥外类群比较。特别强调研究分类群的空间关系对于揭示时间关系的重要性，即研究生物系统学的"时空观"。在"论胡桃科植物的地理分布"〔见《植物分类学报》，

1982, 20(3): 257-274〕一文中体现了这一学术思想和研究方法。详细观点在"被子植物系统学的方法论"〔见《植物学通报》，1985, 3(3): 21-28〕一文中有全面论述。

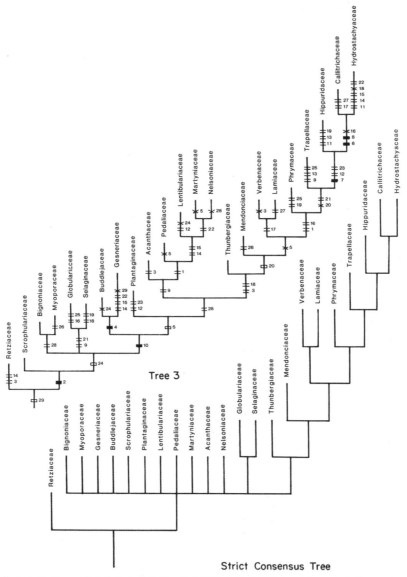

Strict Consensus Tree

　　注：按照 R. Dahlgren 被子植物分类系统，唇形超目包括唇形目 Lamiales、玄参目 Scrophulariales 和杉叶藻目 Hippuridales，共计 23 科，另外选择 3 个外类群，即木犀科 Oleaceae、山柳科 Clethraceae 和茄科 Solanaceae；根据外类群比较，在科级水平上选出 29 个性状进行性状分析，分析它们是祖征还是衍征，其结果以共有衍征出现的式样为做分支图的依据，利用 Hening86 软件进行运算，得到 3 个相等的分支图，以此再做出严格的一致树。结果显示，Retziaceae 是其他所有科的姐妹群，处于基部；大约有 11 个科是多歧的（polytomy），唇形目中的马鞭草科 Verbenaceae、唇形科 Lamiaceae、透骨草科 Phrymaceae 和水马齿科 Callitrichaceae，以及 3 个孤立的科，即茶菱科 Trapellaceae、杉叶藻科 Hippuridaceae 和水穗花科 Hydrostachyaceae，可能是单系复合群，马鞭草科和唇形科是姐妹群；水马齿科和水穗花科是姐妹群，杉叶藻科是它们的姐妹群。

唇形超目科级分支系统学初步研究（见：英文，Lu，1990；论文目录）

4.2.7 金缕梅类植物的系统发育和演化（1993 完成）

本研究于 1987 年立项，系国家自然科学基金资助项目，同时也是"系统与进化植物学开放研究实验室"的重点项目，联合资助经费 23 万元。我作为项目主持人，负责项目学术的总体设计、研究内容和技术路线及组织实施。在国家一级学报发表 18 篇研究论文。

该项目根据植物类群在历史上的发生和发展与它们在地球上起源和散布统一的原理，利用谱系分支的方法，对在被子植物进化中具有重要性的金缕梅类植物（包括 19 个科），进行了形态学、解剖学、胚胎学、孢粉学、植物化学等实验研究，明确了植物学家以往存有分歧的交让木科、胡桃目（包括胡桃科、马尾树科）和杜仲科的系统位置；研究了系统学上具有重要意义的金缕梅科的叶表皮特征，桦木科的花粉形态，虎榛子属（桦木科）、双花木属（金缕梅科）和水青树属（科）的胚胎学，领春木的染色体数目及配子体的发育。在《植物分类学报》发表了"桦木科植物的系统发育和地理分布"的专著性论文。在"金缕梅类植物的系统发育分析"一文中，利用分支分析方法，选择 32 对性状，对该类 19 个科及外类群，采用最大同步法、最小平行法和综合分析法应用计算机运算，按照最简约原则，选出演化长度最短的谱系分支图，作为分析的基础，首次提出了金缕梅类植物 19 个科的系统发育关系。在"'低等'金缕梅植物的起源和散布"一文中，分析了较原始的昆栏树科、水青树科、连香树科、领春木科、金缕梅科、悬铃木科和折扇叶科的科间系统关系，并依据现代植物和化石植物的分布格局提出：东亚区的南部到印度支那区的北部，是该类群植物的现代分布中心和它们的起源地，起源时间可以追溯到早白垩世；并从地球的地质变迁、气候变化以及植物对于变化中的生态环境适应性，讨论了现代分布格局形成的原因。这些观点的发表在国际上尚属首次。

这是我国首次对被子植物亚纲级分类单元所进行的全面系统性研究成果，为开展植物大系统研究摸索经验或提供宝贵资料。发表的论文在国内外产生良好的反响，国外不少同行来函索取论文抽印本。

本项目因获系统与进化植物学开放研究实验室重点资助，邀请了中国药科大学（南京）周荣汉教授参加研究。周教授是我国植物化学分类学创始人之一，他带领学生们开展对金缕梅类植物化学成分的研究，于 1990 年发表了 "Chemical constituents of the Hamamelidae and their systematic significance"（*Cathaya*, 2:63-76）；特别是他和弟子姜志宏对马尾树植物化学成分的研究，成果突出，分离出马尾树所含数十种新化合物，并证明了马尾树科与胡桃科有近缘关系。北京大学王宪曾教授参加了本项目花粉形态学研究，发表了"金缕梅科的花粉形态学研究"等论文。

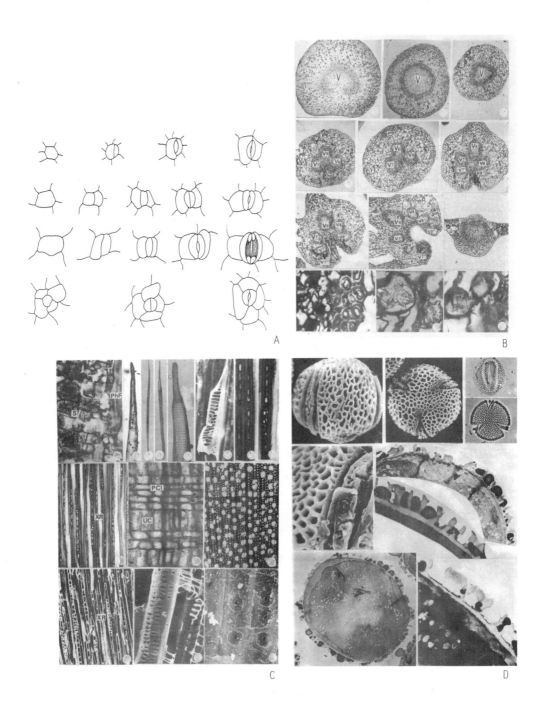

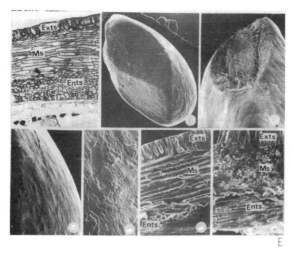

A. 玉兰、双花木、缺萼枫香树和壳菜果的叶片气孔器个体发育比较

B. 从双花木节部至叶柄端的横切，观察维管束组织发育状况

C. 双花木茎的解剖

D. 双花木花粉的扫描电镜和透射电镜观察

E. 双花木种皮的解剖学观察

金缕梅科双花木属的系统学研究（见：英文，Pan et al.,1991；论文目录）

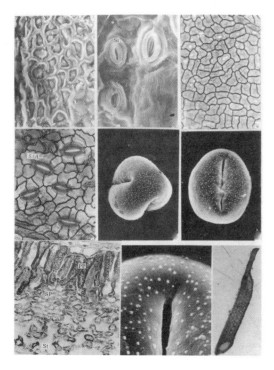

A. 杜仲科的解剖学和胚胎学及其系统关系

（见：张芝玉等，1990；论文目录）

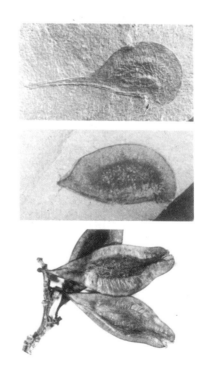

B. 杜仲果实化石和现生物种果实的比较

C. 杜仲 *Eucommia ulmoides* Oliv. 的果枝 *

中国杜仲果实化石首次发现（见：Geng Baoyin et al., 1999；论文目录）

			TRO	TET	CER	EUP	MYR	PLA	HAM
Quaternary		Holocene							
		Pleistocene							
Tertiary	Neogene	Pliocene							
		Miocene							
	Paleogene	Oligocene							
		Eocene							
		Paleocene							
Cretaceous	Upper	Maestrichtion							
		Campanian							
		Satonia							
		Coniacia							
		Turonia							
		Cenomanian							
	Lower	Albian							
		Aptian							

注："低等"金缕梅类包括昆栏树科、水青树科、连香树科、折扇叶科、领春木科、悬领木科和金缕梅科。该类群广泛分布的化石记录可以追溯到早白垩世，并且清楚地显示出它们在被子植物演化的早期就从祖先类群分化出来。

"低等"金缕梅类植物的化石历史（选自：路安民等，1993，论文目录）

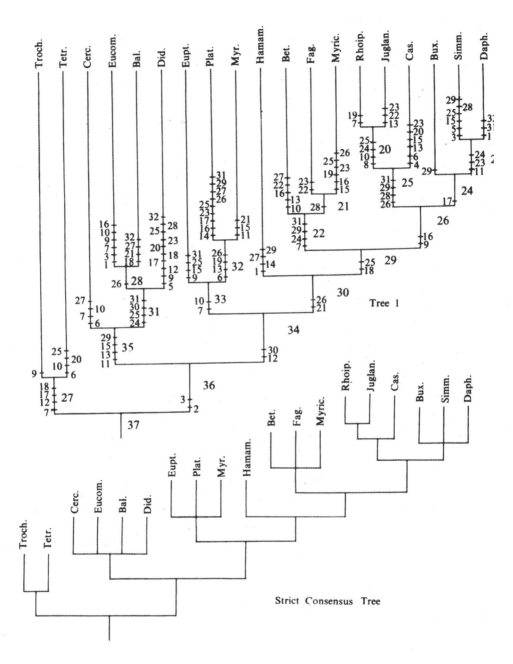

注：金缕梅类植物包括 19 个科，以木兰科作为外类群。在对大量性状进行评估之后，选择 32 对性状作为建立数据矩阵的基本资料。根据外类群比较、化石证据和形态演化规律等，分析每对性状是祖征还是衍证。采用最大同步法、最小平行进化法和综合分析法进行运算，按照最简约的原则，选出演化长度最短的谱系分支图作为讨论的基础，探讨金缕梅类植物科的系统发育关系。结果显示：最早分化的一支是昆栏树科和水青树科；连香树科等 4 科随后分化；以金缕梅科为代表的核心群共有 10 个科，其中金缕梅科分化最早，是该群植物中的原始类群。

金缕梅类科的系统发育分析（见：路安民等，1991；论文目录）

4.2.8 中国种子植物区系中重要科属的起源、分化和地理分布（1999年完成）

生物类群在地球上的起源、隔离分化和散布过程与它们在地质历史上的发生、发展过程是相互制约、相互影响的。各个生物类群在地球上的发展速度、发展规模就是其在一定时间内所经历的空间过程。用进化的观点，将生物类群的系统发育（种系发生）和地理分布（区系发生）有机地结合起来，研究它们的起源和演化，即系统发育生物地理学（Phylogenetic biogeography），这是研究植物科属地理的基本原理。我在1982年发表的"论胡桃科植物的地理分布"一文比较完整地反映了研究科属地理的理念、思路和方法，文章发表后被大量引用，认为这篇文章是研究植物科属地理学的"经典之作"。1990年经基金委批准，在吴征镒院士主持的重大项目"中国种子植物区系研究"中，设立了我负责的"中国种子植物区系中重要科属的起源、分化和地理分布研究"二级课题，选择了在种子植物系统演化中处于重要地位、对揭示中国种子植物区系的起源和发展、反映中国种子植物区系从热带向温带过渡的不同演化水平的56个类群，如松科、杉科、木兰科、八角科、番荔枝科、三白草科、樟科、金粟兰科、毛茛科、芍药科、罂粟科、"低等"金缕梅类植物、山毛榉科、桦木科、藜科、山茶属、杜鹃花属、安息香科、报春花科、杨柳科、绞股蓝属（葫芦科）、乌头荠属（十字花科）、椴树科、虎耳草科、蔷薇科、无患子科、槭树科、省沽油科、刺参科、忍冬科、五福花科、苦苣苔科、桔梗科、橐吾属（菊科）、百合科、兰科、天南星科、嵩草属（莎草科）、禾本科（芨芨草属、针茅属）和棕榈科等，分别由中国科学院植物研究所、华南植物研究所、昆明植物研究所、西北高原生物研究所的分类学家合作完成。该研究主要回答的问题：①研究类群的分布格局；②分布区中心；③起源中心或起源地；④化石历史和可能起源的时间；⑤散布（或扩散）的途径；⑥分布格局形成的原因。对上述问题的回答，必须建立在对研究类群进行深入分类学研究、弄清类群的系统关系的基础上。在发表的71篇论文中，我选择出有代表性的45篇，主编了《种子植物科属地理》专著（98.4万字），于1999年由科学出版社出版。在该书"引论"中，我进一步论述了科属地理的研究原理和方法，并根据56个类群的研究结果提出：东亚是被子植物早期分化的一个关键地区；东亚是北半球温带植物区系的重要发生地；中国种子植物区系来源的多元性，包括劳亚古陆（古北大陆）来源、冈瓦纳古陆（古南大陆）来源、古地中海（特提斯海）来源和中国本土起源；

喜马拉雅山脉隆起，对中国植物区系多样性分化及丰富新特有成分产生了巨大影响等学术观点。

这项研究具有鲜明的创新性，处于国际领先水平，为世界种子植物区系及其形成提供了宝贵资料；为在地质历史上，地球地壳变迁、特别是板块移动和海底扩张理论提供了植物学证据；为全球气候变化，尤其是对第三纪以来北半球的气候变化研究提供了重要的植物学证据和资料；对我国的生物多样性保护、资源的合理开发利用、国家自然保护区（国家公园）建设规划具指导意义。

《种子植物科属地理》，路安民主编，
1999 年，科学出版社

下面以松科等 7 科、属为例，简要介绍作者们的研究成果，植物墨线图选自《中国植物志》相关卷册。

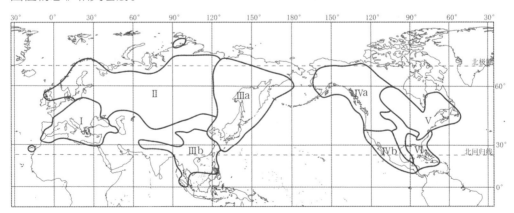

松科植物分区：Ⅰ 南欧和北非，Ⅱ 欧洲，Ⅲ$_a$ 东亚，Ⅲ$_b$ 东南亚，Ⅳ$_a$、Ⅳ$_b$、Ⅴ、Ⅵ 美洲。

A. 松科植物的分区（抄绘）

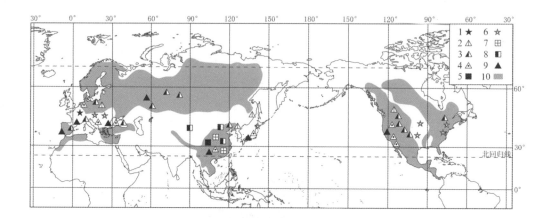

化石点图例： 1. 早白垩世；2. 晚白垩世；3、4. 始新世；5、6. 渐新世；7. 中新世；8、9. 上新世（根据文献记载，1、4、

6、9 为微化石）；10. 现代松亚属植物分布。

B. 松亚属植物的现代分布和化石分布点（抄绘）

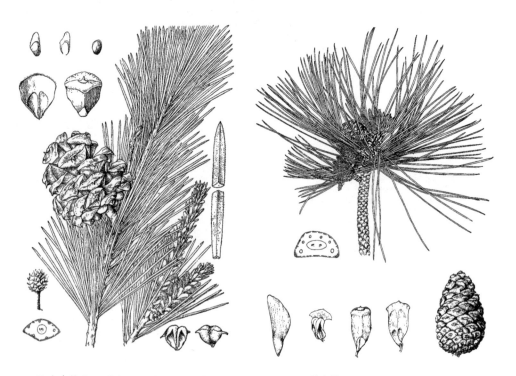

C. 白皮松 *Pinus bungeana* Zucc. ex Endl.   D. 黄山松 *Pinus taiwanensis* Hayata

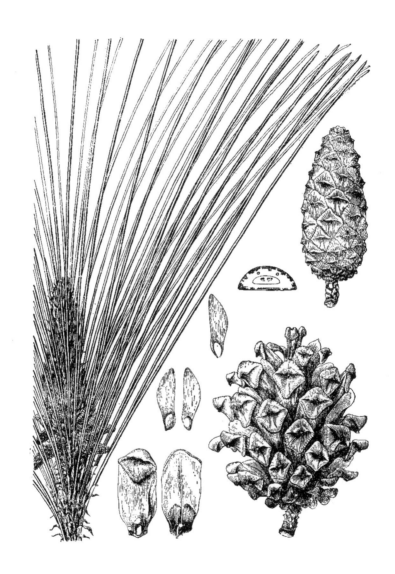

E. 南亚松 *P. latteri* Mason

　　作者认为：松科植物起源可追溯到三叠纪，并持续至侏罗纪；北美是松属最重要的分布中心和多样化中心；松科植物起源于劳亚古陆，通过三条路线散布到全球。

论松科植物的地理分布、起源和扩散

（见：李楠 ，1999，路安民主编《种子植物科属地理》下同，p.17~39）

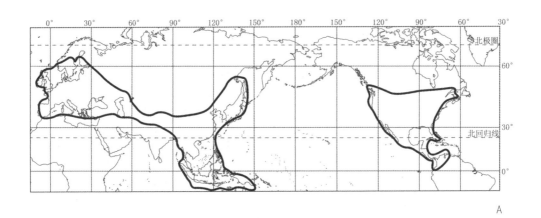

A

B

C

A. 山毛榉科植物的地理分布（抄绘）

B. 米心水青冈 *Fagus engleriana* Seem. 等 2 种

C. 湖北锥 *Castanopsis hupehensis* C. S. Chao

D. 栎叶柯 *Lithocarpus quercifolius* Huang & Y. T. Chang 等 3 种

E. 鼎湖青冈 *Cyclobalanopsis dinghuensis* (Huang) Y. C. Hsu et H. W. Jen 等 3 种

F. 山毛榉科植物的化石历史（实线代表叶和壳斗记录，点线代表栗类三沟粉类型记录）

1. 柯属；2. 锥属；3. 栗属；4. 水青冈属；5. 三棱栎属；6. 栎属。

作者文章结论：山毛榉科的起源可以确定在晚白垩世早期；东亚区南部到东南亚区北部和马来西亚区是山毛榉科植物的多度中心和多样化中心；可能起源于中国南部以及中南半岛北部，迁移到北美可能有两条路线。

山毛榉科植物的起源和地理分布（见：李建强，1999，p.218~235）

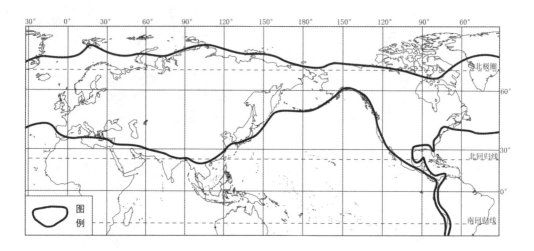

A. 桦木科植物的地理分布（抄绘）

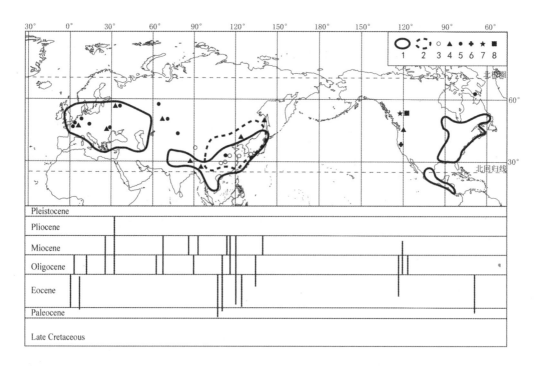

1. 千金榆组；2. 鹅耳枥组；3. 花粉化石点；4. 叶化石点；5. 果或总苞化石点；6. 木材化石点；7. 星苞鹅耳枥属；8. 拟鹅耳枥属。

B. 鹅耳枥属的现代分布和鹅耳枥属植物复合群的地史分布（抄绘）

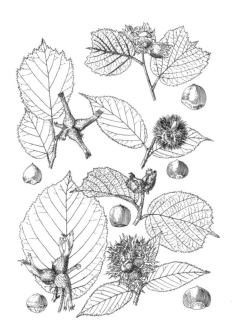

C. 刺榛 *Corylus ferox* Wall. 等 5 种   E. 桤木 *Alnus cremastogyne* Burk. 等 6 种

D. 昌化鹅耳枥 *Carpinus tschonoskii* Maxim. 等 3 种   F. 小桦木 *Betula microphyla* Bge. 等 4 种

    作者研究结果：东亚区为桦木科的第一分布中心，大西洋－北美区是次生分布中心或称第二分布中心；支持东亚区是桦木科植物起源地的推测；现存桦木科植物可能在早第三纪均已形成，化石证据说明鹅耳枥属和铁木属的出现不晚于晚始新世。

桦木科植物的起源和散布（见：陈之端，1999，p.236~258）

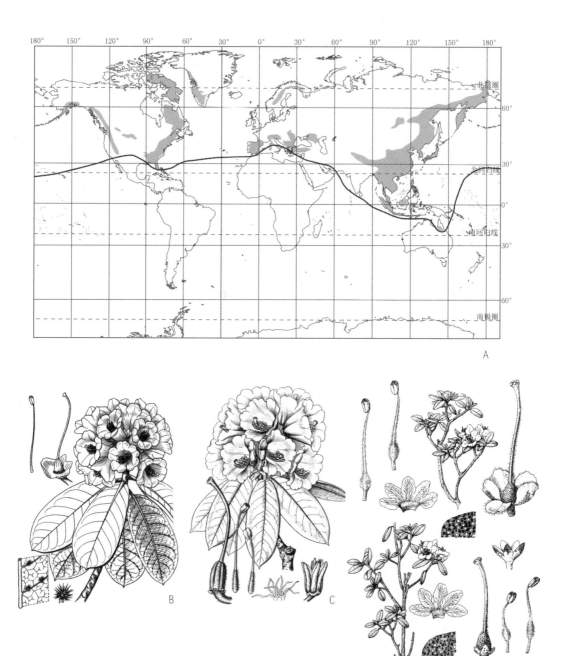

A. 杜鹃属的世界分布区（分界线以北的影线部分抄绘）

B. 串珠杜鹃 *Rhododendron hookeri* Nutt.

C. 大理杜鹃 *Rhododendron taliese* Franch.

D. 卓尼杜鹃 *Rhododendron joniense* Ching et H. P. Yang 等 3 种

　　作者经统计分析得出：杜鹃花属主要分布于北半球，其多样化中心在中国－喜马拉雅地区；根据化石证据和属的生态适应，该属的始祖类群起源的时代估计是在晚白垩世至早第三纪的过渡期；中国西南至中国中部最有可能是杜鹃属植物的起源地；始祖类群从东亚发生并繁衍，在第三纪和第四纪向世界各地散布。

杜鹃花属植物区系的研究（见：**方瑞征、闵天禄**，1999，p.299~318）

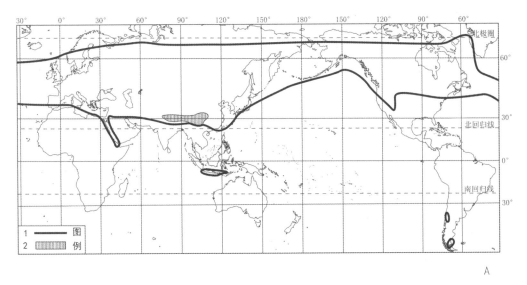

图例： 1.报春花属的世界分布；2.种类密集的分布带（此分布带内共有20组、约300种）。

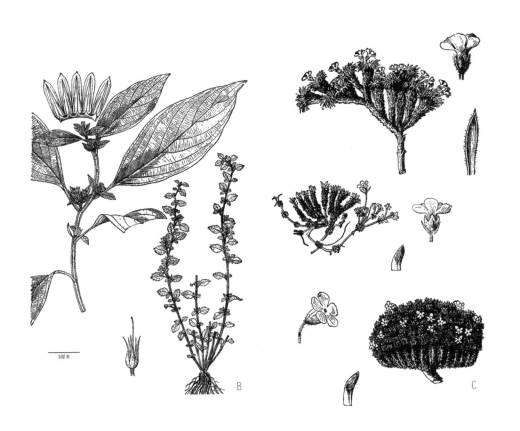

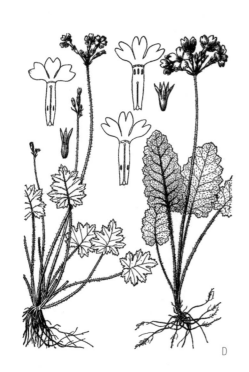

A. 报春花属植物的世界分布（抄绘）

B. 短枝香草 *Lysimachia asper* Hand.-Mazz. 等 2 种

C. 弯花点地梅 *Androsace cernuiflora* Yang et Huang 等 3 种

D. 岩生报春 *Primula saxtilis* Kom. 等 2 种

E. 大理独花报春 *Omphalogramma delavayi* (Franch.) Franch. 等 2 种

　　作者经仔细的统计分析发现：我国横断山区和东喜马拉雅的种类最为丰富，无疑是报春花科的现代分布中心，高加索－阿尔卑斯山为本科的第二分布中心；基于对该科的系统发育分析，我国云南和贵州南部、广西西部至越南、泰国北部及缅甸西北部山地，最有可能是报春花科植物的起源中心；起源时间应在早第三纪或晚白垩世。

报春花科植物的地理分布（见：胡启明，1999，p.332~343）

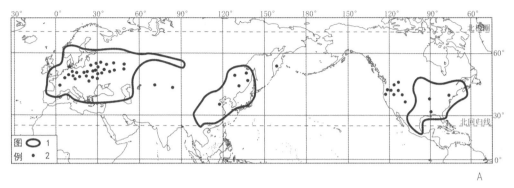

图例：1. 现代分布；2. 化石点分布。

A. 椴树属的现化分布及化石发现点（抄绘）

B. 多毛蜀椴 *Tilia intonsa* Wils. ex Rehd. et Wils. 等 2 种

C. 南京椴 *Tilia miqueliane* Maxim.

作者们基于对现代物种的分析，认为椴树属是一个典型的北温带分布属，呈欧洲 – 西西伯利亚、东亚和北美间断分布；东亚是其多度中心，中国秦岭 – 淮河以南至北回归线之间的亚热带是椴树属的多度中心；根据化石证据分析，该属在白垩纪晚期或第三纪初就已发生，起源于劳亚古陆。

椴树属的地理分布（见：唐亚、诸葛仁，1999，p.374~383）

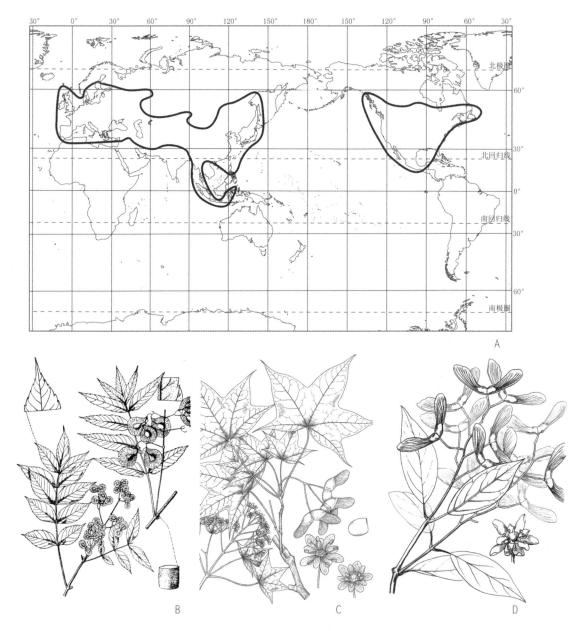

A. 槭属的分布区（抄绘）

B. 金钱槭 *Dipteronia sinensis* Oliv. 等 2 种

C. 元宝槭 *Acer truncatum* Bunge

D. 飞蛾槭 *Acer oblongum* Wall.

　　作者指出：槭树科包括 2 属，即金钱槭属 *Dipteronia* 和槭属 *Acer*，前者仅 2 种，后者约 200 种；槭属植物是构成现代北半球的落叶阔叶林植被最大属之一；中国横断山区是槭属植物现代分布物种最多的地区；金钱槭属为中国特有属，仅分布于我国的西部和西南部。长江流域及其以南地区是槭树科的现代分布中心，而横断山区是这个中心区的核心，这里很可能也是槭树科的起源地。

槭树科的地理分布（见：徐廷志，1999，p.430~437）

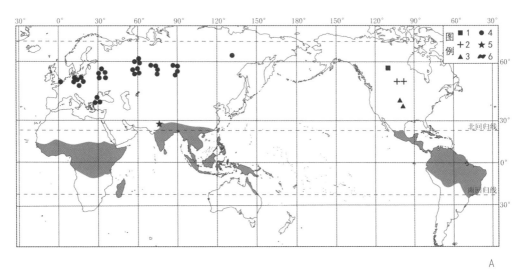

A

图例: 1~5. 化石植物（1. *Zingiberopsis attenuata*，2. *Z. isonervosa*；3. *Z. magnifolia*；4. *Spirematospermum*；5. *Amomocarpum soloatum*）；6. 现代植物。

B   C

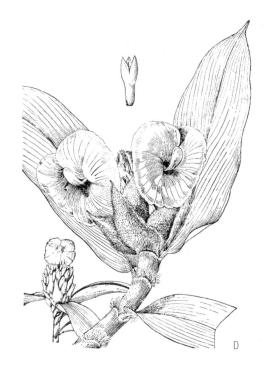

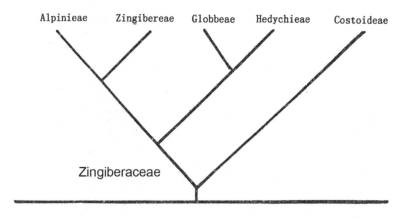

A. 化石及现代姜科植物的分布（抄绘）

B. 艳山姜 *Alpinia zerumbet* (Pers) Burtt et Smith

C. 姜 *Zingiber officiale* Rosc.

D. 莴笋花 *Costus lacerus* Gagnep. 2 种

E. 姜科各族间的系统关系

　　作者指出：姜科为泛热带分布科，热带亚洲和东亚分布是中国姜科植物区系的主体；化石记录表明，姜科植物的出现不应晚于晚白垩世（距今 7000 万年前）；姜亚科的早期分化中心在劳亚古陆南部，现代分布中心为印度－马来西亚；闭鞘姜亚科的早期分化中心在西冈瓦纳古陆的北部，现代分布中心为南美。

姜科植物地理（见：吴德邻，1999，p.604~614）

4.2.9 被子植物的一个新分类系统的创建（2003 年完成）

这项成果是由吴征镒、我、汤彦承、陈之端和李德铢合作完成的，包含 4 篇论文，即"A comprehensive study of 'Magnoliidae' sensu lato.—with special consideration on the possibility and the necessity for proposing a new 'polyphyletic-polychronic-polytopic' system of angiosperms"（1998 年），"试论木兰植物门的一级分类：一个被子植物八纲系统"（1998 年），"Synopsis of a new 'polyphyletic-polychronic-polytopic' system of angiosperms"（2002 年），"系统发育和被子植物'多系－多期－多域'系统"（2003 年）；1 部专著《中国被子植物科属综论》（179.3 万字）（2003 年）。

《中国被子植物科属综论》吴征镒等著，2003 年，
科学出版社

主要学术观点：

1. 对传统上将被子植物划分为单子叶植物和双子叶植物两大群的一级分类提出了挑战，这种分类没有也不能反映早期被子植物内部的主要进化趋势。

2. 提出了被子植物门一级分类的工作原则：

（1）进化分类虽要注意其实用性，但更重要的是要反映类群间的谱系关系。

（2）被子植物门下的一级分类要反映被子植物"早期"分化的主传代线（principal lineage），每一条主传代线可以确认为一个纲。

（3）这里的"早期"是指早白垩世，其理由为：第一，被子植物的起源时间虽可推测到早侏罗世甚至晚三叠世，但在白垩纪以前的地层中，明确具有被子植物性状的化石迄今尚未找到；第二，根据现有化石资料，被子植物的大辐射有一次发生在早白垩世。

（4）各主传代线分化之后，在缺乏化石资料的情况下，只能依靠研究现存类群的各方面资料，并以多系、多期、多域的观点来推断它们的古老性及它们之间的系统关系。

（5）虽然我们接受分支系统学派的一些观点和分支分析的一些结果，这些观点和结果显然会与林奈阶层体系的命名方法相冲突和矛盾，目前各方面存在争论，并提出了解决矛盾的各种方案，但由于这些方案尚不成熟，我们仍采用林奈阶层体系的命名方法。

3. 提出了一个木兰植物门 8 纲系统的新方案，将木兰植物门分为 8 纲 40 亚纲 202 目 572 科，其中包括命名的 3 个新纲、22 个新亚纲和 6 个新目，并对每个科所包含的属、种数和地理分布做了记述。

4. 提出了被子植物演化的一些主要观点，认为被子植物是单元发生的。白垩纪初，被子植物大爆发后，由于被子植物本身内在的及地球上种种外在的原因，被子植物在进化过程中，有些类群不乏形成十分孤立且古老的孑遗类群；有些类群则枝繁叶茂，犹如形成多代子孙同堂的局面。若从一个时间的横断面上看，有些传代线成为"单系－单期－多域"发生的类群，有些则成为"多系－多期－多域"发生的类群。所谓"多系"是在大爆发时的 poly-(mono-) phyletic，即在古老种大绝灭基础上出现的多个单系类群；所谓"多域"并不是指同一类群在远隔大洋的不同陆块上同时产生，现在所看到的洲际间断现象，只能依据板块漂移和隔离分化生物地理学来解释。

这一成果标志着中国植物学家已形成了自己的学派，跻身于国际植物系统学之林。

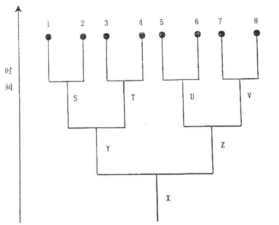

若所研究的类群 1~8 是单系的，则在其直接祖先类群中，最低等级的类群只有一个类群（即 X）；若所研究的类群 1~8 是多系的，则其直接祖先类群的最高等级类群（即 S、T、U 和 V），它们是由两个或两个以上的类群（Y、Z）演化而来的。

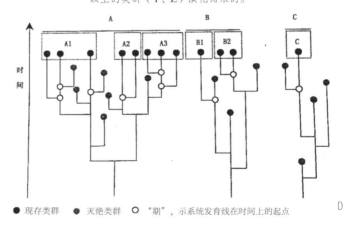

A 类群：8 系－6 期－3 域；B 类群：3 系－2 期－2 域；C 类群：单系－单期－单域。A1 分布于热带美洲；A2 分布于热带非洲；A3 分布于热带亚洲；B1 分布于热带非洲；B2 分布于澳大利亚；C 类群分布于东亚。

植物分类学报 40（4）：289～322（2002）
Acta Phytotaxonomica Sinica

被子植物的一个"多系-多期-多域"新分类系统总览

[1,2]吴征镒 [2]路安民 [2]汤彦承 [2]陈之端 [1]李德铢
[1]（中国科学院昆明植物研究所 昆明 650204）
[2]（中国科学院植物研究所系统与进化植物学重点实验室 北京 100093）

Synopsis of a new "polyphyletic-polychronic-polytopic" system of the angiosperms

[1,2]WU Zheng-Yi [2]LU An-Ming [2]TANG Yan-Cheng [2]CHEN Zhi-Duan [1]LI De-Zhu
[1]（Kunming Institute of Botany, the Chinese Academy of Sciences, Kunming 650204）
[2]（Laboratory of Systematic and Evolutionary Botany, Institute of Botany, the Chinese Academy of Sciences, Beijing 100093）

Abstract This work is continuation of two papers published by the present authors in 1998, in which our basic viewpoints on the phylogeny and evolution of angiosperms were presented. In this paper, a new outline of classification of the Magnoliophyta (angiosperms) is proposed. The Magnoliophyta are divided into 8 classes, 40 subclasses, 202 orders and 572 families. Among them, 22 new subclasses (**Annonidae, Illiciidae, Ceratophyllidae, Lauridae, Calycanthidae, Chloranthidae, Aristolochiidae, Polygonidae, Plumbaginidae, Bromeliidae, Zingiberidae, Juncidae, Poaidae, Paeoniidae, Papaveridae, Trochodendridae, Betulidae, Malvidae, Ericidae, Myrtidae, Rutidae, Geraniidae**) and 6 new orders (**Degeneriales, Aizoales, Platanales, Dipentodontales, Meliosmales, Balanitales**) are circumscribed. The number of genera and species in the families and each family's geographical distribution are given.

Key words Classification system; Magnoliophyta; Angiosperms; New subclass; New order

Introduction

This work is continuation of two previously published papers, i.e. "A comprehensive study of 'Magnoliidae' sensu lato—with special consideration on the possibility and necessity for proposing a new polyphyletic-polychronic-polytopic system of angiosperms" by Wu, Lu and Tang (1998), and "On primary subdivision of the Magnoliophyta—towards a new scheme for an eight-class system of classification of the angiosperms" by Wu, Tang, Lu and Chen (1998). In both papers, we have discussed the basic principles and methodology of establishing classification system of angiosperms and presented our viewpoints on the evolution on this plant group. It has been emphasized that although we consider that angiosperms are monophyletic in their earliest origin, yet owing to some intrinsic factors in plants themselves and different extrinsic factors appearing on the Earth after the Early Cretaceous explosion of angiosperms, some groups might become quite isolated, such as those extant relict taxa, while others might continue to be flourishing for many generations. From these flourishing groups many lineages might have evolved, just like the situation that many branches and leaves may sprout from a single shoot. In such a case, if viewed from a certain cross section of

2002-05-21 收稿。
基金项目：国家自然科学基金重点项目资助（30130030，39930020）。
Supported by the National Natural Science Foundation of China 30130030，39930020.

E

F

被子植物"八纲系统"研讨会
议程安排

上午　9:00 - 12:00　会议主持：孙航

9:00 - 9:05　孙航代表昆明植物所致开幕词

9:05 - 9:15　吕春朝宣读吴征镒院士的讲话

9:15 - 10:25　路安民：被子植物八纲系统的由来和发展（60分钟报告，10分钟讨论）

10:25 - 10:40　休息

10:40 - 11:20　陈之端：对八纲系统未来研究的思考（30分钟报告，10分钟讨论）

11:20 - 12:00　李德铢：分子系统发育、分子地理与八纲系统（30分钟报告，10分钟讨论）

12:00 - 14:00　午餐（地点：本所餐厅）

下午　14:00-17:30　会议主持：周浙昆

14:00 - 14:40　孙航：被子植物在空间上的进化——从现代地理分布格局来理解"八纲系统"（30分钟报告，10分钟讨论）

14:40 - 15:20　周浙昆：被子植物的起源与演化——从化石记录看八纲系统（30分钟报告，10分钟讨论）

15:20 - 15:30　休息

15:30 - 16:10　彭华：被子植物八纲系统学习心得及体会（30分钟报告，10分钟讨论）

16:10 - 17:10　讨论

17:10 - 17:30　李德铢：总结发言

A. 右起：吴征镒、路安民和汤彦承*

B. 右起：陈之端、路安民和李德铢*

C. "单系"和"多系"定义示意图

D. "多系－多期－多域"定义示意图

E. 2003年10月"被子植物的一个多系－多期－多域新分类系统总览"获中国科学技术协会第一届科协期刊优秀学术论文奖，附论文首页和获奖证书

F. 被子植物八纲系统研讨会（于2009年5月在昆明召开）

前排左起周浙昆、孙航、吕春朝、刘吉开、陈之端、陈书坤、路安民、李德铢、杨亲二、李恒、夏念和、吴素功、李建强、朱华；第二排右4彭华；第三排左1杨云珊

G. 研讨会议日程安排

H. 路安民"被子植物八纲系统的由来和发展"学术报告*

I. 同周浙昆研究员*

J. 同孙航研究员*

被子植物一个新分类系统的创建（见：**吴征镒等**，1998；**汤彦承等**，2003；Wu et al., 2002；论文目录）

4.2.10 中国维管植物生命之树的创建（2020 年完成）

本成果是由陈之端研究员领导的研究团队历经约 15 年的精心研究所取得的重大成果。该团队选择植物体 4 个叶绿体基因（*atp*B、*mat*K、*ndh*F、*rbc*L）和一个线粒体基因（*mat*R）组装了中国维管植物 323 科 3114 属和 6093 种（含被子植物 2909 属、裸子植物 42 属、石松类 5 属和蕨类 158 属）的数据矩阵，进行系统发育分析，创建了中国维管植物生命之树（Chen et al., 2016, *Journal of Systematics and Evolution*, 54:277-306）。在此基础上，结合对 140 余万条源自志书和标本的县级分布数据，首次从分子系统发育角度，揭示出中国被子植物的时空分化格局：中国东部的被子植物属的平均分化时间较早，系统发育离散，反映出系统发育多样性高的特点；而西部分布的被子植物属与前述正好相反。通过草本和木本植物属的分化格局的对比分析发现：中国西部是草本植物快速分化的"摇篮"；中国东部对草本植物起到具"博物馆"的保存效应；而对木本植物则兼具"博物馆"和"摇篮"的作用（Lu Limin et al., 2018, *Nature*, 554:234-238）。根据中国被子植物区系演化历史的研究，首次利用系统发育相似性的分区方法，将中国被子植物区系划分成 5 个区：古热带植物区、泛北极植物区、东亚植物区、古地中海植物区和青藏高原植物区（Ye Jianfei et al., 2019, *Molecular Phylogenetics and Evolution*,135:222-229）。

2020 年，科学出版社出版了专著《中国维管植物生命之树》，约 210 万字。该书是一部论述中国维管植物系统演化的专著。利用多基因序列数据重建了中国分布的目、科、属的生命之树，提出了中国维管植物的目、科、属分类系统。总论部分介绍了生命之树的概念、研究历史、建树方法和应用前景，以及中国维管植物的生命之树分支图及系统排列等。按目、科、属的演化顺序，以鉴别特征为线索，结合系统树的分支图展示了中国分布的石松类植物 3 目、蕨类植物 11 目、裸子植物 7 目和被子植物 57 目，共 78 目、327 科、3087 属维管植物的亲缘关系，各科、属的鉴别特征，科内属、种数目和地理分布。每个属精选 1 代表种，配置了彩色照片或线条图。

本研究将以目为分类单元所显示的科之间关系的分支图，同国际上影响较大的 APG III 系统的分支图做了比较，结果显示绝大多数的分支图是一致的或相近的，说明依据分子数据建立的系统存在着可重复性。对出现的一些不同结果，在对各个目的叙述中都做了说明。通过对 APG III（2009）系统和 Takhtajan（2009）系统做比较发现：在 APG III 系统的 68 目中，有 22 目的范畴在两大系统中是相同的或者说是一致的；

由于目的概念不同，APG 系统采取广义目，而 Takhtajan 采取狭义目（细分），但作为自然类群另有 22 目两个系统基本一致。在对中国分布 5 属以上的科内属间分类系统分析中，将本研究以分子证据的分支系统同国际上专科专家以形态证据（广义）所建立的系统比较结果显示：有 87 科属的系统位置是一致的，88 科多数属基本是一致的，10 余科分子系统和形态系统多数属差异较大，有 5 科完全不同。实际上存在差异较大科的分类系统在形态分类学家之间也是分歧较多的科，这些科多是分类学研究的难题。这些研究结果检验了 100 多年来以形态学性状建立的分类系统的可靠性。因此，形态系统学家的贡献功不可没。

基于分子系统学的研究结果及已发现的最早被子植物化石证据，我们提出：水生植物在被子植物演化早期就已分化，不都是从陆生植物演化来的；简单花和单性花也是在被子植物演化早期就分化出来了，简单花不都是从复杂花简化而来的，单性花也不都是从两性花退化而来的。并提出在分类群的划分中，不宜过分强调"单系群"，按照进化系统学家的观点，"并系群"也应看作自然类群。上述观点，在这部书"后记"中做了较详细的说明。

本研究明确了中国植物区系的系统发育多样性热点地区，为我国植物多样性保护和自然保护区及国家公园规划提供理论基础，在植物资源的开发利用中对于根据亲缘关系发现有用物种和新品种培育有重要应用价值。

获中国科学技术协会优秀论文证书

"中国维管植物属级生命之树"论文首页

《中国维管植物生命之树》陈之端等著，
2020 年，科学出版社

植物生命之树示意图（李爱莉绘）

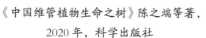

宽厚的大地孕育着蓬勃的生机，
葱茏的树木承载着远古的信息。
当这样一棵大树映入眼底，
能让你我追忆，
生命长河的涓涓细流，
抑或地质变迁的潮落潮起。

纷繁生物承载着的，
是地球亿万年进化历史。
人类从未停止对未知的探求，
和探索大自然的兴趣。
不论是将来，
现在或者过去，
分类、命名、鉴定，
用一种理性的思索，
将所有生物的真相一步步洞悉。
借由大树的形式和进化的思想，
才能重建灭绝与现生物种种的联系，

洞悉与之相关的生命奇迹。
"死去何所道，托体同山阿。"
再渺小的生命，
也会在这生命之树上，
拥有属于自己的位置。
科学家们梦寐以求、前仆后继，
便是拼凑起这些吉光片羽，
然后"寻根达抄"以致"十分之见"。

三千年的博物知识，
三百年的现代科技，
在近三十年终于，
将生命之树的轮廓勾勒得越来越清晰。
和山水共舞，延续人类的文明，
与自然同行，阐明生命的奥秘。

"仰观宇宙之大，俯察品类之盛。"
俯仰之间，大道成就，大树繁荣。

植物生命之树散文诗（杨拓作）

4.2.11 原始（基部）被子植物结构、分化和演化（2020年完成）

本研究得到国家自然科学基金两个重点项目（1997~2000年和2002~2005年）的连续资助。在国内外核心期刊发表论文共92篇，其中SCI收录刊物51篇，编译专著1部，出版专著1部。参加该研究项目的博士研究生有13名，硕士生2名。

主要研究成果：

1. 在重要植物类群研究中，发现了大量的系统学新证据，提出了一系列创新性的科学结论和学术观点。

2. 在化石被子植物研究中，从东北、华北地区采集到早白垩世和早第三纪被子植物结实器官和叶化石计800余块，如杜仲的果实化石、裸子植物麻黄属1化石新种、萍蓬草属1化石新种和金鱼藻属1化石新种等。

3. 在原始被子植物与昆虫的互惠关系研究中，发现了金粟兰属植物与昆虫蓟马之间、乌头属植物与昆虫熊蜂之间的专化传粉关系等。

4. 在分子系统学研究中，利用分子证据构建了金粟兰属10种、绣球族9属23种、芍药属牡丹组内的种间关系。

5. 对花部器官基因的研究中，从金粟兰和三叶木通分别获得了6个和8个与花器官发生和发育相关的MADS-box基因，利用组织原位杂交技术对7个基因的表达式样进行了研究，为研究这些基因的功能以及花部器官发生和发育的分子梳理奠定了一些基础。

6. 创建了一个世界被子植物的新分类系统，称为被子植物的一个"多系 - 多期 - 多域"分类系统，也可称被子植物八纲系统。

7. 2020年出版的《原始被子植物：起源与演化》（63.1万字）是一部论述被子植物起源与早期演化的专著。介绍了原始被子植物的概念和范畴；综合评论了被子植物的起源，重点讨论了心皮、双受精和花等关键创新性状起源的若干重大理论问题，对被子植物的祖先、起源时间和地点、起源生境也做了详细的阐述；论述了原始被子植物形态结构的分化与演化及其性状分析的方法；综合形态学（广义）、分子生物学和化石证据，对61个原始被子植物科的形态演化、系统关系、地理分布做了全面的综述，并配以反映形态演化的墨线图或彩色图片。本专著是我和我的团队研究原始（基部）被子植物的成果总结，引用了大量第一手研究和实验结果，以及我们提出的一系列有创新性的学术观点和理论。

在该项研究中，西北大学（后调入陕西师范大学）的任毅教授领导的团队承担了对木材解剖学的研究，取得了一些重要研究结果。例如半个多世纪以来，一直记载东亚特有种昆栏树 *Trochodendron aralioides* 和水青树 *Tetracentron sinense* 木材无导管，只有管胞，而任毅教授等经过深入仔细的实验研究证明：这两个物种的木质部均具有比较原始的导管，纠正了前人的错误。

下面介绍 3 种原始被子植物的最基部类群：

（1）产于太平洋岛屿新喀里多尼亚的常绿灌木，樟纲无油樟目无油樟科的无油樟。

（2）产于澳大利亚和新西兰的水生植物，木兰纲独蕊草目独蕊草科独蕊草。

（3）仅产于澳大利亚昆士兰北部的大型藤本植物，木兰纲木兰藤目木兰藤科木兰藤。

《原始被子植物：起源与演化》路安民、汤彦承著，2020 年，科学出版社

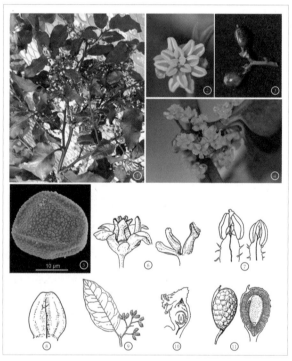

①无油樟（*Amborella trichopoda*）植株；②雄花；③果；④雌花；⑤花粉粒；⑥雌花（左），其退化雄蕊贴生于花瓣和心皮（右）；⑦外雄蕊（左）和内雄蕊（右）的远轴观；⑧退化雄蕊；⑨果枝；⑩心皮纵切，示胚珠和维管，具疤痕核果（左）及其纵切（右），示木质化内果皮已形成（影线部分）。

无油樟的形态结构

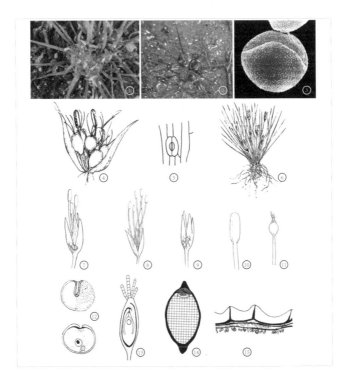

① *Trithuria lanterna* 植株；② *T. submersa* 植株；③ *T. macranthera* 具槽花粉，具微刺状雕纹，×3700；④ *T.submersa* 头状两性花；⑤ 气孔；⑥ 独蕊草（*Hydatella inconspicua*）具雄、雌花序的植株；⑦ 两性花序；⑧ 雄花序；⑨ 雌花序；⑩ 雄蕊（＝雄花）；⑪ 雌花柱头具单列毛；⑫ 花粉粒不同面观（可能在 2 细胞阶段释放）；⑬ 子房纵切，⑭ 种子纵切，其内方格的大部被外胚乳填充，具点部分示内胚乳，内胚乳内的交叉线示胚；⑮ 种子壁结构。

独蕊草的形态结构

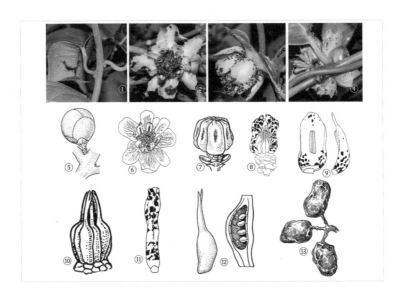

① 木兰藤（*Austrobaileya scandens*）部分植株；② 花前面观；③ 花侧面观；④ 枝上幼果背面观；⑤ 花蕾；⑥ 花顶面观；⑦ 雄蕊群；⑧ 雄蕊腹面和侧面观；⑨ 雄蕊及退化雄蕊腹面观；⑩ 雌蕊群；⑪ 雌蕊顶端被粘液质帽遮盖；⑫ 心皮及其纵切；⑬ 果。

木兰藤的形态结构

4.2.12 获奖的研究成果

1. 1986 年，参加的《青藏高原隆起及其对自然环境与人类活动影响的综合研究》获中国科学院科技进步特等奖及 1987 年国家自然科学一等奖，本人在《西藏植物志》中完成对胡桃科、茄科、葫芦科和灯心草科的编著任务。

2. 1987 年，主持的《中国茄科植物》获中国科学院科技进步二等奖。

3. 1987 年，主持的《中国葫芦科植物》获中国科学院科技进步三等奖。

4. 1987 年，作为主要参加者之一的"中国高等植物图鉴暨中国高等植物科属检索表"获国家自然科学一等奖，本人为胡桃科、杨梅科、大风子科、茄科、玄参科马先蒿属、葫芦科、灯心草科的作者。

5. 1989 年，作为主持人之一的"湖北神农架植物考察及神农架植物"获中国科学院自然科学三等奖。

6. 2009 年，作为主要参加者之一的《中国植物志》的编研获国家自然科学一等奖，本人承担胡桃科、杨梅科、茄科、葫芦科共三卷（册）的编著。

2004 年后与陈之端研究组成员和研究生合影

同陈之端和孔宏智两个研究组主要成员合影

5

研究生教育与培养

5.1 获批博士研究生导师和研究方向

我于 1993 年提交了博士生指导教师资格的申请报告，经所领导审批和推荐，呈报国务院学位委员会。那时的博士生指导教师资格要经国务院学位委员会评审和授予，每两年评审一次。当年，规定博士生指导教师应具备以下 5 个条件：

1. 本学科学术造诣较深的教授（或相当专业技术职务者），所从事的主要研究方向特色突出、优势明显、有重要的理论意义或实际应用价值。

2. 1986 年以来，特别是近 3 年来科研成绩显著，对国家和社会有重要贡献；或有高水平的专著、论文，学术水平在国内本学科领域内居于前列，在某些方面接近或达到国际先进水平；或有重要的技术成果、发明创造，获得国家级和省部级的奖励，产生了一定的经济效益或社会效益。

3. 正在第一线从事或指导较高水平的科研工作或重要的工程技术工作。目前承担有国家或部委、省、自治区、直辖市的重点科研项目、攻关项目或其他有重要价值的项目，科研经费比较充足。

4. 拥护党的基本路线，治学严谨，作风正派，能为人师表、教书育人。

5. 有培养研究生的经验，至少已培养过一届毕业硕士生或在国内外协助指导过博士生，培养的研究生全面质量比较好。

根据上述要求，在申请材料中，我认真填写了"本人从事的主要研究方向及其特点和意义"，摘录如下：

植物系统学是建立在分类学（狭义）、形态学、解剖学、胚胎学、孢粉学、细胞学、遗传学、植物化学、生态学和古植物学等学科基础上的一门综合性学科。它以研究植物种及以上分类单元的系统与进化（包括植物类群的起源、进化路线及在进化历史上所反映的亲缘关系）为主要内容，通常亦称为研究植物的大系统（Macrosystematics）或宏观进化（Macroevolution）。

现代被子植物系统学的发展，主要在3个方面：①依据植物学各分支学科所获得大量新证据的积累，在分类系统建立中被广泛采纳；②研究方法的多样化，国际上有3个学派，即表征分类学派（Phenetics）、进化分类学派（或称折衷学派Eclectics）、分支分类学派（Cladistics），各自利用不同的方法，探索植物类群之间的关系；③与被子植物相关的化石历史和地质史所提供的新证据，以及分子进化生物学的发展，使某些植物类群的系统发育关系不再停留在比较或推导的阶段，而逐渐得到证明。因此，被子植物系统学的研究出现空前的活跃。

按照我的观点，植物（乃至生物）的进化无外乎两个过程：一个是在时间中的进化，一个是在空间中的进化；即指它们的进化存在于时间变化和空间变化之中。时间中的进化，是指生物类群在地质历史上的发生和发展。任何一个类群，它必然发生于某一段历史时期，随着时间的推移，生物类群在发展过程中，有的已经绝灭，有的处于孑遗状态，有的仍然在不断地繁衍后代而欣欣向荣地发展，同时也正在孕育着新类群的产生，这样才形成了绚丽多彩的生物世界。空间中的进化，是指生物类群在地球上的起源和散布。任何一个类群，它必然起源于某一个特定地区，并在朝着有利于自身生存和繁衍后代的环境中散布。在散布过程中，有的被淘汰，有的只局限分布于一个相对隔离的地域，有的却施展出其对变化了的生态环境的适应本领，可以在地球上许多陆块或水域中广泛发展。植物进化中的这两个过程是相互统一、相互制约的。任何一个类群都是在一定时期发生于某特定的地区。随着时间的推移，它们在不断繁衍后代的同时才在地球上得到散布和发展，或者随着时间的推移，有的类群正在不断地收缩其分布区而面临着灭绝，或者已经绝迹。研究植物类群在进化中的这两个相互联系的过程，就是我们研究被子植物系统学所采用的基本原则。

经历长期的探索，我形成了个人研究被子植物系统学的新思路和独特的研究方法。自1978年发表"对于被子植物进化问题的述评"之后，又连续发表了"关于被子植物进化研究的回顾和展望"（1983年）、"被子植物系统学的方法论"（1985年）等，在这些文章中详细地阐述了自己的学术思想。

1982年发表的"论胡桃科植物的地理分布"，首次将植物的系统发育和地理分布的研究有机地结合在一起，使植物分布在空间和时间关系上达到了统一。文中强调：任何一个生物类群的现代分布格局，就是那一类群生物在生存的整个时期中，对地球上发生的地质剧变和气候变迁的反映；提出了用系统发育的观点，研究植物类群的地理分布，可以称作系统发育植物地理学（Phylogenetic phytogeography）。该文在国内外反响较大，引用率较高。1990年，在吴征镒院士主持的国家自然科学基金重大项目"中国种子植物区系研究"中，我作为二级课题"中国种子植物区系中重要科属的起源、分化和地理分布研究"的主持人，将"植物系统发育和地理分布统一的原理"应用于对我国56个重要科（属）的研究，成为我研究被子植物系统学的最重要特点。同时，这也是培养博士研究生的最主要研究方向。

分支系统学（Cladistics）是国际上生物系统学研究的一个热点。1990年，我在国际植物学权威性刊物发表了"唇形超目科的分支系统学初步研究"（"A preliminary cladistic study of the families of the superorder Lamiiflorae", *Botanical Journal of the Linnean Society*, 103: 39–57）；1991 年，在《植物分类学报》发表了"金缕梅类科的系统发育分析"。这两篇论文是国内植物学领域最早对高级分类单元（科以上）进行分支系统学研究的论文。分支系统学是我研究被子植物系统学的另一个重要领域。

被子植物系统学的主要目的是通过研究植物类群在不同分类阶元上的起源和分化，来建立更加自然的分类系统。众所周知，中国具有丰富的植物区系，但是，中国学者在这一方面还没有作出应有的贡献。从 1981 年开始，我对世界上当代被子植物系做了介绍和评论，如"现代有花植物分类系统初评"（1981 年）、"诺·达格瑞被子植物分类系统介绍和评注"（1984 年、1990 年）等论文。在亚纲水平上，对金缕梅类植物开展了系统深入的研究，目的在于以我国丰富的植物资源为背景，建立更加自然的被子植物系统，发展中国被子植物系统学派。

被子植物是一群与人类生活、生产活动关系最密切、生物量巨大的植物类群，揭示该类群的系统关系，可以为植物资源的开发利用和保护、新物种的培育提供理论指导；根据系统发育的植物地理学研究结果，能为揭示全球变化（地质变迁和气候变化）提供植物学证据。

国务院学位委员会评审的结果于 1993 年秋通知本所，共批准 4 名博士研究生导师资格。除我，还有植物细胞学家朱自清研究员、孙敬三研究员和数量生态学家高琼研究员。

1994 年，教育部和国务院学位委员会决定将博士生指导教师资格的审批权下放，授予一些学术水平较高、并已培养出高质量博士研究生的单位。他们第一批在全国共遴选出 70 多所大学和中国科学院的研究所，植物研究所是被遴选者之一。当年会议在北京西郊宾馆召开，参加者为校长或所长，我代表植物研究所参加。会上，一再强调获批准单位一定要严格要求，确保博士研究生的导师质量。因而自 1995 年开始，博士生导师资格评审就由本所学位委员会进行评审工作。

5.2 研究生教学与实践

5.2.1 教学

1986 年 4 月，受西北大学生物系主任胡正海教授邀请，我为西北大学组织的研究生班讲授"植物系统学"，为时约 7 天、每天 2 个学时。除了西北大学的学生，前来听课的还有西北植物研究所和陕西师范大学的硕士生。那时我刚回国，对国际上这一领域的研究现状、发展趋势掌握得较全面，讲授内容可充分反映当时的学科前沿。同时，我结合了自己的研究工作，讲课既有理论也有研究实例，学生们听课精力很集中，对他们以后开展研究工作有帮助。课程结束后我进行了考核：采用开卷考试方式，我出了 10 道题目，每位学生任选一题，先做口头报告，本人报告占 70 分；再听其他同学作报告，能提出问题占 30 分，两项成绩相加，即为个人所得成绩，得分 85 分以上则为"优秀"。这种考试方法既能启发学生的深入思考，又能锻炼表达能力，很受学生们的欢迎，效果很好，大多数同学达到了优秀水平。在这批研究生中，饶广远是佼佼者，他思维敏捷，善于提问和发表自己的观点，我看好他。后来，他在植物研究所获博士学位，入职北京大学任教授和博士生导师。

同一年，我接受吴征镒院士委托，协助培养 3 名植物系统学研究方向的博士生：李德铢、李建强和唐亚。我进行了全过程指导，开设两门博士研究生课程："被子植物系统学的研究原理和方法"和"被子植物胚胎学及其系统学应用"。由于他们在硕士生阶段已有较好的学科基础和英文水平，我让他们以自学为主，同时为他们选择必读的几部经典著作和水平较高的研究论文，并抽出专门时间进行答疑和讨论；植物胚胎学主要是在他们做实验时，指导实验技术及显微镜下观察和正确判断胚胎发育全过程的各种性状，并将个人研究胚胎学的实例利用幻灯片和照片做系统的讲解。两门课程结束，采用开卷考试考察他们的学科理论、实践及综合能力。系统学的题目是"被子植物系统学的方法论"，胚胎学的题目是"胚胎学性状对于系统学研究的意义"。他们三人均取得 90 分以上的优秀成绩。

这一年秋，我受聘于中国科学技术大学研究生院（北京，后来改称中国科学院研究生院）主持"植物系统学"教学。这是一门由本所多位教师讲授的为期一学年的课程，我讲授"植物系统学导论"。植物学方向的硕士生班，学生来自中国科学院（包括京外的）有关研究所。对硕士生授课不同于给博士生授课。首先要使这些本科生曾以考试成绩为主要目的的学习方法转换为以适应研究为目的的学习方法。在课时有限的情况下，既要让他们学到学科的基本理论，又能初步了解学科的研究方法，做到初步入门。那个时期的授课，教师要编写讲稿，将内容提纲挈领、简洁精辟地打印在胶片上，将图像制作成幻灯片。上课时除了黑板，主要利用投影仪和幻灯机。我在讲课过程中善于采用讨论的方式，鼓励学生提出问题，开展师生间互动，以了解他们对所讲内容的理解程度。课堂上学生思维活跃，师生互动讨论较深入，教学效果良好，师生关系融洽。除了理论知识外，我还多选用研究实例，让学生初步体验如何开展研究的方法，在他们回到研究所之前，有了进入研究角色的准备。

1993 年，我被武汉大学、西北大学（1996 年又续聘 3 年），2000 年又被中国科学技术大学研究生院（北京）聘为兼职教授，1996 年被本院武汉植物研究所聘为兼职研究员。还分别在复旦大学（受徐炳声教授邀请）和北京大学（受白书农教授邀请）等多个院校及全国系统与进化植物学青年研讨会上做专题讲座。上述教学活动，促使我逐步完成"植物系统学导论"教学大纲的撰写。

5.2.2 "植物系统学导论"教学大纲

植物系统学是研究植物（物种及以上的分类群）在地质历史上的发生、发展和在地球上的起源、散布，以及它们演化机制的科学，即通常所说的植物"大进化"（或称宏观进化 Macroevolution）或"大系统"（Macrosystematics）研究。

分类系统建立者的历史关系（教学大纲第一章）（见：路安民等，1978；论文目录）

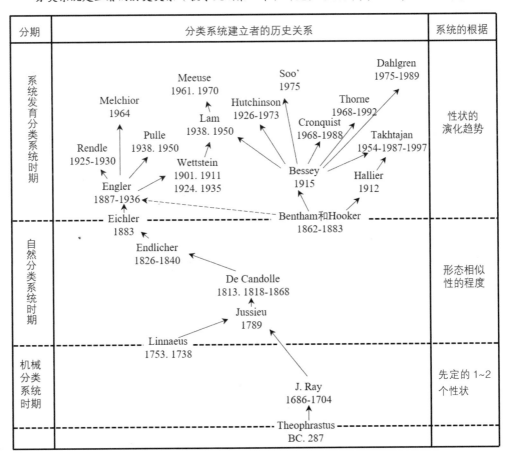

第一章　植物分类系统建立者的历史渊源

　　1. 机械分类系统时期　基于预先选定的少数性状

　　2. 自然分类系统时期　基于形态相似性程度

　　3. 系统发育分类系统时期　基于性状的演化趋势

第二章　学科的国际发展趋势

　　1. 植物系统学已经发展成为一门"无穷"综合性学科

2. 植物系统学研究出现国际性、多学科合作研究的新局面

3. 研究方法的多样化，特别是数学方法和计算机的应用，使得系统学成为可以进行定量分析的科学

4. 物种生物学（Biosystematics）处于学科发展前沿，并取得了重要进展

5. 分子生物学技术和方法的引入给系统学研究带来新的生机

6. 生物多样性（Biodiversity）的研究吸引了许多系统学家的兴趣，它已经成为20世纪80年代以后研究的热点之一

7. 植物区系地理学研究对于揭示植物的系统发育和演化具有十分重要的意义，它仍然是一个重要研究领域

8. 陆地植物起源和被子植物起源及早期演化的研究，仍然是一个活跃的研究领域

第三章　重要学派介绍和评述

1. 物种是生物分类学研究的核心

　1) 模式概念和模式方法

　2) 形态－地理方法

　3) 归并派（Lumper），即"大种"概念；割裂派（Splitter），即"小种"概念

2. 生物系统学研究中的3个学派

　1) 表征分类学派（Phenetics）

　2) 分支分类学派（Cladistics）

　3) 进化分类学派或称折衷分类学派（Eclectics）

3. 被子植物起源的主要学说

　1) 真花学说和假花学说

　2) 生花学说和新假花学说

　3) 过渡－组合学说

4. 现代被子植物分类系统

　1) Cronquist A. 系统（1981、1988 年）

　2) Dahlgren R. 系统（1983、1989 年）

　3) Takhtajan A. 系统（1980、1987、1997、2010 年）

　4) Thorne R. 系统（1983、1992、1999 年）

　5) 吴征镒等"八纲系统"（1998、2002 年）

5. 被子植物的分子系统学

　1) 被子植物 APG 系统（1998、2003、2009、2016 年）

　2) 被子植物 APG 系统评论（2017 年）

　3) 中国维管植物生命之树（2016、2020 年）

6. 现代生物地理学的两个学派

　1) 系统发育生物地理学（Phylogenetic biogeography）

　2) 隔离分化生物地理学（Vicariance biogeography）

7. 东亚（或中国）植物区系在世界区系中的地位

    1) 东亚是被子植物早期分化的关键地区

    2) 东亚是北半球温带植物区系的重要发生地

    3) 中国种子植物来源的多元性

        A. 劳亚古陆（古北大陆）来源

        B. 冈瓦纳古陆（古南大陆）来源

        C. 古地中海（提特斯海）来源

        D. 中国本土起源

    4) 喜马拉雅隆起对中国植物多样性分化和丰富新特有成分产生巨大影响

第四章　中国学者应把握时机作出贡献

1. 重视学科方法的研究

2. 利用我国地域辽阔和丰富植物类群的优势做出高水平的成果

3. 有选择地开展若干类群的世界专著性研究

4. 生物多样性研究的完整学术思想体系正在形成，抓住时机有可能走在世界前列

5. 对物种生物学（物种形成）的研究应给予特别的关注

6. 发挥多学科、综合性优势，为学科发展、国家经济建设作出更大贡献

5.3 培养优秀博士研究生之我见

我以个人步入中国科学院植物研究所学习和工作的切身体会，特别是受导师匡可任教授严谨学风的深刻影响，归纳了我对研究生在学科方面培养的目标：要有确定的研究方向，坚实的学科基础，熟练的实验技能，良好的文字修养，精诚的协作精神，正确的哲理思维。期望他们学业有成，发挥才干，服务于国家和人民。

我任所长期间，在召开的全所师生大会上提出："老师培养出超越自己的学生，才是好老师；敢于超越老师的学生，才是好学生。"以期鼓励老师和学生们，共同为国家的植物科学事业作出贡献。

在职期间，由于植物研究所住宿等条件的限制，规定博士生导师每人每年只招收一名，我招收学生主要考察他们的辩证思维和综合分析能力。自 1986 年以来，我独立或同兄弟单位合作培养了 16 名博士生。

对于植物系统学方向的研究生，以下 4 点能决定其研究成果的水平。

5.3.1 高起点选题，科、属级的研究达到专著水平

5.3.1.1 属级分类群的研究

李德铢 博士生，开题　葫芦科雪胆属的系统与演化。

雪胆属 *Hemsleya* 是分布于中国－喜马拉雅森林植物亚区的一个中等大小的属，有 20~30 种，在葫芦科翅子瓜亚科中系统位置重要，且国外又很少有研究。由于雌雄异株，花、果和种子变异大，存在一些研究难度较大的复合群，加之该属植物又具有重要的药用价值和开发前景，因此，选择这样一个类群，进行世界范围的系统与进化

研究，有可能达到国际先进水平。德铢运用形态学、解剖学、孢粉学、细胞学、植物化学、生态学与植物地理学等学科综合性研究，运用现代分支系统学等分析方法，确定该属有 24 种，建立了雪胆属新分类系统。1989 年获博士学位；任职于中国科学院昆明植物研究所，研究员、博士生导师。他的专著《雪胆属的系统与进化》于 1993 年由云南科技出版社出版。

与李德铢博士 *

《雪胆属的系统与进化》专著
（李德铢著，1993）

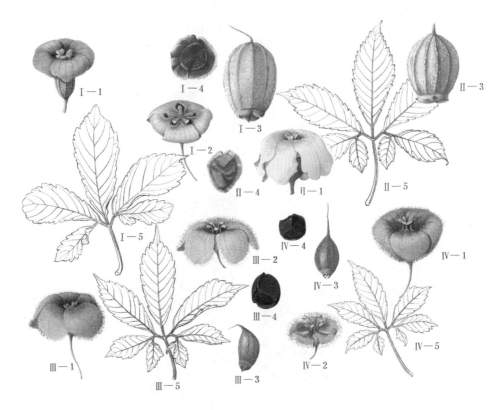

I 肉花雪胆 *Hemsleya carnosiflora*；II 藤三七雪胆 *H. panacis-scandens*；III 宁南雪胆 *H. chinensis* var. *ningnanensis*；IV 长毛雪胆 *H. chinensis* var. *longivilosa*。

4 种（或变种）雪胆属植物（曾孝濂绘）

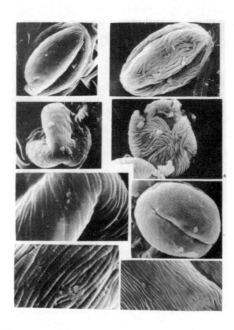

1. 长果雪胆 *H. longicarpa*；2. 十一叶雪胆 *H. endecaphylla*；3. 巨花雪胆 *H. giganta*。

3 种雪胆花粉扫描电镜和透射电镜观察

李建强 博士生，开题　赤瓟属的系统学研究——兼论赤瓟亚族的系统分类问题。

通过形态学、解剖学、胚胎学、孢粉学、细胞学等的实验研究，发现大量的系统学新性状。他首次报道了赤瓟属植物胚胎发育的全过程；确定赤瓟属 *Thladiantha* 有 23 种（曾经发表种级名称达 45 个）；并进行了世界性分类学修订，建立起新的分类系统；提出中国横断山系和大巴山系是该属的现代分布中心；证明罗汉果属 *Siraitia* 应独立为属；发表新属白兼果属 *Baijiana* A. M. Lu et J. Q. Li，模式种白兼果 *B. yunnanensis*。1989 年获博士学位；任职于中国科学院武汉植物园，研究员、博士生导师。

李建强博士（李建强提供）

张树仁 博士生，开题　嵩草属植物的系统学研究。

嵩草属 *Kobresia* 有 50 多种，主要分布于北半球，在我国青藏高原和横断山地区种类丰富，是个可做出世界性分类专著的好类群。张树仁根据形态学、微形态学、解剖学、胚胎学等实验研究，例如应用扫描电镜对 38 种植物的小坚果表皮进行了观察，发现小坚果纹饰对于划分物种具有重要价值；根据综合性状对该属进行了全面的分类学修订，建立了一个新分类系统，发表了一部英文的系统学专著；结合地史资料，推测嵩草属可能在第三纪早期起源于古地中海的东部和北部。1998 年获博士学位；任职于中科院植物研究所，副研究员、硕士生导师。

张树仁博士（张树仁提供）

赤箭嵩草 *Kobresia schcenoides* (C. B. Mey.) Steud.

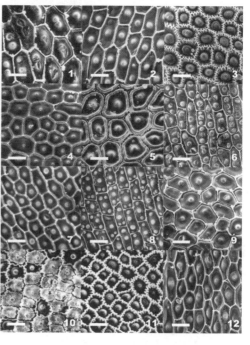

嵩草属植物小坚果表皮的扫描电镜观察，发现果表皮形态特征对物种划分有重要价值
〔见：英文，Zhang Shuren 2004, *Nordic Journal of Botany*, 24(3):301-308〕

孔宏智 硕、博连读生，开题 金粟兰属的系统学研究。

金粟兰属 *Chloranthus* 在 20 世纪 90 年代已有合法名称 40 多个，主要分布于东亚到东南亚；《中国植物志》记载我国有 13 种 5 变种。他经过半年的野外调查，几乎走遍了该属分布的 17 个省区，进行了详细的居群观察及其各个种的形态变异研究，采集标本、固定实验材料，进行叶表皮、花发育形态学、孢粉学、细胞学等的实验研究，发现大量的系统学新性状；并做了 ITS 区和 *trn*L-F 区序列分析，确定中国实有 10 种，发现曾经发表的 11 种不属于金粟兰属植物；提出金粟兰属分类系统，发表了 6 篇论文。2000 年获博士学位；任职于中国科学院植物研究所，研究员、博士生导师。

孔宏智博士（孔宏智提供）

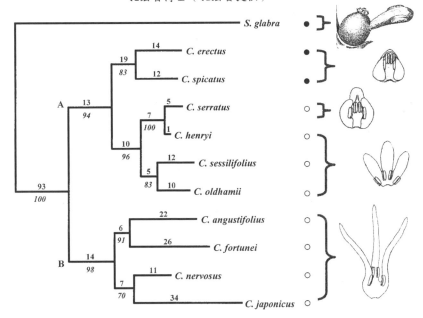

基于 ITS 和 *trn*L-F 分析做出了金粟兰属的系统发育图示
（见：英文，Kong et al., 2002；论文目录）

5.3.1.2 科级分类群的研究

陈之端 硕、博连读生，开题 桦木科植物的系统发育和地理分布。

桦木科 Betulaceae 在温带森林系统中占重要地位，中等大小，全部 6 个属和一半以上的种分布在中国，化石资料丰富，是研究科级分类群起源和演化的理想类群。陈之端经过刻苦钻研，阅读大量文献后，补充了多学科新证据（如报道实验难度较大的中国特有属即虎榛子属胚胎发育的全过程等），不到 5 年时间发表 3 篇论文，并主持合作编译专著 1 部；完成了桦木科植物的分支分析、地理分布、进化和系统分类，提出有创新性的学术观点；1994 年在《植物分类学报》连续两期〔32(1):1-31；32(2):101-153〕发表了以"桦木科植物的系统发育和地理分布"为题的长篇论文，得到国内外同行的高度评价。博士论文获中国科学院院长奖学金优秀奖。1992 年获博士学位；任职于中国科学院植物研究所，研究员、博士生导师。

陈之端博士 *

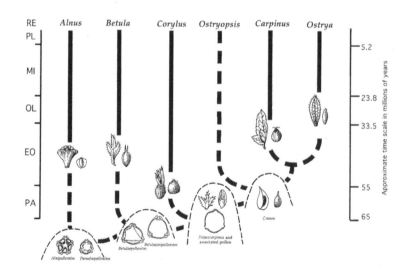

基于对桦木科现代属的化石花粉、苞片和果实研究，明确显示各属出现的最早时间
〔见：英文，Chen et al., 1999, *American Journal of Botany*, 86(8): 1168-1181〕

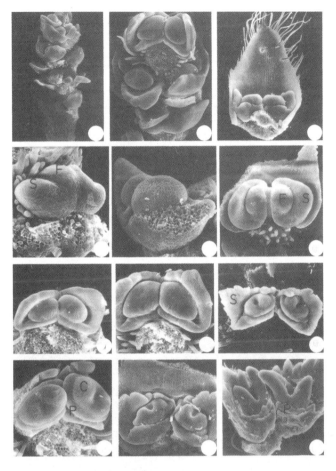

桦木科鹅耳枥雌花序、小花序和雌花的形态发生

（见：陈之端等，2001；论文目录）

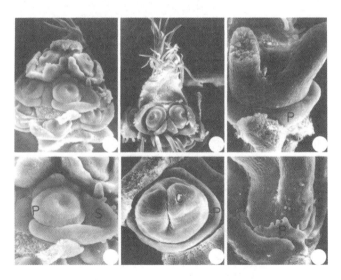

虎榛子雌花序、小花序和雌花的形态发生

（见：陈之端等，2001；论文目录）

武汉大学陈家宽教授招收了王青锋和孙坤两名博士研究生，当时我正受聘于武汉大学兼职教授。我向家宽提出，兼职就应做工作，不能空挂其名。经商议，家宽教授先后派王青锋和孙坤到我们实验室合作培养。

王青锋 博士生，开题 泽泻科的系统发育研究。

泽泻科 Alismataceae 在单子叶植物中处于原始地位。王青锋通过形态学、解剖学、胚胎学、细胞学、孢粉学的实验研究，发现了大量系统学新性状，如首次报道泽苔草的胚胎发育全过程，对 11 属 27 种植物的花粉进行了光学显微镜、扫描电镜和透射电镜观察等；选择 19 个性状，对泽泻科 11 属进行了分支分析，建立了一个反映属间关系的分类系统；提出了泽泻科于晚白垩世或更早起源于冈瓦纳古陆的非洲板块等学术观点。1995 年获博士学位；现任职于中国科学院武汉植物园，研究员、博士生导师。

王青锋博士在肯尼亚野外考察（王青锋提供）

陈家宽教授（陈家宽提供）

孙坤 博士生，开题 茨藻目植物的系统研究。

茨藻目植物长期生长在水生环境，完成生活史，导致植物体在形态结构上高度简化和趋同适应，研究难度较大。他特别对花形态发生和发育、种子微形态学、花粉形态等进行了实验观察，如首次报道了纤细茨藻和眼子菜的形态发生全过程，对该目9科18属48种植物种子微形态特征和8科16属51种的花粉进行了光学显微镜、扫描电镜和透射电镜观察；综合29个性状的分支分析，提出了泽泻亚纲科间系统发育的分类系统；认为澳大利亚域是广义茨藻目的现代分布中心，该目多数科在晚白垩世或更早起源于冈瓦纳古陆非洲板块的东部。在读3年间发表3篇论文。1998年获博士学位；任职于西北师范大学，教授、博士生导师。

孙坤博士（孙坤提供）

5.3.2 掌握多学科实验技能、发现新性状、采用新方法是研究论文创新的重要环节

发现新性状和分析性状、运用新方法建立自然的分类系统是系统学家的基本任务，而选择好的研究课题和获取好的实验研究材料是最重要的工作。例如，研究花的形态发生和胚胎发育，必须从花原基到种子成熟整个发育过程固定活的材料，有的物种花发育周期很长，取得全过程的实验材料绝非易事。这项研究可以从植物的个体发育反映系统发育过程中，取得重要证据。在本研究组学习的学生多数必须掌握这两个学科

的实验技能和研究方法。

唐亚 博士生，开题　田麻属和平当树属系统位置：兼论椴树科和梧桐科的界定。

他根据形态学、解剖学、孢粉学和大孢子发生等证据，支持将田麻属归入梧桐科而不是放在椴树科；又根据形态学、解剖学、孢粉学和细胞学证据，提出平当树属应当放在梧桐科，而不宜移至木棉科。在此基础上，他对原隶属于椴树科的斜翼属（种）*Plagiopteron suaveolens* 进行胚胎发育全过程研究，发现斜翼属的形态独特而孤立，且濒于绝灭，所以长期以来，关于它的系统位置存在分歧，曾被认为和3个亚纲10个目17个科的形态特征有可比之处。唐亚根据胚胎学特征，支持成立单型的斜翼科 Plagiopteraceae，认为它和卫矛科最近缘，可能是卫矛科的祖先类型。1990年获博士学位；任职于四川大学，教授、博士生导师。

2015 年参观唐亚博士的实验室 *

20世纪90年代初，花部形态发生和发育研究在我国尚未开展。昆明植物研究所梁汉兴先生刚从美国进修回国，因她同美国著名形态学家 S. C. Tucker 合作研究三白草科植物，掌握了这方面的研究方法和技术。应我邀请，她来到我们课题组，先指导冯旻等对毛茛科耧斗菜属植物开展研究，1995年在《植物学报》发表的"耧斗菜属花部形态发生"，首次提出该属的多雄蕊是向心发生、离心发育。这是在中国国内实验室做出的第一篇花形态发生和发育的研究论文。

冯旻 硕、博连读生，开题 小檗科：花发育形态学、胚胎学和系统学。

小檗科 Berberidaceae 是原始毛茛类核心成员之一。她报道了小檗科 9 个属植物的花器官发生、10 个属植物的胚胎发育，获得 9 个属植物的种皮纹饰及获得八角莲属 Dysosma 和桃儿七属 Sinopodophyllum 的 rbcL 基因全序列。根据上述大量系统学新证据，在对该科 17 属进行分支分析的基础上，提出了将小檗科分为 5 个族的新分类系统。在读 5 年间发表 3 篇论文，合作编译专著 1 部，获得中国科学院院长奖学金优秀奖。1998 年获博士学位；现任职于中国科学院植物研究所，研究员级高级工程师。

冯旻博士 *   梁汉兴研究员（梁汉兴提供）

刘忠 博士生，开题 五味子属的花发育形态学和系统学——兼论五味子科的演化。

五味子科 Schisandraceae 是被子植物最基部的分支之一，属于所谓 ANITA 的成员，东亚是该科植物分布区中心。它有重要的药用价值。刘忠借助扫描电镜观察发现五味子属 6 个代表种雄花的形态建成，存在着三类式样，首次将它们定义为柱托型、平托型和球托型，并提出具柱托型的大花五味子亚属是原始的类群；选取核基因组 ITS 区

和叶绿体基因组 *trn*L-F 区对五味子科 2 属 14 种及外类群华中八角进行序列分析，认为把五味子科人为分成五味子属和南五味子属值得商榷，从而提出了五味子属的新分类系统。在读 3 年间发表 3 篇论文。2000 年获博士学位；任职于上海交通大学，教授、博士生导师。

刘忠博士 *

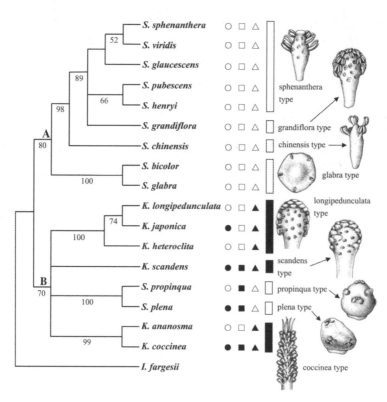

基于核糖体 DNA ITS 和叶绿体 DNA *trn*L–F 序列分析，得出五味子科的系统发育与雄蕊群演化关系
（见：英文，Liu Zhong et al., 2006；论文目录）

杨冬之 硕、博连读生，开题 茄科天仙子族：结构、分化和系统关系。

天仙子族 Hyoscyameae 含 7 属，除西亚有 1 个特有属外，中国分布 6 属，其中 2 个为特有属。他借助扫描电镜观察了 7 属及其姐妹群代表种的叶表皮细胞和气孔特征、种子表皮纹饰、花粉形态特征等；首次研究了山莨菪的胚胎发育及山莨菪、马尿泡、天仙子等的花形态发生，获得大量有系统学价值的新性状；综合多学科的研究结果，对该族及其外类群进行的分支分析，证明天仙子族 7 属构成单系类群；基于叶绿体 DNA *trn*L-F 序列和核糖体 ITS 序列对该族进行了分子系统学分析。在读期间 5 年发表 4 篇论文。2002 年获博士学位；任职于郑州大学，副教授。

杨冬之博士 *

葛丽萍 博士生，开题 绣球族的系统学研究。

绣球科绣球族 Hydrangecae 包含 9 属，族内属间的系统关系不清。通过对标本及野外观察，发现该族植物的生物学习性、花冠卷叠式、花柱联合程度和果实形态等有分类价值；利用扫描电镜研究了常山属、绣球属、冠盖藤属和蛛网萼属共 4 个代表种花形态发生和发育的全过程；在光学显微镜和扫描电镜下观察了该族 9 属 42 种及近缘属 8 属 11 种的叶表皮微形态学特征；选择了该族 9 属及其外类群山梅花属 32 个性状进行系统发育分析；基于叶绿体 DNA *trn*L-F 序列对该族 9 属 23 种和近缘属 3 属 3 种构建的系统树，证明绣球族作为单系群得到了很高的支持率。在读 3 年间发表 3 篇论文。2003 年获博士学位；任职于山西农业大学，副教授、硕士生导师。

葛丽萍博士（葛丽萍提供）

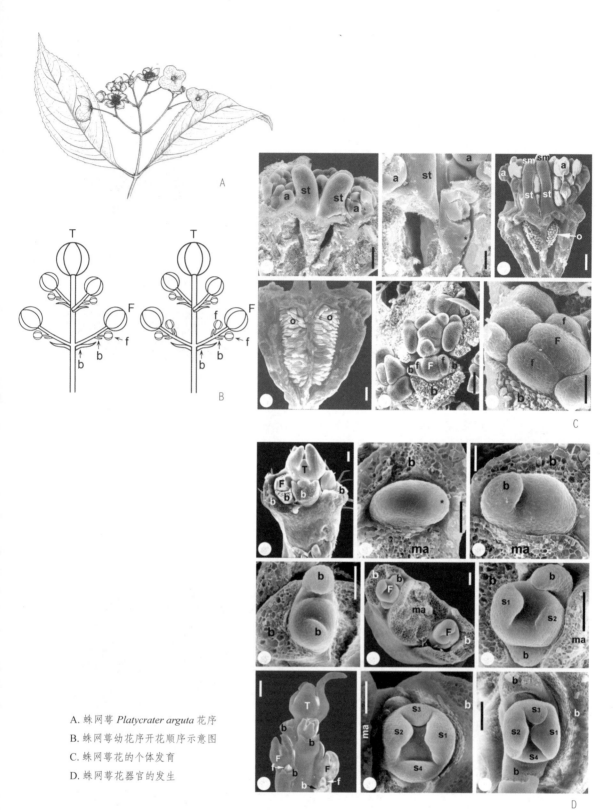

A. 蛛网萼 *Platycrater arguta* 花序

B. 蛛网萼幼花序开花顺序示意图

C. 蛛网萼花的个体发育

D. 蛛网萼花器官的发生

绣球科蛛网萼能孕花的个体发育

（见：英文，Ge Liping et al., 2007；论文目录）

西北大学胡正海教授招收了一名博士研究生郑宏春。因我是该校聘任的兼职教授，于是宏春来到我的研究组，由我全程指导他博士期间的研究工作。

郑宏春 博士生，开题 商陆属（商陆科）植物的结构、发育和系统学研究。

商陆科 Phytolaccaceae 在石竹纲中属于最基部的科，系统位置十分重要。宏春通过对商陆属 5 个代表种的花形态发生、胚胎发育、微形态等实验研究，认为：商陆属植物心皮的愈合是由乳突组织完成的；商陆属植物胚珠的维管束来自花托的维管组织；花被发生为 2/5 螺旋，具有顺时针发生和逆针发生两种方式；商陆属具离生心皮雌蕊的物种，不是单系群，故可能至少经历两次起源，现提出商陆科植物为石竹目基部类群是合理的。在读 3 年间发表 4 篇论文。2004 年获博士学位；现任职于陕西学前师范学院，副教授。

郑宏春博士（郑宏春提供）

5.3.3 因材施教，创造宽松的学术环境，使学生充分发挥聪明才智

刘建全 博士生，开题 东亚千里光族款冬亚族（菊科）的系统学。

建全于 1991 年入职中国科学院西北高原生物研究所，在著名植物分类学家何廷农和刘尚武两位研究员指导下取得硕士学位。从事龙胆科及高山植物的胚胎学、染色体等相关的进化与适应研究，有了扎实的植物分类学基础，并掌握了系统学的基本理论和研究方法。1996 年被我录取为博士生。经我与前述两位合作导师商定，选择一个研究难度较大的菊科东亚千里光族研究课题。他来到课题组后，实验室尽可能为他提供好的研究条件，给予理念上充分的研究自由，让他发挥潜力。他通过观察和实验获得形态学中花部特征性的微观性状、花粉学、胚胎学、染色体和分子生物学数据等大量新证据；应用分支系统学分析方法，把毛冠菊属排除出千里光族，将东亚千里光族款东亚族划分为 7 个属群（共含 18 属），讨论了各属群的系统位置和亲缘关系以及尚存在的分类学问题。该长篇博士论文影响较大。由于他有较多的研究实验积累，在读 3 年发表论文 4 篇、被刊物接受待发表论文 3 篇、已定稿论文 5 篇。1999 年获博士学位；2001 年，论文被国务院学位委员会评为全国优秀博士论文。现就职于兰州大学和四川大学，教授、博士生导师。

2015 年在成都与刘建全博士讨论标本 *

刘建全硕士导师何廷农（左 2）和刘尚武（左 1）两位研究员 *

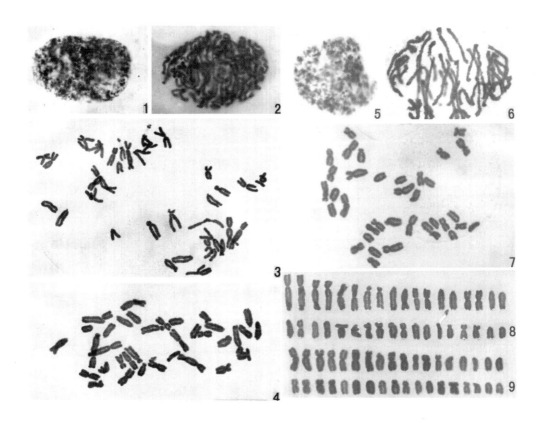

华福花 *Sinadoxa corydalifolia* 的核形态：1. 静止核，2. 前期染色体，3、4. 中期染色体。五福花 *Adoxa moschatellina* 的核形态：5. 静止核，6. 前期染色体，7. 中期染色体。8. 五福花核型；9. 华福花核型。

注：两个属的核型类型为 3B 型，染色体基数可确认为 x=18。

华福花 *Sinadoxa corydalifolia*（五福花科）的核形态学和它的系统学意义
（见：英文，Liu Jianquan et al., 1999；论文目录）

刘建全论文获"2001 年全国优秀博士学位论文"证书

李贵生 博士生，开题　金粟兰花器官特征基因 *CsAP*1、*CsAP*3 和 *CsSEP*3 的结构、表达和进化研究。

贵生是 2002 年从植物生理学专业转读植物系统学博士研究生的。当时，本研究组正需要开展花的进化－发育生物学研究，于是安排他做该领域的课题。我盛情邀请本所刚从德国留学回国不久的孟征研究员合作指导，他是这方面的专家，并已建立起可开展研究的实验室。我们商量选择被子植物中原始的金粟兰作为研究实验材料。在系统学方面，我一对一地给李贵生补课，在实验工作方面，孟征教授手把手地指导。2004 年 11 月，孔宏智博士从美国回来，也加入指导小组。李贵生从金粟兰 *Chloranthus spicatus* 花和花序中分离到 6 个可能与花被的发生和发育有关的 MADS-box 基因，一一分析各基因组的序列结构、系统发育关系、表达式样和在进化中所受到的选择压力，以探讨金粟兰花发育和花被缺失的分子机理。从综合资料看：在无花被的金粟兰中，仍然存在着与花被发育相关的 A 类基因，只是其功能没有显现，反映了花发育 ABC 模型的保守性。金粟兰花被的缺失可能与这些基因的下游基因有关。论文发表在国际著名期刊 *Development Genes and Evolution*，并以中、英文在《科学通报》发表了"ABC 模型和花进化研究"。他于 2005 年获博士学位；现任职于湖南吉首大学，教授。

李贵生博士 *

孟征研究员 *

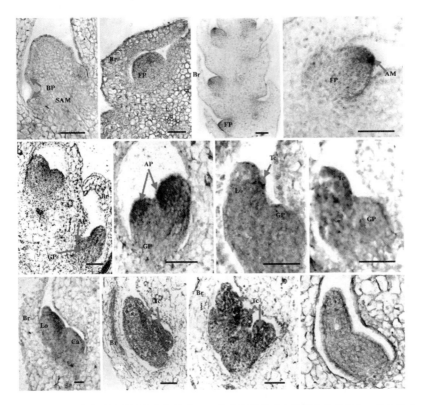

*CsAP*3 mRNA 在金粟兰花器官的积累（A~K 反义探针所产生的原位杂交信号，与 L 正义探针杂交的比较）

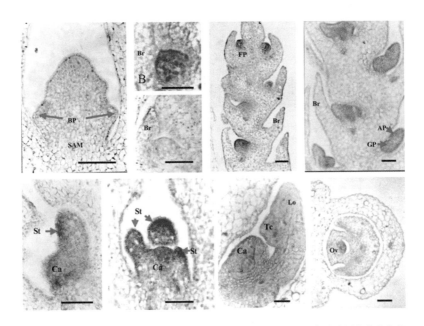

*CsSEP*3 mRNA 在金粟兰花器官的积累（A、B、D~H 反义探针所产生的原位杂交信号，与 I 正义探针杂交的比较）

无花被基部被子植物金粟兰花候选基因 A、B 和 E 类的鉴定

（见：英文，Li Guisheng et al., 2005；论文目录）

潘孝铭 博士生，开题　植物形态信息处理系统的研究。

这是在本室生物数学家徐克学研究员建议下，鉴于《中国植物志》英文版 *Flora of China* 的需要而设立的研究题目。《中国植物志》信息包括物种的形态数据、名称数据和分布数据等，尤以形态学信息最为丰富，已到亟待利用计算机手段收集整理批量化数据的时期，实现植物志形态数据自动化处理，需招收一名数学与计算机专业的博士生潘孝铭来开展研究。我为孝铭选择具有重要药用价值、主要产于我国的葫芦科绞股蓝属 *Gynostemma* 为研究对象，和徐先生共同指导。潘孝铭经过 3 年的潜心研究，系统设计出从检索表到数据库的全自动转换程序，得以实现从一般的植物志描述文本到数据库的自动生成，使用者可以很方便地进行植物志信息的收集整理和查询。1998年获博士学位；现任职于华侨大学（厦门），副教授。

潘孝铭博士（潘孝铭提供）　　　　　　徐克学研究员 *

5.3.4 严把博士论文写作关，以达到优秀博士论文水平

我要求每位学生围绕课题，在阅读大量文献的基础上，先写出一篇好的综述性文章，发表 2~3 篇学术论文，完成高水平的博士学位论文；在毕业后，指导他们撰写 1 项国家自然科学基金申请书，并达到评审通过的水平，为毕业后的研究奠定基础。我指导的上述博士研究生在毕业答辩时，均获得答辩委员会给予肯定的优异成绩，且大多数人毕业后不久，在博士期间研究工作的基础上，都申请并获批 1 项国家自然科学青年基金或面上基金的资助。

5.4 荣誉

1998 年被中科院评为"优秀研究生导师";

2001 年被教育部、国务院学位委员会授予"全国优秀博士学位论文指导教师";

2002 年获中国科学院宝洁优秀研究生导师奖;

2008 年获中国科学院研究生院"杰出贡献教师"称号。

荣获2001年"全国优秀博士学位论文指导教师"

2002 年荣获"中国科学院宝洁优秀研究生导师奖"

2008 荣获中国科学院研究生院"杰出贡献教师"称号

1987年5月首次主持西北大学狄维忠教授（二排左1）的3名硕士生论文答辩（廖文波提供）
（前排左起：任毅、仲铭锦、廖文波）

中山大学廖文波教授（廖文波提供）

主持王宇飞博士论文答辩（王宇飞提供）

参加向小果博士论文答辩

参加朱昱苹博士论文答辩

2024 年 5 月，参加陈之端研究团队 1 名硕士生、2 名留学生博士论文答辩会
（答辩委员会主席李德铢，委员王青锋、路安民、张大明和孔宏智）

主持陕西师范大学任毅教授两名硕士生答辩

任毅教授 *　　　　　　　　主持肖培根院士的博士后姚入宇进站和出站学
　　　　　　　　　　　　　　　术报告 *

浙江大学傅承新教授曾参加开放实验室本组　　我任所长期间，担任所研究生会主席的北京
　　研究课题工作 *　　　　　　　　大学白书农教授（右）*

2023 年 5 月，同我研究组毕业的第二代博士留影 *
（左起：向小果、山红艳、国春策）

6

担任植物研究所所长期间的工作

1986 年 8 月植物研究所换届，中科院党组任命钱迎倩任所长，陶国清、路安民、陈伟烈和冯廉彬任副所长。所长安排我主管人事、保卫处、香山分部的植物分类学与植物地理学研究室、古植物研究室和植物研究所北京植物园。1987 年 2 月，钱迎倩调至中国科学院生物科学与技术局任局长，中科院指定我任代所长，主持植物研究所的全面工作。1987 年 10 月，中科院党组正式任命我为所长和法人代表。1990 年 11 月植物研究所换届，任命张新时为所长，路安民（正局级）、匡廷云、张强、李树森为副所长。我主管香山分部的各单位及学报编辑室和图书资料室。现仅将我主持植物研究所 4 年工作的基本情况分述如下，作为对那段时间工作的总结。

我们这届领导集体

（右起：陈照林、路安民、陶国清、张强、陈伟烈、冯廉彬）

在植物研究所首届职工代表大会上的工作报告

——团结起来，为我国植物科学的发展努力拼搏

（1987年4月3日）

各位代表、各位同志：

我所首届职工代表大会是在中国科学院动员全院同志自觉地、主动地进行科技体制改革，组织主力部队进军国民经济主战场，组织先头部队继续攀登世界科学高峰，以及坚持四项基本原则、进一步开展反对资产阶级自由化教育的形势下召开的。这次大会要动员全所同志投身改革，使植物研究所得到繁荣和发展；它也标志着我所的科学化、民主化管理将会更前进一步。现在，我代表所领导做工作报告。

一

1. 植物研究所的现状

植物研究所是一个综合性、多学科的研究所。研究范围几乎包括了植物学科的各个领域。现设9个研究室、1个植物园、9个职能处室，还有图书资料室、学报编辑室、开发公司、劳动服务公司，两个挂靠单位即中国植物学会和中国植物志编辑委员会。全所总人数786人：科技人员556人，管理和后勤人员230人。有一支较强的科技队伍，一批在国内外植物学界有影响的优秀植物学专家，及一支素质较好的后勤管理队伍，这是植物研究所最重要的优势。

科研条件方面：有亚洲最大的植物标本馆，收藏标本150万号；有居世界第三位的种子标本室，收藏植物种子65 000多号；有图书资料较齐全的图书馆（包括植物园图书室），藏书70 690余册，期刊46 760余册，单行本装订成册共1875册，古籍线装本9496种；有引种驯化基地植物园；拥有一定数量的先进大型仪器设备，为全所开展植物学科各项研究提供了重要保障。

建所30多年来，主要从事植物学科领域重大基本理论的研究、国家经济建设中

涉及植物学科重要应用基础的研究、基本资料的研究、植物资源的合理开发利用及保护的研究；做出了一些植物学研究的开创性工作，在新方法、新观点和新理论的创立方面作出了显著的成绩；为推动全国植物学的发展，做了大量的组织工作；为国民经济建设作出了一定的贡献。

多年来，在党和国家科研方针的指导下，尤其党的十一届三中全会带来了科学的春天，经过全体科技人员不辞辛劳地探索、钻研，行政后勤、管理人员的积极配合，取得科研成果近350项，其中有80多项研究成果分别获得国家和科学院重大科技成果奖。在这些成果中，有基础理论和基础资料方面的，如各类志书和图鉴，撰写出版专著100多部。在"六五"科技攻关中，我所获得重要成果11项，1986年获得院科技进步奖14项。今年申报的科技成果共10项。

在植物光合作用、高等植物呼吸代谢及植物的物质运输等重大基础理论方面也取得了重要的研究成果。在应用研究领域，如农田化学除草，果蔬贮藏保鲜，马铃薯去病毒复壮，田菁胶的研制与应用，单倍体育种，多种经济植物、园林观赏植物的引种驯化，葡萄、花卉等新品种的培育，黄淮海的综合治理等成果，为我国国民经济的发展带来了良好的社会效益与经济效益。

科研成果的取得离不开行政后勤和管理人员的支持和辛勤劳动，他们为保证科研第一线出成果、出人才，为创造良好的工作、生活条件做了大量工作。尤其是近几年，我所落成了植物标本馆及附属实验室，解决了标本长期无处存放的大问题，在一定程度上缓和了所本部实验室拥挤的状况。

二里沟宿舍楼和植物园宿舍楼的落成、打石场平房翻修和土暖气的安装，使我所绝大多数职工的住房问题有了很大的改善。为保证职工上下班，班车基本上配备到位。医务室在保障全所人员健康方面也作出了突出的成绩。

其他各职能处室、公司和中试场，在为科研服务和创汇增收方面做出了很好的成绩。绝大多数同志工作勤勤恳恳、任劳任怨，涌现出许多好人好事，有的部门曾多次被评为先进集体、先进单位，有的同志多次被评为先进个人、先进党员，受到所、科学院和北京市有关部门的表彰和奖励。

这里，我们要特别提出在科技扶贫致富中做出突出成绩的李守全同志，他被陕西省绥德县干部、农民称为"活雷锋"。他全心全意为人民服务的高尚品德、忘我牺牲的精神，值得全所同志学习。为了表彰他为绥德人民所作的贡献，所党委和所领导决定授予他"科技扶贫先进个人"的称号。

2. 1986 年做的几项主要工作

（1）领导班子的改选与调整：去年5月，上届领导班子任期满，从年初开始，全所同志进行了酝酿、推荐，根据革命化、年轻化、知识化和专业化的条件，8月院里正式批准了新的领导班子，接着调整了各处室领导班子。调整后的所党政领导班子平均年龄由原来的53.5岁下降为48岁，知识结构上都具有大学文化程度和专业知识。

（2）课题的清理：长期以来我所的研究课题分散、重复现象较为严重，很多课题是"多年一贯制"，所以，课题清理起来难度较大，是一项复杂而细致的工作。要推行专业职务聘任制，必须先把课题清理好，不然，学术带头人等人员的聘任难以进行。这次清理课题，根据我所的研究方向、研究任务、现有基础、条件和人员来考虑，经过反复讨论，最后确定全所三级课题共62个，明确了课题带头人和岗位职责。课题组人员采取自由组合的方式，每个课题组不得少于3~5人，减少了人事矛盾。从科学院改革的形势看还不够理想，表现在开发研究、应用基础研究和基础研究课题之间的比例尚不够合理。

（3）专业技术职务及党、政人员职称评定工作：专业技术职务评定工作是一项十分复杂的工作，涉及每个专业技术人员，我们采取积极、慎重的态度，有步骤地进行。从程序上来讲做到了基本合理，评定后的高级专业技术人员有144人，中级科技人员243人，初级科技人员169人。

根据"中国科学院行政机关一般行政职务任职条件的暂行规定"的通知，对所里行政人员进行了正、副处级调研员，正、副主任科员，科员和办事员的评定。

这次评定工作基本结束，等待院检查后，我们将进行以岗位责任为中心的聘任工作。

同时，我们也清楚地知道，我们研究所老人多，每个同志从事的专业和工作性质不同，上级下达的指标有限，长期积累的问题不可能在这一次评定中得到全部解决，还存在一些不够平衡的问题，这是需要今后认真总结的。

（4）办理离、退休工作：执行科技人员离退休制度在我所是头一次，在科技人员中引起了强烈的反响。为了把这个工作做好，我们做了大会动员、小会座谈、个别谈心。本来应在去年底办理完，为使这些同志能欢度新年和春节，直至今年3月才正式按离、退休工资额标准发放离、退休人员工资。这次离、退休人员共51人，他（她）们在各自工作岗位上长期兢兢业业地工作，为科研、管理、后勤工作作出了很大的成绩和贡献。他（她）们离开原来工作岗位心情是不平静的，这是可以理解的。为了发挥这些同志的特长和余热，根据工作需要，今年回聘了 20 位同志。

3. 存在的主要问题

第一，在思想认识上跟不上改革形势的发展。植物研究所是一个老所，科研工作取得了丰硕成果，同志们积累了一些宝贵经验，形成了一套传统的做法，于是就安于现状，思想跟不上改革形势的发展，对于拨款方式的改变不适应，对于组织多学科人员联合攻关不习惯，对于改革中出现的一些新事物不够理解。我们希望同志们在思想上要有清醒的认识，转变不适应形势的传统观念，将思想统一在中央和院关于科技体制改革的总目标上，才能跟上时代的步伐。

第二，关系不顺。从本所存在的一些问题分析，不是没有条件把工作做好，而是在许多问题上由于关系没有理顺，互相扯皮，导致工作效率不高。例如，在开发工作中，我们没有形成研究－开发－生产－销售－服务一体化，影响了科研成果向商品转化，缺乏竞争力和活力。行政处与物资处的一些工作也常常发生扯皮现象，分工不太明确，有待理顺各方间关系。

第三，科研队伍的老龄化问题越来越突出。这个问题在我所更显得突出，大部分科技人员是 20 世纪 50 年代和 60 年代初毕业的，是本所中坚力量，担负着承上启下的作用。他们不仅要挑科研重担，家务担子也重，上有老下有少，不少同志体质日益下降。从现有科技人员的状况分析，高级专业职务人员平均年龄为 53 岁，也就是说再过 7 年，即 1994 年，绝大多数同志就到退休年龄；中级专业职务人员平均年龄为 45.7 岁，显然科技队伍开始老化。因此，有计划地培养年轻同志是一项十分紧迫的任务，使一些有才华的青年同志脱颖而出，才能增强科研工作的活力和生气。另外，我们还应特别重视科研、企业型人才的培养。

二

1. 形势

根据院工作会议精神，中科院进一步改革的目标是通过放活科研机构，放活科技人员，把全院主要科技力量动员和组织到为经济建设服务的主战场上，促成科研与生产的良性循环，同时保持一支精干力量进行基础研究和尖端技术跟踪。具体来说，提出全院有三分之二或更多一些的人员，从事技术开发和资源、环境等方面的社会公益工作，四分之一左右的人从事基础研究和应用研究的基础性工作，以及高技术跟踪。

在这个总目标下，我们要提高改革的自觉性，以积极进取的精神主动改革，加快改革的步伐。科技体制的改革，就是要克服科研与经济脱节的现象，使科研与经济密切结合、互相促进，贯彻党提出的"经济建设必须依靠科学技术，科学技术必须面向经济建设"的方针。

科研经费管理制度改革，即拨款方式逐渐由过去的国家包干制，转变为以申请国家自然科学基金、国家重点科技攻关项目以及承担有关部门提出的研究项目为主的方式，对本所每一个人来说都是严峻的考验，我们必须在激烈的竞争中求得生存和发展，对那些有应用前景的基础研究成果尽快地开辟应用途径，转化为直接生产力，为国家作出贡献。

去年初，本所积极组织应用研究的课题申请国家"七五"攻关项目，经过认真地组织准备、多次参加相关项目的论证，至去年底已获批准的合同项目计16项，总金额达101.8万元，另有部分合同项目可望在今年获得批准，估计金额在50万元左右。

必须十分重视基础研究及应用研究中的基础性工作，向"开放、联合、流动"的方向发展，争夺几项团体冠军和一些单打冠军，使开发性研究拥有后劲，进入世界前沿。去年所里积极组织基础和应用基础课题，申请国家自然科学基金和中国科学院基金，其中申请国家基金38项、院基金5项（包括3项青年基金），国家基金获得批准28项，占申请项目的74%，总金额为106.3万元。截止到目前，本所获国家自然科学基金项目累计63项，资金276.8万元。今年，本所基本事业费334万元，比去年减少40万元。面对这种形势，全所同志还需开动脑筋，展开横向联系，把我所科研和开发工作搞活。

2. 任务

（1）思想政治领域反对资产阶级自由化

深入开展反对资产阶级自由化教育，是当前和今后一个时期党的一项中心任务，所党委"关于坚持四项基本原则，反对资产阶级自由化斗争"的决定已有了具体的安排，结合我所实际，拟抓好下面的工作。

坚持四项基本原则教育。根据中央4号文件的精神，"这场斗争总体上来说，是对广大党员进行一次坚持四项基本原则，全面、正确理解和贯彻执行党的十一届三中全会以来的路线、方针、政策的教育"。这次学习的重点是在党内。主要是社会主义路线问题、党的领导问题、马克思主义与科学研究的关系问题、民主自由问题。

深入开展法治教育，引导广大干部职工树立社会主义的民主观念和法治观念，学习"全国人大常委会关于加强法治教育，维护安定团结的决定"和宪法，围绕"要不要党的领导""要不要坚持社会主义道路"开展讨论。

（2）关于本所的科技体制改革

经过调整，全所研究方向为4个方面：①野生植物资源的搜集、鉴定、评价、利用、改造和保护；②生态植物学与植被资源的合理利用和保护；③系统与进化植物学；④植物生物学（包括细胞生物学、发育生物学）及植物生物工程。根据这4个方向，仍需在课题调整的基础上做出进一步的调整，逐步增加应用研究课题的比例，力争在"七五"期间使我所的改革初见成效，科研方向更加符合中央的方针和中国科学院的总目标。力争将植物研究所建设成为全国植物科学的综合研究中心和植物学研究的"国家队"。

关于野生植物资源的搜集、鉴定、评价、利用、改造与保护，重点抓好：①珍稀濒危植物及引种、繁殖的研究；②野生植物种子鉴定、贮存和萌发的研究；③植物的种质资源、引种驯化和新品种的培育；④野生花卉资源开发的研究，争取得到国家自然科学基金的支持，在本所建立中国野生花卉研究开发中心；⑤植物化学成分及其应用的研究；⑥进一步加强植物园及四川都江堰"华西野生植物保护和实验中心"的建设，使它们成为研究基地和国内外交流的窗口。

关于生态植物学与植被资源的合理利用与保护，着手抓好三方面工作：①中国植被资源合理开发利用和保护的研究，编纂《中国植被志》和《中国植被系列图》，为国土整治和环境保护作出贡献；②拟在青藏高原东南部开展高山亚高山植物群落的定位研究；③继续做好"内蒙古草原定位站"的工作，使之成为全国草原研究的基地。

关于系统与进化植物学研究：研究植物的起源、系统发育和演化，揭示植物进化的规律及植物界的亲缘关系，本所有较雄厚的研究基础。今年2月，系统与进化植物学开放研究实验室已通过专家论证，我们完全有条件、有能力将它办成独具特色和达到世界先进水平的研究中心。

关于植物生物学及植物生物工程，我们将组织有关人员拟就以下几方面开展讨论：①植物细胞生物学方面，植物细胞抗逆性研究是重要基础理论和生产实践紧密相关的课题；②植物的光合作用研究方面，本所拥有素质较强的科研人员和先进的仪器设备；③在植物发育生物学这一研究领域，我们将建立植物发育生物学与果蔬采后生理两个重点实验室或开放实验室；④植物生物工程方面，"七五"期间我所在细胞工程育种、原生质体培养与细胞杂交、重要经济植物的去病毒复壮及快速繁殖、植物细胞大规模培养产生有用代谢物质等专题中均承担了重要任务，拟申请建立工程植物重点实验室，并希望在短期内转为开放实验室。

开发工作是本所一项十分重要的工作，需要进行调整和整顿，将全所的开发研究统一管理，作为业务工作的重要组成部分，决定成立所开发研究部，由陶国清副所长任主任，抽调一些优秀的科技和管理人员充实力量，制定相应的政策，放宽搞活，创汇增收，广开财源，开展增产节约。

为适应科研体制改革，行政后勤管理工作也必须相应地进行改革。首先，要求行政后勤人员树立全心全意为科研服务的思想，并加强职业道德教育，积极主动做好工作。计划在行政后勤工作中，逐步建立承包岗位责任制。今年，先对修缮维修工作施行承包责任制办法，现正拟定具体细则、签订合同，以取得经验，再进行推广。

成立所交通安全委员会，对所部、分部、草原站等全所的所有车辆进行安全督促和检查。对公用车做出明确规定，以保证科研和公务用车；做到按规定派车，不搞人情用车，充分发挥现有车辆的作用。本所一些"窗口"部门，如库房、图书馆等都必须标写开放时间，工作人员要坚守岗位，热心服务。人事制度改革方面：人员要流动，不能"死水一潭"。目前各部门都叫缺人，要求增加，另一方面又感到一些人无事可干。关键在于如何教育人、使用人，调动大家的积极性，使各得其所。今年，除了特殊需要外，一般不再进人，把人员编制压缩下来，若某些部门需要人，首先在所内调整，个别实在无法安排者做编外办理。

前一时期，大家对食堂意见较多，我们准备下点工夫深入调查研究，以分部食堂为点，领导干部沉下去抓一段工作，争取抓出成效。

三

为了保证上述任务的完成，今年重点做好以下几件工作：

第一，抓好领导班子思想建设，权力下放，改进作风，提高工作效率。所领导班子从半年来的工作实践中体会到：尽管我们几位同志主观上想把工作做好，大家有干劲，团结协作，但由于我们过去多是在科研第一线，对组织领导全所工作缺乏经验，大家忙忙碌碌地陷入日常事务圈子里，长此下去，有碍事业的发展。经研究，领导干部要做好自身的思想和作风建设，提倡深入实际、勤俭办所，反对以权谋私、官僚主义、铺张浪费、互相扯皮，倡导团结协作，所领导应起到表率作用。所里的日常管理工作主要由各处、室负责同志来抓，要求各处、室领导同志大胆负责、敢于负责。几位所长着重抓全所的宏观决策，抓方向任务，理顺关系，沟通信息，打开国内外渠道。每位所长抓1~2个点，做好调查研究，抓典型，以点带面，以便指导全面工作。

第二，抓好精神文明建设。根据中共中央《关于社会主义精神文明建设指导方针的决议》，加强思想政治工作，营造一个宽松和谐的环境，使全体同志真诚地团结和协作，树立主人翁的责任感和集体荣誉感。逐步形成全所各类人员，在各种工作岗位都有自己的道德规范。领导干部要具备全心全意为人民服务的思想；科技人员要有献身、求实、创新、协作的精神；行政后勤人员要有勤勤恳恳、任劳任怨的品德；各级管理人员要有作风民主、公道正派的素质。在全所逐步形成"民主、团结、融洽、活泼"的政治气氛，大家心情舒畅地工作、发挥才能，为国家作出应有的贡献。

第三，建立健全岗位责任制和各项规章制度。建立岗位责任制是强化民主管理、完善所长负责制的有力措施。所领导主要抓各处、室负责同志的岗位责任，处、室领导抓科、组同志的岗位责任。同时，将本所现有的各项规章制度重新修订，在试行过程中逐步加以修改和补充，使之完善，汇编成册，作为全所人员共同遵守的"守则"。大家对本所劳动纪律松懈的现象很有意见，通过建立岗位责任制，完善和实施各项规章制度，并结合聘任制整顿劳动纪律，使所里正气上升、歪风邪气无市场。

第四，努力做好后勤保障，改善工作条件和生活条件。我们过去每取得一项科研成果，每完成一项任务所取得的成绩，都凝聚着行政、后勤人员的劳动。科技人员在第一线工作，行政后勤、管理人员在第二线工作；一线科技人员要积极拼搏，二线的同志要热心服务，努力创造条件，使我所的科研工作条件和生活条件有所改善。

抓好实验楼的动工兴建，是从根本上改善所里现有工作条件的保障，实验大楼必须尽快施工。大基建办公室的同志们积极努力，现正催促把施工图纸尽快地搞出来，如果今年5月能拿到施工图，争取年底破土动工就有了希望。

搞好所容所貌建设，所本部房屋破旧，加上西外大街141号的大门门面太差，给过路人们留下一种既惊异又惋惜的印象，整体上与国家对绿化的要求不符。为此，今年必须大搞一下绿化，以美化所容。采取各处室分片包干，行政处可在"五一""十一"期间安排开展评比活动，力争抓出成效。分部、植物园门前的三包，按街道办事处的统一规划进行，使之有所改观，美化香山风景区的景容。

最后，希望全体同志自觉地、主动地投入改革，在改革中前进，为国家作出自己的贡献。我们的口号是：团结起来，为植物研究所的繁荣和我国植物科学的发展努力拼搏。

中国科学院植物研究所 60 年的回顾与展望

（1988 年 8 月）

1988 年是中国科学院植物研究所建所 60 周年。半个多世纪以来，她代表着我国现代植物学的起步和发展。经过几代人的不懈努力，已建立的植物研究所具有较为齐全的分支学科，并培养出一支素质较高的研究技术队伍，使得中国植物科学的研究踏上与世界植物科学研究并驾齐驱的道路。

植物研究所的前身是著名植物学家胡先骕教授等于 1928 年创建的静生生物调查所（所址在今北京文津街 3 号）和刘慎谔教授于 1929 年创建的北平研究院植物研究所（所址在今北京动物园内陆谟克堂）。新中国成立后，在吴征镒教授的具体组织下，两个植物研究机构合并，于 1950 年初，以陆谟克堂为所址，建立了中国科学院植物分类研究所，首任所长由钱崇澍教授担任。过去两个所在京外设置的一些研究机构，如陕西武功、江西庐山、江苏南京、云南昆明等地的机构，后来都相应地成为植物分类研究所的工作站。

植物分类研究所成立之初，设有植物分类、生态、形态研究组和植物园等机构。随着科研队伍的扩大和国民经济发展的需要，1953 年植物分类研究所改名为植物研究所，与此同时，各地的工作站和植物园也相继发展成为独立的所、园。作为多学科的植物学研究机构，植物研究所充实原有研究组工作内容并改建为研究室，后又陆续建立了植物资源学、植物细胞学、古植物学、植物生理学、光合作用、生物固氮和果蔬采后生理及贮藏保鲜等11个研究室（园）。植物研究所为适应学科发展的需要，于1987年建立系统与进化植物学开放研究实验室。该实验室拥有我国最大的植物标本馆，保存植物标本200多万号；它吸纳国内外优秀的植物学家，开展对物种生物学、植物系统发育、植物区系地理、数据库信息系统与数量分类学等课题研究。1989年建立了植被数量生态学开放研究实验室，开展植物群落与有关生态因子的数量分析与模型构建、地区植被或人工生态系统经营开发的决策与优化模式，以及植被数量生态分析的方法与程序等研究。北京植物园和在四川都江堰市建立的"华西野生植物保护和实验中心"将建成植物引种驯化和保护的基地。内蒙古草原生态系统定位站经中科院批准，成为对国内外开放的实验站。最近建立的北京森林生态系统定位站等，将成为国内草原生态、温带森林系统的研究中心，并逐步办成国际合作研究和学术交流的窗口。随着数、理、化学科的发展，各类电子显微镜、电子计算机和激光等新技术已成为许多学科重要的研究手段。全所拥有6000多台各类仪器设备，研究所的图书馆藏书14万册，中外文期刊4000余种，已具备且逐步完善的电子计算机系统成为全国植物学资料的信息中心，为院外研究单位和大专院校提供资料查询服务。

发展到今天，本所是拥有800多名职工的一个综合性、多学科的研究所。研究范围几乎包括了植物科学的各个领域，从事基础研究、应用研究和开发研究。研究方向为野生植物资源的搜集、鉴定、评价、利用、改造与保护；植物生态学与植被资源的合理利用与保护；系统与进化植物学；植物生物学与植物生物工程。根据中国科学院改革总的设想，逐步调整本所的科研方向和研究课题，广泛开展学术交流、国际合作和人员培训。本所是国务院学位委员会首批批准的硕士生、博士生授予单位和博士后科研流动站建站单位。

建所的前20余年，老一辈植物学家在介绍西方现代植物学的同时，从野外考察、采集标本入手，建立了标本室和植物园，为编写中国植物地区性图志和专科、专属的研究做了大量工作。新中国成立以后，植物研究所的科研工作进展很快，取得350多项重要的研究成果，160多项获奖，其中50多项分别荣获国家发明奖、国家自然科学奖、国家技术进步奖、"六五"科技攻关奖和全国科学大会奖等。一部分基础理论研究，在国际上处于领先地位，如蕨类植物的分类系统、马先蒿属的新系统、植物呼吸代谢的多条路线、细胞核穿壁移动、逆境细胞生物学研究、青藏高原地带性及高原对中国植被的作用、世界第一批玉米原生质体再生植株的问世、风信子外植体雌雄性器官的诱导及控制、裸子植物的系统发育、退化草场恢复及人工草场建立的草原生态系统研究等。应用性成果如田菁良种和田菁胶的应用，果蔬贮藏保鲜，马铃薯去病毒及良种繁育体系，人工种子的研究，花卉、果树、林木良种选育和快速育苗，油料、香料和药用植物开发利用等，达到国内先进水平，取得较大的社会效益和经济效益。设立在本所的《中国植物志》编辑委员会，组织全国植物分类学家合作编著《中国植物志》，全书 80 卷 125 册，已出版 50 余卷、册，对开发、利用和保护植物种质资源具有深远的影响。植物研究所也是中国植物学会及其多个分支学科专业委员会的挂靠单位，做了大量的学术组织工作。承办《中国植物学报（英文版）》《植物学报》《植物分类学报》《植物生态学与地植物学学报》《植物学通报》和《植物杂志》6 种全国性学术刊物，以及所刊《植物学集刊》，在国内外享有一定的声誉。刊物作为科研的窗口，直接促进了全国和本所科研工作的深入发展。

植物研究所正在按照中科院"一院两种运行机制"的建院方针，逐步将科研队伍的主力组织到国民经济的主战场，保持一部分精干的队伍从事基础研究和生物科学高技术的跟踪，努力为祖国"四化建设"作出更大的贡献，为将植物研究所办成全国植物科学的综合研究中心和植物学研究的"国家队"而奋斗。

经济转轨时期的植物研究所

——1986 年 8 月至 1990 年 10 月工作的回忆

（纪念植物研究所成立 70 周年）

1986 年是我国开始实施第七个五年计划的第一年，在中共中央第十一届三中全会所确定的改革开放路线指引下，我国国民经济开始走上迅速发展的新阶段，国家政治体制改革也迈出了新步伐。科技领域各种改革措施纷纷出台：科研经费由国家拨款制改为基金制；研究所实行以所长为法人的所长负责制和所长目标责任制；中科院提出"一院两种运行机制"建院方针，实行科技人员的退休制度等。这样，就给予了所长更大的权力，也赋予了更大的责任，改革将研究所引入竞争机制之中。1986 年 8 月植物研究所换届，新的领导班子产生，由钱迎倩继续任所长，陶国清、路安民、陈伟烈、冯廉彬任副所长；1987 年 2 月，钱迎倩所长调至院生物科学与技术局任局长，由路安民任所长，陈照林任党委书记，张强副书记后来增补为副所长，组成植物研究所六人领导集体，直到 1990 年 10 月换届。本文主要回忆 1986 年 8 月至 1990 年 10 月 4 年间植物研究所的工作，作为它在历史长河中的一段记载，以飨读者。

曾孝濂先生祝贺中国科学院植物研究所成立 70 周年画作

与著名植物科学画画家曾孝濂先生合影 *

1. 植物研究所的地位和方向

在我国，植物研究所是成立最早的研究机构之一，经过几代人的奋斗，至20世纪80年代已经发展成为拥有840多位职工、植物科学各分支学科齐全的综合性大所。有一批学术造诣高、在国内外有影响力的著名植物学家及活跃在科研第一线、承担重任的优秀中年植物学家；有一支经过训练素质较高的技术人员和管理人员；有亚洲最大的植物标本馆；有全国最大的植物学图书馆；有较完善的植物学各学科的配套实验室和不少在当时较为先进的仪器设备；承办6种全国性植物学学术刊物，是中国植物学会、《中国植物志》编辑委员会的挂靠单位。植物研究所无愧于我国植物科学研究中心之一的地位。

面对改革开放的新形势，所领导清醒地看到植物研究所既存在着危机又有发展的机遇，必须下决心领导全所在竞争中立于不败之地，求得更大的发展。提出要瞄准自己的方向、明确自己的任务，采取切实的措施，引导全所人员齐心协力为之奋斗。提出的总目标是：第一，力争将植物研究所建成全国植物科学的综合研究中心；第二，力争使植物研究所科研队伍成为植物学研究的"国家队"。调整研究方向为以下4个方面：①野生植物资源的搜集、鉴定、评价、改造、利用和保护；②生态植物学与植被资源的合理利用和保护；③系统与进化植物学；④植物生物学及植物生物工程。根据中科院"一院两种机制"的要求，除了在基础研究方面调整全所的工作外，另一项就是抓好开发工作，将其作为业务工作的重要组成部分，成立所开发研究部，统管全所的开发、咨询及生产。当然，两个方面是相互联系的，希望通过两个方面的工作，使我们研究所的工作形成良性循环。

2. 所长任期责任目标及其实施

根据研究所的实际情况，经过所领导的认真讨论，并征求各处室负责人及群众的意见，提出所长任期的责任目标共10项，作为所领导班子奋斗的目标：①力争建成研究和开发两个中心，建立3~4个重点和开放研究实验室；②加强第三梯队的建设，培养100名硕士和博士研究生，有计划地选拔培养18~25名年轻的学术带头人；③力争每年取得不少于10项院级以上科研成果，每年举办一次学术年会；④建立各类岗位责任制，使每个人各得其所、明确职责、各尽所能、发挥才干；⑤健全各种规章制度，装订成册，作为领导和群众共同执行的"守则"；⑥使"开发研究"成为业务工作的重要组成部分，形成实体，初见成效；⑦植物园的建园工作每年要有新进展，"华西野生植物保护和实验中心"开始对国内外开放；⑧绿化和美化所容，使所貌有明显的改观，营造一个良好的工作环境；⑨力争全所人员的生活福利每年有所改善；⑩力争实验大楼动工兴建。经过全所各级领导和广大职工的努力，4年时间基本上达到了上述目标，收到显著成效的有：

（1）科研成果获得大丰收

4年中，主要领导亲自抓成果的组织申报工作。1986~1990年，全所获得国家级、院级三大奖（自然科学奖、科技进步奖、科技发明奖）和省部级以上成果奖共90项。获奖项目名列中科院乃至全国科研院所的前列。据国家科学技术委员会1988年发布的统计数据，1987年获国家自然科学奖项目按主要获奖者单位排名情况列出了前16个单位，前5名依次为北京大学、南京大学、清华大学、中国科学院植物研究所、中国科学院大气物理研究所。植物研究所名列全国第四名（获一等奖1项、二等奖2项、四等奖1项），为全国科研院所的第一名。1988年获中科院奖14项，为全院第一名，1989~1990年均名列前茅。这些成果是经过几代人的努力取得的，而领导者的责任就是善于抓住时机，做好组织申报工作。"七五"期间，全所共承担180多个研究项目，都比较好地完成了计划，发表论文达920篇，其中以英文在国内外发表148篇，并出版了多部专著，创办的英文版《植物学报》为后来的申报成果或获奖奠定了基础。在生物技术方面，我所是世界上第一个获得玉米原生质体再生植株的，也为世界上控制外植体形成性器官首创者，这两项重要成果都在《人民日报》和中央电视台作为重要新闻予以报道，给植物研究所增添了极大的荣誉。

（2）体制改革向前迈进了一步

植物研究所作为有几十年历史的大所，已经有一套完整的科研体制，也有一套管理经验，但它是在适应计划经济，即研究经费由国家拨款的体制下形成的。目前要适应研究经费来源改革的基金制，就必须促进学科综合优势的形成，到社会上去竞争，重点（或开放）研究实验室的建立势在必行。在这种背景下，本所于1987年在植物分类学与植物地理学研究室成立了系统与进化植物学开放研究实验室，1989年在植物生态学与地植物学研究室成立了植被数量生态开放研究实验室；筹备建立细胞生物学与细胞工程重点实验室；根据任务在植物生理研究室成立了采后生理实验室及在山东临驹县建立了果树试验站；在植物化学室成立了药物实验室；内蒙古草原生态系统定位站升为院级开放站；在门头沟区新建立了北京温带森林生态系统定位站；在四川都江堰市建立的华西野生植物保护与实验中心，经过几年的筹备，于1993年正式更名"华西亚高山植物园"，改变了我所地处北京、缺少京外自然环境条件下的研究基地状况；争取到院台站网络生物分中心建在我所。这批实验室、定位站和植物园的建成，大大增强了本所的竞争实力。但是，当时还不可能进行实质性的改革和调整，这主要是由于多种渠道的经费来源、课题分散的状况难以在短期内得到改变，这就决定了我们的体制调整要采取稳步的方针。

（3）为创造研究、生活条件付出巨大努力

胡昌序研究员领导的药用植物实验室，帮助山东长岛县食品添加剂工厂解决姜黄素投入生产的问题
（右起：钱迎倩、路安民、温远影、叶和春、胡昌序、王雷）

考察内蒙古草原生态系统定位站
（左1站长陈佐忠研究员，右1所办主任范增兴，右2戚秋慧）

南、北植物园领导商谈两园的合作事宜

（左起：南园副主任张治明、北园主任张佐双、路安民、南园主任樊映汉、

所办主任范增兴）

李钰研究员领导的果蔬保鲜实验室，在山东临朐县建立意大利实验室

临朐试验站。该站从意大利引进数十个果树新品种，又建立起全新的

果实营养测试实验室和鲜果汁加工生产线

（左2起路安民、孟小雄、罗宗礼、李钰，右2为临朐县副县长）

当时的植物研究所分为动物园本部和香山分部，本部的实验、办公用房是全院各研究所中最差的一个，破旧的房屋已经到了难以维持的地步。我所的科技人员多年来在这种条件下做出了突出成绩，真是难能可贵！面对繁重的科研任务，如何提高在社会上的竞争能力呢？改善实验室用房，就成为那届班子的最紧迫任务。根据当时情况，所里提出，改造原有条件，保证重点，力争香山新实验大楼的兴建。例如，为争取"植被数量生态学开放研究实验室"的建立，所领导下了很大决心，迁移了党委办公室、书记办公室和全所公用的外语教室，将全所的计算机房及其设备全划归给该实验室，又从所长基金中拨款 3 万元进行装修。所后勤部门提供了新的家具，植物生态与地植物学研究室各课题组集资购置了计算机，才保证了该开放实验室的验收、评审通过。在筹备"植物细胞生物学和细胞工程实验室"过程中，所领导筹集近 80 万元新建了植物分子生物学实验室，改造了光合作用实验室和香山的组织培养实验室（即"地主"大院）。后又从所长基金拨款 10 万元，筹备"植物细胞物学和细胞工程实验室"工作启动。但直到我们换届，该实验室因多种原因仍未能有效地运行。

香山新实验大楼（后来命名为丁香楼）兴建初期，规划的实验大楼面积为 11000 平方米，按照 6 层高度设计。后因北京市有新规定，香山地区作为风景区，楼高一律不得超过 9 米，我们不得不另外花钱重新设计，成为像现在这样庭院式的建筑群，并争取到院领导批准开始建设。对职工生活用房，过去欠债太多，我们采取改造旧房、增建新房的措施，为植物园平房区住户增加了暖气设施和卫生间等，新建了 3、4 号两幢家属楼；将汽水厂改建为研究生用房，并新建了二层研究生公寓楼。

（4）人才培养得到加强

作为国家级的研究所，植物研究所不仅要出高水平的成果，也要培养出高水平的人才。研究生的培养是一项重要任务。由于住房紧缺，所里一般每年招收硕士生 10 名、博士生 15 名，强调研究生的培养质量。4 年中达到了培养 100 名合格研究生的目标。为了提高学术带头人的水平，所里为他们创造出国深造机会，大多数派出人员都能学成回所，我们尽最大努力为他们提高生活和工作条件。"七五""八五"和"九五"期间，他们在科研战线上发挥了重要作用。

（5）开发工作初见成效

植物研究所作为一个基础性综合研究所，开发工作有一定难度，首先是人们观念难以改变，过去有许多与应用开发有密切联系的项目，植物研究所率先研究出来，但由于没有付诸生产的思想准备，加上不具备相应的条件和设施，没有坚持下去，让别的单位成就了很大产业。经过摸索，所里实行了一套鼓励开发的政策，1989年开发部交回所的开发收入达到70多万元，这笔钱用于每位职工四个半月平均工资的奖金，达到中科院奖金的中等水平。同时，一部分充抵了因医疗费用超支而造成的所里事业费赤字。

3. 办好研究所的几点体会

（1）要有稳定的环境

大环境重要，研究所这个小环境也很重要。如果一个研究所没有正常的工作秩序，就难以搞好，也很难搞好改革。我们所有一批甘心献身于科研事业的科学家、技术人员，也有一批为科学奉献的管理和后勤人员，大家为了一个共同目标，辛劳、勤恳地工作，为所里的稳定提供了保障。

（2）要有确定的方向

如果研究所的方向总是处于变动中，比如强调理论时就抓论文，强调应用时就倒向生产，这是不行的。当时我们提出了研究方向的4个方面，得到了全所的赞成，这就确定了改革的目标。

（3）要有稳定的政策

政策是多方面的，而且要在改革的过程中逐步完善。那几年最敏感的两个问题，一个是职称问题，一个是分配问题。在职称问题上，我们的负担非常重，植物研究所有这么多人，上级分给的名额非常有限，加上工资又与职称挂钩，因此矛盾十分突出。那时只用一把"尺子"（如发表论文多少篇）来衡量每个科研人员的贡献显然有不合理之处，后来我们逐步做了变更。在分配上，如对开发收入的分配，提出3个等级：4:6分成，2:8分成，全承包、工资返回财务室。经过实践见到成效，逐步摸索出来更符合本所的政策。

（4）要按照实际情况确定本所的发展模式

研究系统的改革，须采取稳步的方针，但当时的研究室已不能适应科学的发展。植物研究所要成为"国家队"，就必须从整体上综合考虑。要以研究野生植物资源为主，但也要为农业服务。我们在草原生态、生物技术在生产中应用、激素在生产中应用、园林和园艺、水果贮藏保鲜、果树栽培等方面都做了大量的研究和服务工作。我们所应当研究稻、麦、棉等农作物的基础问题，大量的工作则由农业科学院承担。我们只有在研究野生植物方面发挥主导作用，才能立足于全国，也能在世界上占一席之地。我们所不可能在每个领域都拿团体冠军，但必须力争在一些学科上取得团体冠军，例如生态学和分类学、系统与进化植物学。各个研究室应根据自己的实际情况，确定本室的特色，可以争取自己的单打冠军；不要求研究室在整个学科领域拿冠军，而应在学科的某些点上处于国内领先、国际先进水平。这也是当时调整和建立新实验室的原则。

（5）要以"出成果、出人才"为研究所的中心

全所同志都必须围绕这一中心努力工作。1987~1988年两年我们获得全院冠军，1989年、1990年也都名列前茅。这些成果的取得靠的是几代人的努力、全所同志的努力，没有全所包括后勤同志的努力，这些成果是拿不到的。

（6）要有坚强的领导班子

那届班子是植物研究所历史上较年轻的班子，包括当时的各个处、室的负责同志在内，领导班子是团结、努力、勤政廉政的。在大变革的困难条件下，竭尽所能作出了个人贡献。在工作中也有因经验不足而出现某些失误的时候。要想搞好一个研究所，没有一批同志为研究所拼搏是不行的；在竞争的环境下不能只求生存，必须得到发展。当时，植物研究所在竞争中占有一定优势，例如国家自然科学基金申请，1987年的中标率达74%，而全国平均中标率为20%。1988~1990年中标率都保持在50%左右，同时还争取到一批国家重大和重点项目，并为争取"八五"项目奠定了良好的基础，故"八五"期间我所争取到了较多的研究项目和经费。

鉴往知来 再创辉煌

——在中国科学院植物研究所成立 80 周年纪念大会上的发言

路安民

（2008 年 10 月 28 日）

各位领导、同志们、同学们：

首先，请允许我利用这个机会，转达吴征镒院士的祝福，他为我所的建立和发展作出过重要贡献。上月，我去昆明出差时拜访了他，他说："今年是植物研究所成立 80 周年，代我向植物研究所表示祝贺！向全所同志们问候！"他特别强调："昆明所和北京所是同根、同为一家，北京所是中国植物学的'航空母舰'。"吴老没有解释"航空母舰"的含义。我理解：①植物研究所在 20 世纪 50 年代分出了南京植物研究所（中山植物园）、庐山植物园、西北生物土壤所（一部分）、昆明植物研究所和西双版纳植物园等，这些单位原来都是植物研究所的工作站，之后独立成所或园，同时植物研究所还调出一些植物学家，去东北林业土壤所（现在沈阳生态所）、昆明植物研究所、华南植物研究所、武汉植物园担任领导或学术带头人；②在中国植物科学发展的相当长的时间里，植物研究所发挥着引领作用。

在植物研究所成立 80 周年的时候，让我们怀着十分崇敬的心情，怀念为植物研究所的创建作出卓越贡献的已故老一辈植物学家！我们永远也不能忘记为建设和发展植物研究所作出贡献的科技人员，党政、后勤管理人员和工人，他们曾经付出了极大的心血和汗水，甚至付出了生命。

过去的 80 年，植物研究所经历了前 20 年的艰难创业，新中国成立后前 30 年的蓬勃发展、后 30 年的改革开放，逐步走向辉煌。除了党的领导、正确的方针政策、国家稳定的社会环境这些重要条件之外，植物研究所的广大科技人员和职工有着许多优良传统，可概括为：爱国主义精神、艰苦奋斗精神、团结协作精神、勇于创新精神！这些精神是植物研究所的宝贵财富。关于爱国主义精神，我想做些说明：20 世纪 20 年代到 40 年代，我们的先辈们为科学救国毅然回国，开创了我国植物学事业；50 年代，一批人公派留苏，特别是改革开放以来，植物研究所通过公派或各种渠道派出国进修、合作研究或攻读学位的有上百人次，即现在的 50~80 岁的两代人，尽管当时许多人每月工资只有几十元、一家人住着十几平方米的平房，但他们不讲任何条件，绝大多数都回国、回所服务，成为植物研究所 70 年代到 90 年代的栋梁。

80 年来，特别是新中国成立后的 60 年，植物研究所从只有十几人、几十人，发展到数百人、上千人的大所；从单一的植物分类学科发展成为植物学科门类齐全的综合性研究所；经历了从描述植物学到实验植物学，再到现代植物学即汤佩松院士提出的"创新"植物学阶段的演变；为中国植物科学的发展、有些领域达到或领先于国际水平作出了重要贡献；为中国生物多样性的调查、利用、改造（包括生物技术、引种驯化、生态工程等）和保护作出了卓越的贡献。

自 20 世纪 60 年代初，中国科学院提出"出成果、出人才"的办院方针，研究所的任务是出高水平的研究成果，培养出优秀的科技人才，我认为当时提出的这一方针是正确的。过去，不论所领导如何更替，"出成果、出人才"这一方针始终没有改变。植物研究所曾经提出发展的总目标：一是力争将植物研究所建成全国植物科学的综合研究中心；二是力争使植物研究所的研究队伍成为植物学研究的"国家队"。经过几代人的奋发努力，植物研究所造就了一大批在国内外有一定影响力的学术带头人和研究、技术骨干，取得了数百项重要科研成果，获奖近 300 项。1978 年，在全国科学大会上，植物研究所获得全国科学大会奖 23 项，国家三大奖（自然科学奖、发明奖、科技进步奖）获奖项目曾名列全院乃至全国科研院所前列。依据国家科学技术委员会 1988 年发布的统计数据，1987 年国家自然科学奖获奖项目按主要获奖者单位排名情况列出了前 16 个单位，前 5 名的排序为北京大学、南京大学、清华大学、中国科学院植物研究所、中国科学院大气物理所。植物研究所排在第四名，为全国科研院所的第一名（获一等奖 1 项、二等奖 2 项、四等奖 1 项）；1988 年获中科院奖 14 项，排全院第一名。10 年后，在 1998 年春的院工作会议上发布的全院 120 多个研究所 1997 年科研绩效评估中，植物研究所位居全院第一名。1998 年，国务院批准中科院"知识创新工程"以来，植物研究所捷报频传，发表了大量高水平、在国际上有影响力的论文，植物研究所在院内连续被评为"A 级"研究所，给全所人员包括广大离退休人员以莫大鼓舞。

作为"全国植物科学的综合研究中心"，植物研究所是国务院学位委员会第一批批准的植物学、植物生理学专业博士学位授予单位，第一批博士后流动站建站单位。它是中国植物学会、《中国植物志》及 Flora of China 编辑委员会的挂靠单位。特别是植物研究所主办的《植物学报》（现改为 JIPB）、《植物分类学报》（英文名改为 JSE）、《植物生态学报》、《生物多样性》、《植物学通报》（现为《植物学报》）、《植物杂志》（现为《生命世界》）属于国家级刊物，曾长期代表中国植物学的学术水平，发表的论文成为许多科研院所、大专院校人员晋升副教授、教授的学术标准。此外，植物研究所拥有两个植物园、植物标本馆、多个生态台站和图书馆，特别是宏观植物学和微观植物学的紧密结合，在今后相当长的时间内仍然是植物研究所的优势。只要充分利用这些优势，植物研究所的中心地位仍然是不会动摇的。

在纪念建所 80 周年的今天，作为一名与植物研究所同呼吸、共命运 46 年的职工，我最关心的有 3 件事：①举荐领军人物和院士；②申报大奖；③组织大项目。这是显示一个研究所实力最重要的 3 件事，应当作为全所的行动。从建所到现在，植物研究所先后出了 16 位院士，曾一度是全国科研院所院士最多的单位之一，现有院士最年轻的已过 72 岁。我所已有 6 届没有中选院士，现在亟须从 40、50 多岁的学术带头人中发现和推举。根据过去的经验，推举院士需要有像汤佩松、王伏雄、吴征镒等老院士那样的伯乐提携后人，也需要像过去的分类室、生态研究室那样，有同辈人鼎力相助。在现时的科技管理环境下，上面提到的 3 件事，某种程度上是一件事：有了领军人物和院士，才有可能争取到大项目；有了大项目，才有可能获得大奖。虽然我不认为这是正常的，但现实确实如此。因此，就出现了有些地区和单位将院士奉为"神灵"的现象。关于申报大奖，经过几代人的科研积累，特别是近 10 年来的科技创新，植物研究所有获取大奖的基础，需要所领导组织和协调。目前最棘手的问题是排名，现在规定只排列个人不排单位，个人也只许排 5 名，这是同科学发展相悖的。当然，排名应根据个人贡献大小，但最重要的还是要把研究所的利益放在第一位，因为研究成果的所有权归研究所。如"中国高等植物图鉴暨中国高等植物科属检索表"荣获国家自然科学一等奖，为了植物研究所的利益，许多人作出了牺牲。

最后，祝愿离、退休的老同志身体健康！大家身体好、少生病，也算是对所工作的支持，希望大家继续关爱植物研究所、宣传植物研究所。祝愿在职的同志们再创佳绩！注意劳逸结合！你们现在是负担最重的一代。祝愿研究生同学们学业有成，成为有抱负、有理想的新一代植物学家！

让我们深入学习、实践科学发展观，为把植物研究所建设成为具有国际一流学术水平和管理水平的研究所而努力！

谢谢！

若干重要事件的记述

1. 华西亚高山植物园的建立

    植物研究所地处北京，作为全国植物科学综合性研究中心，有地理优势，但从地区的植物多样性丰富度来讲，则是有缺憾的。1985 年之前，古植物研究室陈明洪同志有志在他的家乡四川都江堰地区建立一个野生植物保护中心。他的想法得到了当地政府的欢迎和支持，1985 年灌县（后改为都江堰市）马志祥县长专程来所商谈。鉴于四川是我国植物种类丰富的地区之一，自然地理环境相当复杂，是研究植物分类区系、生态植被、植物资源和生物多样性保护的好地方，所领导也一致赞成。1986 年秋，我代表植物研究所，同陈明洪（创意人）、戴伦凯（业务处长）和分类学家王文采等到达都江堰市，同马志强县长、林业局局长等领导共同参加实地考察和选址，最后选定距都江堰城区约 30 公里的马场坪。该地区属亚高山地带，海拔 1600~4200 米，具典型的植被替代性，潮湿多雨，非常有利于杜鹃花属植物的生长。经商谈决定成立"中国科学院植物研究所　四川省都江堰市华西亚高山植物保护和实验中心"。该中心的工作人员由植物研究所和当地林业局选派，中心主任由当地负责农林的副市长兼任，我所陈明洪任常务副主任。植物研究所和都江堰市共同分担经费。1987 年，所里派出以李振宇为队长的都江堰植物区系考察队，同当地林业部门人员合作对该地区进行了全面考察和标本采集，为保护中心的建立奠定了重要的科学基础。在陈明洪同志的带领下，保护中心的同志们付出了艰苦劳动，取得了重大进展。1993 年，中国科学院植物园工作委员会在成都召开时，杜鹃花属植物已经引种 300 多种，开始对游人开放，并正式改名为"中国科学院植物研究所　四川都江堰市华西亚高山植物园"陈宜瑜副院长题写了"中国杜鹃园"。

1988年名誉所长汤佩松院士视察华西野生植物保护实验中心（华西亚高山植物园前身）
（前排左起汤佩松院士、都江堰市市长孙寿权、匡廷云、汤老夫人；后排左起原灌县
县长马志祥、陈明洪、路安民、陈心启、裴盛基、陈照林、叶和春）

2015年我参观华西亚高山植物园本部新址*
（左起：原县农业委员会主任刘国斌、原副市长兼植物园主任王茂昭、首批建园人赵
子龙和原林业局局长周宏林）

为华西亚高山植物园杜鹃花引种栽培作出重要　　华西亚高山植物园的杜鹃花园（耿玉英提供）
贡献的耿玉英高级工程师（耿玉英提供）

2. 启动 *Flora of China* 国际合作项目

1979 年五六月份，以植物研究所所长汤佩松学部委员（院士）为团长的中国植物科学 10 人代表团出访美国，昆明植物研究所所长、《中国植物志》副主编吴征镒学部委员为副团长，本所副所长、《中国植物志》主编俞德浚为代表团成员。出访期间，两位主编向美国植物学代表团团长、密苏里植物园主任 Peter H. Raven 提出合作编著英文版 *Flora of China* 的意向。当时遇到的难点是版权和经费支持。经过双方几年的酝酿，条件逐步成熟。1986 年，主编俞德浚辞世，吴征镒接任主编。1987 年 2 月我出任代所长，3 月趁吴先生参加全国人民代表大会的空隙时间，我和崔鸿宾等同志去京西宾馆找他商榷，启动 *Flora of China* 国际合作项目，并就中方编委会人员组成、编委会工作班子等深入地交换了意见。会后，我向中国科学院生物科学与技术局钱迎倩局长等做了详细汇报，得到院领导的批准，版权问题与经费来源也得到解决。1988 年 10 月，吴征镒主编带领中方编委会成员去美国，同以 Peter H. Raven 为首的外方编委会成员正式签订协议。由中国科学出版社和美国密苏里植物园出版社合作出版。经过中、外植物分类学家的共同努力，于 2013 年全部完成（包括文字版本 25 卷，绘图版本 24 卷）。

2013 年庆贺 *Flora of China* 全书出版大会在北京香山召开（李敏摄）
（前排左起：洪德元、P. H. Raven、路安民、Stephen Blackmore 和韩兴国）

3. 启动 "生物多样性" 研究

美国昆虫学家、哈佛大学教授 E. O. Wilson 于 1988 年编辑出版 *BIODIVERSITY* 一书的时候，我国对 "生物多样性" 这一学科还较为陌生，而美国对 Biodiversity 的研究却是方兴未艾。美国著名植物学家、密苏里植物园主任 Peter H. Raven 于 1987 年被我所聘为系统与进化植物学开放研究实验室名誉主任。1988 年夏，他来所里参加开放实验室学术委员会会议，赠送我新出版的 *BIODIVERSITY* 一书。我请他在全所做了有关生物多样性问题的学术报告，他对 Biodiversity 作为一门学科做了比较深入的阐述，并且强调生物多样性将是一个世界性的研究热点。为此，我向中国科学院生物科学与技术局钱迎倩局长建议，请 Peter H. Raven 为院领导及有关部门的负责人做一介绍，希望重视这一领域的研究。钱局长请院主管生物学科的李振声副院长、国家自然科学基金委员会生命科学部常务副主任赵宗良及中国科学院生物科学与技术局的相关人员，在科学院院部会议室聆听 Peter H. Raven 对于生物多样性包含物种多样性、生态系统多样性和遗传多样性等研究前景的诠释。这次会后，这一领域的研究得到院和国家领导们的重视，先后启动了 3 个重大研究项目。至此，以中科院为中心的 "生物多样性"

科学研究在全国逐步开展起来；中科院成立了"生物多样性委员会"，由植物研究所、动物研究所和微生物研究所联合承办《生物多样性》期刊，1993年正式出版第1卷第1期中、英文内容不同版本。英文版本于当年8月在日本横滨召开的第十五届国际植物学大会上展览和发行。

《生物多样性》期刊首刊本　　《生物多样性》期刊现任主编马克平研究员（马克平提供）

4. 两项国家自然科学一等奖的申报和获奖

1987年，我主持组织全所研究人员申报国家科学奖的工作。"中国高等植物图鉴暨中国高等植物科属检索表"项目由植物分类学与植物地理学研究室申报，该项目的参加者涉及全国数十个单位及上百位研究和绘图人员，遇到的最大难题是申报人的名字排列。按照当时国家奖的规定，报奖人员只能取研究人员的前5名，绘图人员不予排名。为此，我和洪德元同志找到国家科学技术委员会评奖办公室咨询，并提出这对绘图人员是不公平的。该办公室负责人仍然坚持，绘图人员意见很大。回所后，我在主持召开分类研究室全体编写和绘图人员会议上，说明情况，说服大家为了集体荣誉，顾全大局。根据绝大多数人的意见，做出以"王文采、汤彦承及其研究集体"署名申报的决定。该项目获得1987年国家自然科学一等奖。这一年，生态研究室主持的"中国植被"和光合研究室的"光合膜的结构和功能分配及转化效率的研究"获国家自然科学二等奖，古植物研究室的"中国热带、亚热带被子植物花粉形态"获国家自然科学四等奖。

1991 年，为蕨类植物研究作出卓越贡献的秦仁昌先生组织国家自然科学奖的申报。开始时，有人主张将他和弟子们的研究成果合并申报，我以数次参与评奖的经验说服了大家，拟选择秦先生成果中的精华提请申报，即选取他于 1978 年在《植物分类学报》连续两期发表的"中国蕨类植物科属的系统排列和历史来源"长篇论文进行申报。当年我任基金委植物学科评审组组长，参加了基金委生命科学部组织的评审会，申报材料要求用 5 分钟介绍这一成果的学术价值及国际影响。我是报告人，特别强调秦仁昌先生在 20 世纪 40 年代，对十分混乱的水龙骨科分类所做出的世界性修订，将该科分为 32 科，并归纳出 5 条进化线，震惊了当时的植物学界；在这个基础上，秦仁昌创立了蕨类植物分类系统，在世界上有很大影响；他被美国著名植物学家 Peter H. Raven 称为"中国蕨类植物之父"。会上，生命科学部 40 多位评委一致建议授予他国家自然科学一等奖。最终，评奖委员会全体通过。

5. 主持中国科学院"七五"重大项目"中国生物资源的调查与评价"

新中国成立后，中科院曾组织过多项大规模的地区性生物资源考察。但是，还有许多地区缺少全面系统的调查，生物资源的家底仍不清；加上以往调查过的地区环境改变，也有必要再做进一步的深入调查，对资源状况重新做出评价。为此，我会同科研处处长叶和春同志、植物化学室主任何关福同志提出向中科院申报"七五"重大项目的建议书"中国植物资源的调查与评价"，得到中国科学院生物科学与技术局的支持，院里将项目扩大为"中国生物资源的调查与评价"，总经费 360 万元，并决定由植物研究所、动物研究所和微生物研究所联合主持，让我担任首席主持人。由我、宋大康（微生物研究所所长）、宋大祥（动物研究所副所长）分别组织并主持植物学、微生物学、动物学 3 个二级课题。中科院 13 个研究所的 500 多位科技人员参加了此项工作。

1987 年立项，1988~1990 年 3 年时间完成。确定对湘、黔、川、鄂接壤的武陵山地区及桂、滇、黔接壤的红水河上游地区开展生物资源的调查与评价。植物学课题方面，武陵山地区的调查分为 5 个队：北京队负责湖南北部（队长李良千、副队长覃海宁），华南队负责湖南南部（队长吴德邻），昆明队负责贵州地区（队长苏志云），武汉队负责湖北地区（队长王映明），成都队负责四川地区（队长赵佐成）。红水河上游地区考察分为 3 个队：北京队负责广西河池地区 10 县和贵州黔西南地区 4 县，华南队负责广西百色地区 8 县、市，昆明队负责广西百色地区 4 县和云南曲靖地区 9 县、市。总队长由我和李振宇担任。

植物学还设置了 7 个专项，筛选的研究对象为香料、可可脂代用品、植物胶、食品添加剂和强化剂、天然农药、绿化速生树种、野生观赏植物和其他重要经济植物等，依据化学分析资料或栽培实验结果，做出科学的评价。

两个地区共采集植物标本约 27 000 号（每号 3 份）；编著和出版《武陵山地区维管植物检索表》《红水河上游地区植物调查研究报告集》《植物资源专项调查研究报告集》和《广西九万山植物资源考察报告》等，植物研究所的野外考察队被中科院评为 1991 年度先进集体。

根据中国科学院生物科学与技术局统计，本项目共采集生物标本数十万份，发现了大量我国或地区新分布物种和数百个新分类群，编著系列专著 13 本。这项调查也为生物系统与演化、中国生物区系的研究积累了宝贵资料和证据，为地区生物资源合理开发利用和保护提供了科学依据，更为生产提供了一批亟待开发利用的生物种类，保存了一批重要的资源植物种质或菌株。

6. 两个开放研究实验室的建立

建立开放（重点）研究实验室，是中科院在 20 世纪 80 年代科技体制改革的重要举措。1985 年植物分类学与植物地理学研究室提交的申报中，将《中国植物志》的编著纳入实验室的重要研究内容之一，没有获得中科院的批准，理由是开放研究实验室应当着眼于学科前沿的研究方向。1987 年，我们将研究方向集中于 4 个方面：①植物系统发育与进化，②植物物种生物学（实验分类学），③植物区系地理学，④重要类群的专著研究。当年由中科院主持，邀请院内、外专家进行论证。根据学科的性质和发展，将实验室命名为"系统与进化植物学开放研究实验室"。这个名称既能包括学科的内涵，也能同国际上这一领域的研究接轨。论证会上，陈心启研究员做实验室总体报告，我、洪德元、应俊生和汤彦承分别做了 4 个研究方向的报告。经过专家论证，8 月 20 日中科院批准建立"系统与进化植物学开放研究实验室"；任命陈心启为实验室主任和学术委员会主任，洪德元、陈家宽（武汉大学）和李振宇为副主任；徐炳声（复旦大学）和胡正海（西北大学）为学术委员会副主任。经过多年的运作，实验室于 2001 年提升为国家重点实验室，随着国际植物学的发展，实验室不失时机地调整研究方向和内容，取得了一系列重要成果。

1988 年，时任植物生态学与地植物学研究室主任的郑慧莹及张新时研究员等提出建立"植被数量生态学开放研究实验室"，向中科院提交了申请报告，遇到的最大问题是实验室空间问题。所领导下了很大决心，解决了空间和所需办公家具和设备。通过专家评议，于1989年初，中科院正式批准其为院级开放研究实验室，任命张新时为主任，高琼为副主任，郑慧莹为学术委员会主任。该实验室于2001年11月提升为国家重点实验室。

1998年系统与进化植物学开放研究实验室集体合影

实验室首任主任陈心启研究员 *

2006年实验室首届学术委员会名誉主任、奥地利著名植物学家 Friedrich Ehrendorfer 教授夫妇访问植物研究所

主管学报编辑室

植物研究所承办的《植物学报》（中、英文版）、《植物分类学报》、《植物生态与地植物学报》、《植物杂志》、《植物学通报》和《生物多样性》等属于生物学科的国家级期刊，代表了中国植物科学的研究水平，它亦成为与国际进行学术交流的窗口。在20世纪70年代初，期刊工作恢复时，我任植物研究所党委会委员，党委安排我主管学报编辑室；1991~1994年，所长又安排我主管学报编辑室。自1973年学报复刊到现在，我一直担任《植物分类学报》、JSE常务编委、副主编、学术顾问等，任《植物学报》编委多年。1992年为植物研究所争取到创刊的《生物多样性》承办单位。主管编辑室的责任有二：一是提高期刊的学术质量；二是为学报编辑室争取工作条件和经费。以下附上我向中国科学院出版基金委员会撰写的3份申请经费的推荐报告。

推荐报告1

中国科学院出版基金委员会：

《植物分类学报》自1951年创刊到现在，已经出版了28卷，现在由初创刊时的季刊发展成双月刊。它是新中国成立后我国创办最早的自然科学期刊之一。随着植物分类学由开始的描述性学科发展成为一门综合性学科，它也成为包含植物分类学、植物地理学、植物系统学和物种生物学等学科的综合性学术刊物。《植物分类学报》为我国自然科学的核心刊物之一，是我国植物分类学对外交流的主要渠道，代表着我国在该学科领域的发展水平，在国内外有深远影响。发表的研究论文普遍地为国内外植物学家所引用，许多研究成果已获得国家自然科学奖和中国科学院科技进步奖。《植物分类学报》代表着我国植物分类学发展的方向，现在已由最初主要发表新分类群、科属分类修订的论文，发展到以与现代国际水平同步的系统与进化植物学方面的论文为主的阶段。《植物分类学报》在我国老一辈植物分类学家的努力下，通过论文的发表，为我国培养了几代植物分类学家。《植物分类学报》是以发表基础理论研究和应用基础研究为主的刊物，推动了该学科的发展，为植物资源的开发利用和保护提供了宝贵的资料。办好《植物分类学报》是我国植物学家的共同责任。为保持它在国内、国际上的荣誉和地位，我诚心期望院出版基金委员会给予《植物分类学报》优先资助和持久资助，以反映我国植物分类学的发展，开拓我国植物科学的未来。

中国科学院植物研究所研究员　路安民

1991 年 3 月

推荐报告 2

中国科学院出版基金委员会：

　　《植物学报》系我国植物科学的综合性学术刊物，自1952年创刊至今已出版32卷。随着植物科学的发展，它已由季刊、双月刊发展为月刊。主要刊登植物科学各个分支学科的研究论文、简报、专题评论等。《植物学报》为我国自然科学的核心刊物之一，是我国植物科学对外交流的窗口，代表着中国植物科学的发展水平，在国内外有很大影响力。它发表的研究论文普遍为国内外植物学家所引用，许多研究成果已获国家自然科学奖、国家科技进步奖、中科院及有关部委的科技进步奖。《植物学报》代表着我国植物科学发展的方向。在学科发展过程中，如新研究领域的开拓、新兴学科生长点的产生，其论文都是在《植物学报》发表的。《植物学报》是植物学家进行学术交流的重要阵地，是年轻植物学家得以培养和提高的重要平台，许多著名植物学家的成名及年轻植物学家的脱颖而出，《植物学报》从中起了关键性的作用，它培养了我国几代植物学家。《植物学报》是以发展基础研究和应用基础研究为主的刊物，对于推动植物科学的发展、指导农业生产和植物资源的开发利用起了极为重要的作用。办好《植物学报》是我国植物学家的共同责任，以保持它在国内和国际上的影响和地位。我衷心希望《植物学报》能得到中科院出版基金的特别资助和持久资助，以反映我国植物科学发展，不断开拓我国植物科学发展的未来。

中国科学院植物研究所研究员 路安民

1991 年 3 月

推荐报告 3

中国科学院出版基金委员会：

　　《植物杂志》系我国唯一的国家级植物科学的专业科普刊物，自1974年创刊到现在，已经出版17卷。《植物杂志》以通俗易懂、生动活泼、深入浅出的文笔和图文并茂的风格，向读者普及植物科学各分支学科的基础知识，报道国内外植物科学的研究动向和最新成果，介绍植物科学应用的新技术、新方法并指导生产实践的经验，对广大读者极有吸引力，是提高我国全民植物知识的重要阵地。《植物杂志》的普及性不仅表现在它有着一支较大的作者队伍，其中有在基层工作的、有实践经验的植物学工作者，也有我国第一流植物学家；同时也表现在它有一支知识跨度大的读者队伍，包括对植物学有兴趣的业余爱好者、中小学教师、大学生，甚至从事不同植物学专业的教授也从中吸取有益的营养，以扩展自己的知识领域，它已成为植物学知识交流的重要渠道。《植物杂志》是培养植物学人才的阵地，许多刚步入植物学教学和研究岗位的年轻人，常常以在《植物杂志》发表文章为开端；然而，一篇好的科普文章往往比一篇论文更难写，它不仅要求作者有高深的植物学基础知识，而且要求作者有良好的文字修养和表达能力。《植物杂志》自出版以来，发表的数千篇文章总体质量是好的，已有多篇在科普作品评选中获奖。它不仅为普及植物学知识产生良好的社会效果，在指导农业生产和植物资源的开发利用和保护中也起了重要作用。因此，它是"学报"和其他刊物所不能代替的。鉴于上述理由，我衷心希望中科院出版基金委员会给予《植物杂志》特别资助和持久资助，以发挥它提高我国全民植物科学素养的重要作用。

中国科学院植物研究所研究员 路安民

1991 年 3 月

植物研究所领导春节到家慰问 *

（左 1 人事处处长杨秀红，左 2 所长方精云，右 1 党委书记种康）

2021 年 7 月荣获参加中国共产党党龄 50 周年纪念章

〔由党委书记赵千钧（右）和副书记曹爱民（左）颁发〕

7

兼任中国植物学会

副理事长和秘书长工作

（1988年10月—1998年10月）

1988 年 10 月 20~23 日，中国植物学会在成都召开庆祝学会成立 55 周年暨第十届会员代表大会。出席大会的正式代表 340 人，列席代表 81 人，提交论文或摘要 985 篇。常务副理事长王伏雄教授主持了开幕式。理事长汤佩松教授致开幕词，他回顾了植物学会成立 55 年的历史，总结了近 5 年来的工作，展望了植物学发展的未来。大会表彰了从事植物学工作 50 年的 54 位老科学家和 76 位学会的先进工作者，并分别颁发了荣誉证书和奖状。在全体大会上，我以植物研究所所长的名义做了"植物学的研究现状和展望"的报告。会议分 6 个组进行学术交流，分组报告 118 篇论文。其间还召开了"植物学前沿课题青年研讨会""大、中学植物学教学研讨会"等。这次会议推举汤佩松教授为名誉理事长，选举王伏雄教授任理事长，吴征镒、朱澂、钱迎倩和我任副理事长，并选我为秘书长（兼）。根据学会的章程规定，学会在理事会领导下，由秘书长主持日常工作。植物研究所是学会的挂靠单位，身为所长也理应要做好全国性学会的工作。学会又任命胡玉熹（植物研究所）、汪劲武（北京大学）、范增兴（植物研究所）3 位为副秘书长，与学会办公室通力合作，5 年来学会的工作取得优异成绩。

1993 年 10 月 13~16 日，在北京西郊宾馆举行了纪念中国植物学会成立 60 周年暨第十一届会员代表大会，出席代表 400 多人，提交论文 600 多篇。副理事长吴征镒教授主持了开幕式，理事长王伏雄致开幕词。王伏雄对应邀出席会议的领导及来自海外和中国香港、台湾的同行表示热忱的欢迎。他说：随着人口增长和社会发展，世界面临资源、人口、粮食、环境等危机，这些问题无不与植物科学的发展有直接和间接的联系，因此，植物学工作者肩负着极其光荣而艰巨的任务。会议分大会和 8 个分会报告，宣读论文计 156 篇；6 个专业委员会主任分别做了各有特色的学术报告。大会表彰了从事植物学工作 50 年以上的 46 位老植物学家，表彰了 7 个植物学会工作先进集体和 50 位学会工作先进个人、11 位先进青年科技工作者，给他们颁发了证书和奖品；对资助大会的 8 个单位赠送了锦旗，为 6 个单位（个人）颁发了证书。会上代表们提出，当前高考不考生物学课程极不利于人才培养，大家推荐常务理事、西北大学胡正海教授牵头组成四人小组，起草"要求国家恢复高考生物学的呼吁书"，上报中华人民共和国教育部。大会推举王伏雄教授和吴征镒教授为名誉理事长；选举张新时为理事长，钱迎倩、周俊、我、陈章良为副理事长，匡廷云为秘书长。

在这次全体代表大会上，我代表中国植物学会做了由个人执笔撰写的"我国植物学工作者肩负的历史重任"的报告。现附上全文，作为在学会那五年工作的历史记录。

第十届中国植物学会理事会及学会工作人员

第十届中国植物学会常务理事会成员

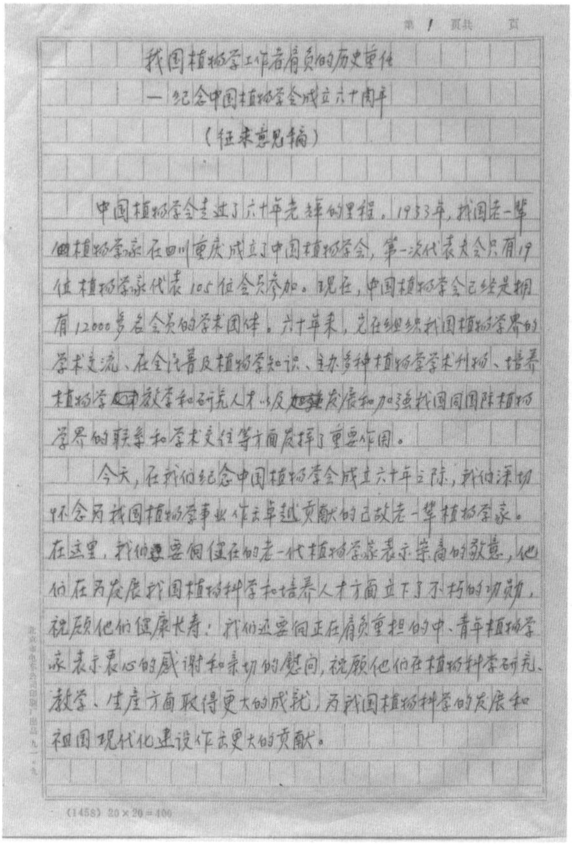

第十届植物学大会报告手稿前两页

我国植物学工作者肩负的历史重任

——纪念中国植物学会成立 60 周年

中国植物学会

HISTORICAL RESPONSIBILITY OF BOTANICAL WORKERS OF CHINA
——IN COMMEMORATION OF THE 60TH ANNIVERSARY OF
THE FOUNDING OF BOTANIC SOCIETY OF CHINA

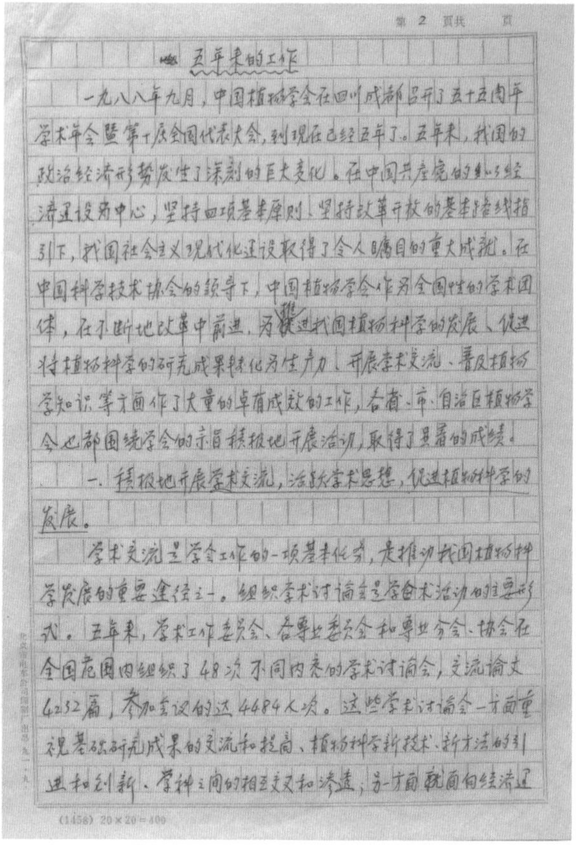

Botanical Society of China

中国植物学会走过了 60 年的光辉历程。1933 年，我国老一辈植物学家在四川重庆成立了中国植物学会，第一次代表大会只有 19 位植物学家代表 105 位会员参加。现在，中国植物学会已经是拥有 12 000 多名会员的学术团体。60 年来，它在组织我国植物学界的学术交流和普及植物学知识、主办多种植物学学术刊物、培养植物学教学和研究人才，以及发展和加强我国与国际植物学界的联系和学术交往等方面都发挥了重要作用。

今天，在纪念中国植物学会成立60年之际，我们深切怀念为我国植物学事业作出卓越贡献的已故老一辈植物学家。在这里，我们也要向健在的老一辈植物学家表示崇高的敬意，他们在发展我国植物科学和培养人才方面立下了不朽功勋，祝福他们健康长寿！我们还要向正在肩负重担的中、青年植物学工作者表示衷心的感谢和亲切的慰问，祝愿他们在植物科学研究、教学和生产方面取得更大的成就，为我国植物科学的发展和祖国现代化建设作出更大的贡献。

一、五年来的工作

1988年10月，中国植物学会在四川成都召开了55周年学术年会暨第十届全国代表大会，到现在已经五年了。这五年，我国的政治经济形势发生了深刻的巨大变化。在中国共产党以经济建设为中心，坚持四项基本原则、坚持改革开放的基本路线指引下，我国社会主义现代化建设取得了令人瞩目的重大成就。在中国科学技术协会的领导下，中国植物学会作为全国性的学术团体，在不断的改革中前进，为推进我国植物科学的发展、促进将植物科学的研究成果转化为生产力、开展学术交流、普及植物学知识等方面做出了大量且卓有成效的工作，各省、市、自治区植物学会也都围绕学会的宗旨积极地开展活动，并取得了显著的成绩。

（一）积极开展学术交流，活跃学术思想，促进植物学的发展

学术交流是学会工作的一项基本任务，是推动我国植物科学发展的重要途径之一。组织学术讨论会是学术活动的主要形式。五年来，学术工作委员会、各专业委员会和分会在全国范围内组织48次学术讨论会，交流论文4232篇，参加会议者达4484人次。这些学术讨论会，一方面重视基础研究成果的交流和提高，植物科学新技术、新方法的引进和创新，促进学科之间的相互交叉和渗透；另一方面面向经济建设主战场，围绕资源开发、环境保护和国土整治等开展不同形式的学术活动与交流。

1.把握植物科学的发展方向，为制定我国植物科学的发展战略献计献策

1989年，国家自然科学基金委员会提出制定我国植物科学发展战略的任务。为此，我会同基金委、广东省植物学会，于1990年11月在广州联合主办了"植物科学的发

展趋势及我国植物科学发展战略"学术讨论会，就制定我国植物科学发展战略的指导思想、近期和中期发展的战略目标、优先发展的领域和重点课题等进行了讨论。来自我国植物学各个分支学科的专家66人（包括台湾、港澳地区和美籍植物学家7人）畅所欲言、各抒己见，提出了许多宝贵的意见和建议，对于撰写和完善"发展战略"发挥了重要作用。

2. 重视基础研究和交叉学科的发展

五年来，各专业委员会都根据本门学科的发展，有重点地开展专题讨论，提高了学术会议的质量。有的学科已经形成制度化，并进行系列专题性学术会议。例如，植物形态学讨论会举行了五届，植物生殖生物学讨论会举行了三届，植物园及植物引种驯化讨论会举行了九届等。近20年来，分子生物学和环境生物学及物理、化学、数学、工程技术的新概念和新技术被引入植物学领域，推动了植物学各分支学科在微观和宏观两方面的工作进展，使得植物科学开始在新的水平上朝着综合的方向发展，带动了植物科学的飞速发展。因此，在所组织的各种学术会议上，既注意到本学科国际发展的前沿，又特别注意分支学科之间的相互交叉和渗透及新技术的应用。

3. 面向国民经济主战场，促进科研成果转化为生产力

五年来，学会组织的学术活动围绕植物资源的开发利用和保护、新技术和新方法在农业生产中的应用、国土整治和改善环境等问题开展，举办了全国植物资源开发利用学术讨论会、全国园艺产品采后生理基础与技术学术讨论会、植物生长调节剂研究展望及其在农业上应用讨论会、沙荒及盐碱地的综合开发利用讨论会及全国盐碱土绿化研讨会等。各省、市、自治区植物学会也都结合本地实际情况，开展了多种形式的活动。这些学术活动都特别注重新技术、新方法和新产品的交流，倡导将学术讨论与产品展示、实地考察相结合，将学术交流与咨询服务相结合，均收到了显著的实际效果。

4. 积极为青年植物学工作者创造良好的学术环境，锻炼和培养青年优秀人才

为促进青年植物学人才尽快成长，充分发挥他们学术思想活跃、观察事物敏锐的特点，本届理事会专门设立了青年工作委员会。五年来，组织了多次由青年人自己主持的学术活动。例如，第一、二届系统与进化植物学青年研讨会，第一、二届植物生态学青年研讨会，植物生物技术讲习班等。让他们有施展才华的机会，增强对发展中国植物科学事业的责任感。为了鼓励青年科技工作者奋发进取，经过各省、市、自治区学会的推荐，学会组织专家评选，对在科研上确有成就的青年，及时向中国科学技

术协会推荐，先后有 4 位青年植物学家获得全国青年科技奖。山东、云南和内蒙古等省区的植物学会通过积极组织各种活动，极大地调动了青年植物学工作者对工作的热爱和责任心。

5. 结合地区特点，开展区域性的学术交流

西北五省、区植物学会联合举办了三届植物形态学学术讨论会和两届现代植物分类学研讨会，东北三省和内蒙古自治区的植物学会以及山西、河北、河南、山东和天津市的植物学会也分别联合召开植物学学术交流会。这些学术活动都有鲜明的地区特色，交流研究成果、教学经验和资源开发信息，对推动区域性的植物学发展起到了积极作用。由于方式比较灵活，又节约费用，能使得更多的人有机会参加，交流广泛而深入，且结合实际。

（二）贯彻党和国家的科技方针，努力办好植物学期刊

期刊出版工作是学会工作的重要组成部分。植物学期刊是发表我国植物科学研究成果的主要园地，是植物科学进行国内外交流的主要窗口。为适应改革开放、加强国际交流，学会于 1988 年创办了英文版刊物 Chinese Journal of Botany。至此，学会主办的向国内外公开发行的期刊增加到 8 种，即《植物学报》、《植物分类学报》、Chinese Journal of Botany、《植物生态学与地植物学报》、《植物学通报》、《植物杂志》、《真菌学报》（与真菌学会合办）和《生物学通报》（与动物学会和北京师范大学合办）。五年来，共发表论文 2064 篇，其中植物分类学 356 篇，真菌学 243 篇，植物生态学 318 篇，古植物学 77 篇，植物生理学与生物化学 352 篇，植物生殖生物学 103 篇，植物细胞生物学 147 篇，植物形态解剖学 136 篇，植物化学 161 篇，植物生物技术 104 篇，植物分子生物学 57 篇。在国内发行总量 235 万册，国外发行 9700 册，与 49 个多国家和地区的交换量为 31 000 册。各刊物所刊登的论文越来越多地被国外期刊转载、摘登和引用。例如，《植物学报》1990~1991 年在 100 种中国自然科学核心期刊中排名第六，其论文被 SCI（Science Cited Index）、CA（Chemical Abstract）、BA（Biological Abstract）等 14 种国外著名文摘刊物收录，并于 1991 年首次进入 CA 摘引次数最多的 1000 种期刊名次表中；《植物杂志》是我国唯一的植物学科普刊物，五年来共发表科普文章 1523 篇，内容丰富，得到各界读者的好评。《植物学报》于 1991 年、1992 年连续被评为中国科学院优秀期刊一等奖和 1992 年首届中国科学技术协会优秀期刊一等奖；《植物分类学报》获首届中国科学技术协会优秀期刊二等奖；

《生物学通报》获首届中国科学技术协会优秀期刊三等奖；1992 年《植物学报》《植物分类学报》获国家科学技术委员会、中共中央宣传部、国家新闻出版署联合评选的国家优秀期刊二等奖，《植物杂志》获三等奖。

在这里，我们要向各个期刊编辑委员会的主编、副主编、编委和编辑部同志们表示衷心的感谢和慰问，他们为办好期刊花费了极大的心血和辛勤劳动；向期刊承办单位——中国科学院植物研究所、微生物研究所、北京师范大学的领导和同志们表示衷心感谢，他们在人力、条件和经费等方面提供了保障；向中科院、中国科学技术协会及出版部门领导给予的多方面关心和支持表示感谢！

（三）大力开展植物科学普及，促进植物科学后备人才的培养

五年来，学会科普工作委员会开展了多种活动，积极普及植物学知识，如坚持举办青少年生物夏令营，1988~1991 年分别在辽宁、北京、甘肃和山东举办，有 260 余名爱好生物学的优秀青少年参加；开展植物考察、采集、制作标本，听讲座及撰写科技小论文等活动，使营员受到学科学、爱科学、用科学的生动教育，他们开阔了眼界，增长了知识，产生了对生物科学的浓厚兴趣。

作为指导单位之一，学会积极参加中国科学技术协会少年部组织的"中国青少年百项科技活动"，提供生物百项科技活动内容，召开生物教师座谈会，组织编写"青少年生物百项科技活动丛书"中的植物学部分。在 1991 年首届全国青少年生物百项科技活动评选中，植物学申报了 66 项，占总申报参评项目的 20%。经过专家评选，其中 4 项获一等奖，8 项获二等奖，27 项获三等奖。为了将此项活动更深入广泛地开展下去，学会于 1992 年 8 月又举办了全国生物百项科技活动植物学辅导员班，以拓展教师的知识面，提高对学生的辅导水平。

为了促进和提高中学生生物学教学水平，并为中学生参加 1993 年举办的国际奥林匹克生物竞赛做准备，1992 年，我会与中国动物学会联合主办首届全国中学生生物竞赛，有 30 名选手获奖。在生物竞赛基础上，选拔出参加国际奥林匹克生物竞赛的选手，进行集中培训，由北京大学吴湘钰和高信曾两位著名教授负责植物学培训工作。1993 年 7 月，在荷兰举行的国际奥林匹克生物学竞赛中，我国 4 名参赛者全部取得优异成绩，获得 1 枚金牌、3 枚银牌，为祖国争得了荣誉。在提高大学教学质量方面，学会组织召开高等院校植物学教学研讨会，交流各大学在植物学教学改革方面的经验和存在的问题。

各省、市、自治区植物学会也都在科普宣传方面做了大量的工作。例如，云南省

植物学会为 1992 年"国际地球日"筹办了"植物王国绘画摄影展";江苏省植物学会举办了各类科普讲座 40 多场次,利用广播电视开展科普宣传 10 次之多;广东省植物学会以"保持生态平衡"和"保护人类栖息环境"为中心内容联合香港有关部门,举办了鼎湖山植物学夏令营;广西柳州植物学会把中学生开展植物科技活动作为一项重要工作,每年举办一次不同内容的竞赛。

(四)加强学会的组织建设,有计划地完成学会的其他各项任务

第十届理事会自 1988 年 10 月产生后,首先充实和健全了下设的组织机构,对 6 个工作委员会、13 个专业委员会和两个分会及各种期刊的编辑委员会进行了调整,向 340 多位各委员会的委员颁发了聘书,以增强他们的责任感和荣誉感。由于他们的不懈努力、团结和谐地开展工作,学会的五年规划圆满完成。

为了使学会的工作有章可循,在以往学会工作的基础上,吸取兄弟学会的工作经验,制定出"中国植物学会学术组织工作条例""学术管理工作条例"和"学会办公室职责范围",建立起表彰先进的制度。这些条例和制度都得到各方面的有力贯彻和执行。

学会办公室的同志们对积累多年的学会资料完成了建档工作,并做出索引和相关的数据库,使学会的管理工作逐步走向科学化和制度化。为及时反映理事会的各项工作及各省、市、自治区学会的活动情况,编写了"中国植物学会简讯",达到了沟通信息、交流经验、促进学会活动开展的目的。同时,较好地完成了中国科学技术协会布置的社团登记、学部委员推荐等各项任务。

本届理事会在全体会员努力下,取得了可喜的成绩,但是还存在不少的问题。在我国进一步改革开放的形势下,植物学会作为一个学术性的社团组织,如何深化改革,使学会的工作更好地为植物学科技工作者服务,以适应社会主义市场经济的要求,以及如何更好地开展国际交流与合作等方面还没有形成一套完整的思路。开展学会活动在经费方面常常遇到很大困难,如何更好地利用学会科技人才密集的优势,在科技咨询、科技开发等方面进一步发挥潜力,还有待进一步探讨。

二、我国植物科学工作者的任务

我国国民经济和社会发展的十年规划,为我国科技工作者提出了 20 世纪 90 年代的宏伟目标:一是面向经济主战场,运用现代科学技术改造传统产业;二是有重点地

发展高科技，实现产业化；三是要在调整人和自然关系的若干重大领域取得扎实的成果；四是要在基础性研究方面取得显著的进展。

植物科学的研究对象是整个植物界。植物种类繁多，在生物圈的物质循环和能流中，处于最关键的位置。它是自然界中第一生产者，通过植物的光合作用，把太阳能转换为化学能，以各种形式加以贮存，是人类最根本的食物来源，也是无数可再生资源的源泉。植物在维护生态环境和地球上物质循环的平衡中起着不可替代的作用。植物通过光合作用和呼吸作用维护着大气中二氧化碳和氧的平衡；通过自身的物质合成和分解作用参与自然界其他物质的循环。植物在调节气候、防止水土流失、净化生物圈的大气等方面也起着重要作用。总之，植物创造并维持着人类赖以生存和生活的环境。植物在长期的进化过程中，形成了无以量计的遗传性状，决定着植物在个体形态、生活习性、代谢类型、群落组成、地理分布、生物与生物之间的相互依存关系等方面千差万别的多样性。如此丰富的遗传性状保存在整个植物界的各类群物种之中。植物界作为一个天然的基因库，是自然界赋予人类的最宝贵财富。当今，随着人口增长和社会发展，世界面临的资源、人口、粮食和环境等危机，无不与植物科学的发展有着直接和间接的联系。人类最终只有依靠所掌握的特定生物学规律，尤其是植物学知识，才能解决人类所面临的生存问题。植物科学就是要研究和揭示植物界存在的各个层次发生的生命活动及其客观规律，揭示新原理和探索新技术，为解决广泛的应用问题提供基本理论和方法，加速自然科学的发展，加强国民经济建设和提高全民族的科学文化素质。这是我国植物科学工作者光荣而艰巨的任务。

20世纪初至20世纪30年代，从西方和日本留学归国的植物学家，一方面结合我国实际从事植物学研究，一方面投身于植物学教育工作。他们和他们最早的一批学生成为我国植物学界的奠基人。至1937年抗日战争前，我国植物科学已有少量专门研究单位，建立了几个植物园，一些高等院校已设置了植物学课程。全国植物学工作者已形成一支五六百人的队伍，是中华人民共和国成立前我国植物学最昌盛的时期。抗日战争时期，虽然植物学研究和教学单位遭受了极大的破坏，但老一辈植物学家在极端困难的条件下仍然在后方坚持教学和科研，并培养了一代植物学家，成为中华人民共和国成立后我国各个植物学分支学科的学术带头人。今天，在我们纪念中国植物学会成立60周年的时候，回顾这段历史，一方面是缅怀老一辈植物学家的丰功伟绩，另一方面要学习他们为了复兴祖国的植物科学而艰苦创业的精神。

中华人民共和国成立以后，党和国家十分重视科学技术，我国植物科学才得到迅速发展。目前我国植物科学已经形成了分支学科齐全的科研和教学体系，具备一万多名从事植物学科研和教学工作的队伍，已在参加国家重大经济建设和科研任务中展示出相当雄厚的实力。在植物科学基本资料调查和基础理论研究方面取得了一批具有国际水平的成果；在解决经济建设中面临的迫切问题方面，也作出了重大贡献。

根据对国际植物科学研究动态分析，在过去的二三十年，植物科学在基础理论研究、应用基础研究和基本资源调查研究三个方面所取得的进展，与以往植物科学发展的各历史时期比较，是过去几个世纪才能完成的任务。这些成果无疑要归功于新思想、新技术的应用，不同学科之间的渗透和交叉，跨国界、跨学科大型综合性研究的开展，与农林医等应用学科的密切联系，尤其是分子生物学和环境生物学的长足进步对植物科学起了推动作用。

可以预见，在今后的二三十年，植物科学将会有巨大的发展机会，但也会面临新的严峻挑战。分子生物学的成就及其与植物科学其他分支学科的相互交流与渗透，已使在更高层次上探索植物生命的奥秘和发生发展规律成为可能。植物科学将会出现飞速发展的新局面。

第一，对光合作用及生物固氮结构功能、反应步骤的一些关键之处，将会进一步从分子水平继续深入探讨，并且重点转向它们的运转、配合、调节与控制的研究，从而将对农业增产起显著的促进作用，并可能从工业中开拓出有希望的应用前景。

第二，我国在植物细胞及组织培养工作中，已有相当的基础和一支庞大的研究队伍，估计今后会集中较多的力量转向研究植物细胞遗传全能性表达的基础理论。由于分子生物学技术的发展，估计会有所突破，从而使许多重要农作物的离体培养物可以更自由地获得再生植株。这项工作的成就，必然导致基因工程在农作物的生产应用中发挥更大的实效。植物细胞工程和基因工程的密切配合，无疑将会在二十一世纪的农业生产中，成为提高农产品质量和产量的一个重要手段，从而对研究植物生长发育规律产生巨大推动作用。

第三，植物发育的基因时空调控研究，将会成为植物科学中一个极为活跃的领域，势必会迅速地推进二十一世纪的农业发展，满足对农作物生长发育高度调控的需求，以表现出在生产实践中的强大生命力。

第四，植物生殖生物学在过去二三十年有了很大发展，它涉及对高等植物的雌雄性的识别、花粉（或花粉管）中精子的三维结构、雄性不育、体细胞胚胎发生等。这些问题不仅在理论上有重要意义，并且与植物遗传育种有着密切的关系。

第五，随着人类对生存环境的重视，植物生态学会进一步朝着广度和深度方向发展，将会推动巨大的生态工程建设，在改善人类生存环境方面，彰显出实际效果，促进对更大规模的全球性生态学重大问题的研究，加快生态学理论研究的进展。

第六，随着植物形态学、解剖学、孢粉学、胚胎学、植物化学、古植物学、植物地理学等的发展和资料积累，分子生物学和计算机技术的应用，以研究植物系统发育和演化为目的植物系统学，将会作为一门综合性学科得到更深入发展。着眼于全球性的植物区系研究，从理论上会有新的突破。由于细胞和分子生物学的理论和技术应用，物种生物学将会得到迅速的发展。

第七，当前，物种、群落及其栖息环境遭受到人为的和自然的破坏，已达到异常严重的地步，这不仅引起广大植物学家重视，而且已为目光远大的政治家所关注。近几年，他们把物种和生态系统保护的观点集中于"生物多样性保护"向全社会呼吁。这是一项综合性强、多学科研究的长期任务，一定会得到国家重视而迅速发展。

第八，对植物有用物质的化学成分的研究，已形成蓬勃发展之势，无疑将会持续下去。应用细胞大量培养技术以生产植物有用的化合物，已在生产中表现出巨大潜力而倍受重视。由于分子生物学的发展，有可能筛选出有用化合物的基因片段，通过基因调控技术，取得一批有实用价值的成果，使得资源植物学逐步形成并在植物科学中占据重要地位。

从分析国际植物科学发展趋势可以看出，我国植物科学目前还面临着许多严峻的问题，与国际植物科学的发展相比还有明显的差距。近年来由于一批老科学家相继去世或退居二线，学术领导力量明显削弱，需要补充一批中、青年学术带头人；研究设备和技术比较落后，极大地影响了研究的深度、效率和水平；研究课题分散，低水平重复现象相当严重；研究经费严重不足。存在的上述问题是相互联系的，如果不及时解决，就会形成一种恶性循环。科研水平提不高，工作上不去，取得经费支持就更加困难。这不仅影响到学科的发展，而且已建立的基础也将受到破坏。其中，人才和经费问题是影响植物科学发展的关键。结合我国已有的研究基础和植物科学的发展规律，建议应在以下几个方面做好我们的工作：

1. 创新和建立我国自己的植物科学发展道路

植物科学的发展有其自身的规律，但它还涉及政治、经济、社会、人与物的各种条件。因此，在考虑植物科学发展时，必须要考虑我国的具体条件，拟定可行的措施以实现预期的目标。在借鉴国外经验的同时，更需要根据我国的国情，在实践中探索和制定我国的发展道路。

2. 筛选若干个重大基本理论问题作为本门学科的主攻方向

植物科学是一门基础学科，研究植物客观存在的自然规律是其主要任务。植物界的自然规律是错综复杂的，若不加以选择，其研究结果必然是低水平重复，将无所建树。基于 40 年来我国植物科学发展的经验，取得较大成就者无不是既有明确的目标，又能集中较多力量长期坚持的结果。这就要求我们高瞻远瞩、深思熟虑、不失良机地提出重大项目，列入国家计划，组织攻坚队伍，发挥多学科分工协作的社会主义优越性，力争在若干重大理论问题上有世界水平的突破。这是我们 20 世纪 90 年代的一个奋斗目标。

3. 面向经济建设主战场，应用基础研究要集中力量逐项解决，使其成果迅速转化为生产力

植物科学与农业、林业、医药、植物化工产业和环境治理等关系非常密切，应尽可能地安排足够的力量从事有关的应用基础研究和应用开发性研究。推动植物科学的研究成果迅速转化为生产力，为我国国民经济的发展作出更大的贡献。

4. 利用我国幅员辽阔、植物种类丰富的优势，加强对特有植物和特定地区（如青藏高原）植物生物学研究

我国生物多样性之丰富是世界上任何国家所不能比拟的，这就为我们提供了宝贵的研究对象。只要我们能抓住这一有利条件，采取多学科的综合研究，就一定能做出国际先进水平的研究成果。另外，由于我国植物科学发展历史尚短，还有大量的野外调查、基本资料搜集亟待整理和研究，必须安排适当的科技人员继续完成。

5. 在体制改革中，要稳步建立我国植物科学的学术体系和学术中心

我国现行的科研体制，是 20 世纪 50 年代初中国科学院成立及高等学校院系调整基础上形成的，研究系统和高等院校分立的体制，是当时适应计划经济和行政管理方式的一种结构，它在统一计划拨款制度下，为建设我国科学研究的基础作出过贡献。全国植物学研究单位的分布格局已经形成，大专院校都有相当的研究力量。但是，这种体制下"大而全""小而全"以及低水平重复的现象相当普遍，综合优势难以发挥，造成资金、人才浪费和工作效率低下。这些弊端只有通过体制改革加以解决。根据已有学科基础、地区特点和优势，建议在我国逐步建成几个各有特色的研究中心和若干

重点实验室。

6. 造就一支年轻优秀的植物学队伍，精心选拔培养新一代学术带头人

目前我国植物科学科技队伍面临的问题是：学术带头人和研究骨干的年龄老化，人才外流现象严重，科研单位和高等院校人员结构欠合理，高、中、初级人员比例严重失调，人才断层和青黄不接到了亟待解决的关键时候。我们必须加强中、小学的生物学教学，高考需恢复生物学考试，积极参加国际奥林匹克生物学竞赛；综合大学应该继续办好植物学专业；高等院校和科研单位办好硕士点、博士点，争取多建立博士后流动站，积极培养从事植物学研究的中坚力量。中、老年植物学家要继续担负起发现、培养优秀人才的重担，这是发展我国植物科学的关键。

党的十一届三中全会以来，确定了党的基本路线，明确了"科学技术是生产力，而且是第一生产力"。科学技术越来越受到各级领导的重视。我国植物科学在四十多年来的发展中取得了巨大成就，为植物科学进一步发展奠定了坚实基础。我国丰富的植物区系、复杂的生态环境，为我们提供了良好的自然条件和丰富的研究内容。我国有长期农业栽培的历史、广泛的民间利用植物的经验，为植物科学理论和应用的研究提供了宝贵的素材。我国植物科学工作者必须要有强烈的事业心和责任感，树立赶超世界植物科学水平的雄心壮志，我们就一定能使我国植物科学事业更加鲜艳夺目地屹立于世界植物科学之林，也一定能为我们祖国繁荣昌盛和富强作出我们的贡献。

三、深化改革，增强学会的活力

我们正处在一个伟大的历史变革时期，中国植物学会作为在中国科学技术协会领导下，一个由植物科学工作者组成的群众性社团组织，如何更好地起到党和政府与广大植物科学工作者联系的桥梁和纽带，以及对在发展植物科学技术、发挥植物科学技术转化为生产力、促进国民经济发展中起到助手作用，是我们这次代表大会要研究的一个重要问题。作为抛砖引玉，提出几点意见。

1. 学术活动在注意基础理论的提高和新技术、新方法的引进和创新的同时，要特别注意面向国民经济主战场

我们要继续贯彻"双百"方针，努力提高学术活动的质量。由于学科之间的日益相互渗透和交叉，植物科学中重大问题的解决，常常是多学科综合研究的结果。因此，学术活动应增加多学科综合性专题讨论会的比例。举办植物科学讲座或科学沙龙，对

前沿性、探索性和交叉学科的植物科学问题是有益的，应组织植物学家和其他相关学科的专家自由讨论。大力开展植物科学的研究成果在生产应用中的开发性活动，形式要灵活，尽可能地接纳产业部门的人员参加。

2. 继续办好学术期刊，努力扩大在国际上的影响

国家级学报应尽可能地增加外文摘要的篇幅；英文学报的出版应缩短周期，改为季刊，考虑到当前外文稿源不足，现决定可以从中文学报中选出较高水平的原始论文，翻译成英文予以发表，以提高我国植物科学成果在国际影响力和引用率。中级和科普刊物要扩大信息量，内容要生动活泼，并要加强与国民经济发展密切相关、可推广应用文章的发表，以提高全民植物科学文化素养。

3. 积极开展植物科技咨询服务工作

一些省、市、自治区植物学会已在这方面摸索了出一些经验。中国植物学会有人才密集的优势，正在筹备成立植物科技咨询开发服务中心（或公司），更好地为经济建设服务，希望得到会员们的积极支持。

4. 办好国际会议，促进国际学术交流，使我国植物科学在世界上占据应有的地位

由于各种原因，本届理事会没有很好地开展起来，今后要尽可能做好。现正在筹备的有：同植物研究所合办"国际裸子植物系统与演化研讨会"，同昆明植物研究所合办"中国植物区系国际研讨会"等。从现在起应当创造条件，争取在我国举办第十七届（或第十八届）国际植物学大会。通过举办国际会议，提高我国植物科学在国际学术界的地位，有利于促进我国植物科学的发展。通过国际学术活动，能争取到更多的国际科技合作项目，使更多的植物学家担任国际学术组织的职务，造就国际上有知名度的植物学家。

5. 开展海峡两岸植物学家的学术交流和交往

近几年来，台湾不少的植物学家来大陆考察交流和参加植物学讨论会，大陆一些植物学家也去台湾访问。我们这次大会也向台湾和港澳地区植物学家发出了邀请，有十多位植物学家前来参加，这是可喜的开端。今后我们还应深入开展这项活动，增强植物学家之间的友谊，加强学术交流和合作，共同推进我们中华民族植物学事业的发展和繁荣。

6. 做好青年植物科技人才的扶植和培养工作，促进青年植物科技人才的成长

第十届理事会设立的青年工作委员会为组织青年开展学术讨论会做了不少工作，以后还应当加强，给青年提供更多发挥才干和智慧的平台。要利用一切机会，如中国科协设立的青年科技奖等，推荐确实优秀的青年候选人，以提高他们的知名度。

7. 以多种方式向社会各界传播植物科学知识，以增强人们的资源意识

继续办好青少年夏令营，利用科普橱窗、科普讲座、植物知识竞赛，为广播和电视提供宣讲植物学科普知识素材，利用"植树节""国际地球日""植物资源、环境和人类生存"等为主题的科普宣传，增强人们的植物学知识和保护植物资源的意识。青少年夏令营要增强科学性和趣味性，除野外考察、采集标本之外，还需对青少年灌输更丰富的植物学内容。

8. 积极稳妥地发展分会，沟通和产业部门的密切联系

第十届理事会发展了"兰花分会""人参分会"，还有"盐碱土植物分会"和"植物生长物质分会"向本会提出了申请。今后还会有一些与植物相关的产业部门的学术团体提出申请。建议下届理事会予以充分考虑。通过这些分会密切各专业委员会同相关产业部门的联系，以沟通信息，互相支持，也可能会成为解决当前学会工作经费困难的一条途径。

最后，在第十届理事会即将卸任的时候，我们向五年来全体会员对学会工作的支持表示感谢！向各工作委员会、专业委员会、分会的主任、委员们和学会干部的辛勤劳动表示慰问和感谢！让我们携起手来，为我国植物科学的发展作出更大的贡献。

中国植物学会主办、植物研究所承办的"国际蕨类植物学大会"于 1988 年 9 月在北京召开，这是那个时期的一次盛举。师从秦仁昌院士的邢公侠先生（前排左 9）任大会秘书长。全体参会人员在植物研究所标本馆楼前合影，理事长汤佩松院士（前排左 7）和副理事长王伏雄院士（前排左 6）等学者出席

1987 年 6 月，中国首届植物学青年工作者学术讨论会在植物研究所标本馆学术报告厅举行，王伏雄（二排左 13）、吴征镒（二排左 14）、候学煜（二排左 12）、李正理（二排左 15）等多位著名植物学家出席，这次大会对中国年轻一代植物学家的成长起了重要作用

参加 1987 年 9 月在河北任丘举行的"中国孢粉形态学学术讨论会"，张金谈研究员
任大会秘书长（前排左 5），副理事长王伏雄院士（前排左 10）出席

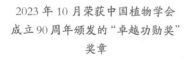

2023 年 10 月荣获中国植物学会
成立 90 周年颁发的"卓越功勋奖"
奖章

"卓越功勋奖"证书

8

兼任中国科学院
生物分类区系学科发展
专家委员会主任的工作

（1989—2002 年）

生物分类学和区系学是生物学的最基础学科，中科院有着雄厚的研究实力，在全国占有主导地位，引领学科的发展，在国际上亦有重要影响。为了促进这门学科的发展，中科院领导批准专项经费给予稳定的支持。为此，成立了"中国科学院生物分类区系学科发展专家委员会"。

1989年11月14~16日，由中国科学院生物科学与技术局主持，在中科院第一招待所召开了第一届第一次会议，孙鸿烈副院长和李振声副院长亲临指导，宣布专家委员会的组成人员名单，由吴征镒、曾呈奎、朱弘复、我、魏江春、陈宜瑜、许再富、宋大祥、陈清潮、吴德邻和彭燕章11人组成，任命时任植物研究所所长的我为专家委员会主任，时任武汉水生生物研究所所长的陈宜瑜为副主任。水生生物研究所科研处处长唐辉远担任委员会秘书长，负责课题和经费管理及会议安排。委员会的任务是：制定院系统生物学的研究规划，撰写研究项目指南，评审课题申请，分配研究经费，检查研究成果。每年召开一次专家委员会会议，轮流由院内相关研究所承办。

1993年秋，在植物研究所召开了首届中国科学院系统与进化生物学学术研讨会，会议重点交流研究成果，特别是对中国系统生物学的发展进行了热烈讨论。参加会议者为中科院从事动物学、植物学和微生物学分类研究的上百位学者，这次会议收到了很好的效果。我作为会议主持人，代表专家委员会致开幕词（见附文）。许智宏副院长参加了这次会议并讲话，宣布了第二届专家委员会成员名单，我继续担任专家委员会主任，副主任陈宜瑜院士因升任副院长，改由动物研究所时任所长黄大卫任副主任，委员会成员调整为：魏江春、洪德元、许再富、王应祥、陈书坤、吴德邻、陈清潮、曹同、冯祚建，唐辉远继续任秘书长。

1999年4月26~28日在武汉召开了"中国科学院第二届系统与进化生物学学术讨论会"，在这次会议上，除了学术交流，对本院系统与进化生物学的发展规划进行了讨论，为"十五"规划的撰写奠定了基础。会后，经中国科学院生物分类区系学科发展专家委员会讨论，多位专家提供资料，由我执笔起草并最后定稿的这份"十五"规划，在此附上，作为该委员会工作的历史总结。这一届委员会任期较长，直到2002年结束。其后，这笔专项经费改由中国科学院生物科学与技术局直接管理和分配。

中国科学院生物分类区系学科发展专家委员会会议通知

第一届中国科学院生物分类区系学科发展专家委员会成员和部分院生物局领导
（第一排左起陈清潮、周福璋、佟凤勤、吴征镒、曾呈奎和彭燕章；第二排左2起
宋大祥、牛德水、路安民、吴德邻、陈宜瑜、魏江春、唐辉远）

西双版纳热带雨林保护区门前合影
（前排左起：吴德邻、陈宜瑜、曾呈奎、许智宏、彭燕章、路安民）

热带雨林内
（左起：路安民、魏江春、宋大祥、吴德邻、曾呈奎、许智宏、陈宜瑜、唐辉远）

与陈宜瑜院士在西双版纳热带植物园凉棚

第二届专家委员会
（前排左起王应祥、陈清潮，中排左起黄大卫、牛德水、陈书坤、曹同、路安民，后排左起卢治平、魏江春、吴德邻、唐辉远）

1994 年 5 月参加并主持在沈阳召开的学科发展讨论会

1999 年 4 月参加并主持武汉中国科学院第二届系统与进化生物学学术讨论会

首届中国科学院系统与进化生物学学术讨论会开幕词

（1993 年 10 月）

各位代表、各位专家、各位领导：

　　中国科学院系统与进化生物学学术讨论会现在开幕。这次会议是根据去年 5 月在成都召开的第四次生物分类区系学科发展专家委员会的提议，在院的领导下，由院生物分类区系学科发展专家委员会、植物研究所系统与进化植物学开放研究实验室、微生物研究所真菌地衣系统学开放研究实验室、昆明动物研究所细胞与分子进化开放研究实验室联合主办。会议收到院内 19 个研究所提交的论文摘要 155 篇。有的标本馆（室）就标本馆的管理和建设也提交了报告，由于这次讨论会的内容限制，没有收入论文摘要汇编，这方面的报告将提交院生物分类区系学科发展专家委员会进行工作总结时参考。

我国生物分类学是建立最早的一门学科。中科院经过几代生物分类学家的努力，有一支近千人的高水平的研究队伍，建立了门类齐全的 18 个生物标本馆（室），积累数千万号（份）生物标本和丰富的资料，取得一大批引人注目、在国际上有重大影响的研究成果，推动了我国生物科学的发展，揭示了我国生物多样性的丰富度，为生物资源的开发、合理利用和保护作出了重要贡献。近年来，在生物分类学的前沿领域，即系统与进化生物学方面也做出了可喜的成绩。

由于本门学科的性质及宏大的研究任务，科研经费严重不足，标本馆（室）的建设遇到了很大困难，后继乏人的情况相当严重，引起了院领导和院有关部门的高度重视。1989 年，孙鸿烈副院长、李振声副院长、竺玄副秘书长及院计划局、生物局的领导都亲自参加了"第一次生物分类区系学科发展专家委员会"会议，听取了专家委员会就本门学科的发展以及存在问题的详细汇报，并作重要讲话。许智宏副院长参加了第四次会议，陈宜瑜副院长一直是上届专家委员会领导成员，都十分关心本研究领域的发展。院每年拨专款（1989 年为 240 万元，1990 年以后每年为 260 万元）作为分类区系学科特别支持费，支持 18 个生物标本馆的日常管理、8 个植物园植物专类园的建设、"三志"的配比经费和系统与进化生物学基础研究的预研性工作。另外，中科院在本研究领域建立的几个开放研究室，对于推动这门学科的发展也起到了很重要的作用。

为了促进我院在生物分类学的前沿领域即系统与进化生物学的发展，交流研究成果，汇报院生物分类区系学科特别支持费资助课题的执行情况而召开这次讨论会。

过去，我国动物学家、微生物学家、植物学家在系统与进化生物学这一命题下还没有召开过学术讨论会，而国际上每五年举行一届的"国际系统与进化生物学讨论会"已举办了五届。虽然我们研究的生物类群不同，但研究的原理和方法基本相同或相似。例如，当前国际上所形成的 3 个学派，即表征分类学派（Phenetics）、分支分类学派（Cladistics）、进化分类学派或称折衷学派（Eclectics），都是动物学家首先提出或创立的，后来植物学家得以采用。又如生物界的大系统、生物的协同演化（Coevolution）、生物区系、生物多样性保护等，都是生物分类学家要共同探讨的问题，有赖于生物学家的合作，才能做出高水平的成果。就这个意义上讲，我们期望这次会议能促进生物分类学家之间的深入合作和交流。

除了学术交流之外，会议还安排半天时间，以系统与进化生物学的现状、展望、对策为主题，进行讨论，取得共识，以推动我国生物分类学、系统与进化生物学的发展。

最后，预祝会议成功，各位专家和领导生活愉快。

中国科学院系统与进化生物学"十五"规划

系统与进化生物学（Systematic and Evolutionary Biology）是关系到国家生物资源的基础学科。它包括两门密切相关的学科，即系统生物学和进化生物学，也是生物科学中经典的分支学科。近年来，由于新概念和新方法的运用，系统与进化生物学有了飞跃发展而面目一新，已发展成为多学科相互交叉渗透的综合性学科。系统与进化生物学的主要任务是：发现、描述和揭示物种乃至生物界在系统发育过程中发生的分异和趋同；研究物种形成的过程与机制，探讨物种及其类群的起源、区系发生和亲缘关系，建立其自然的生物分类系统，以反映生物进化的历程；为生命科学的其他分支学科研究奠定基础，为生物多样性保护、生物资源开发利用以及有害生物的有效防治提供综合信息与依据。

系统与进化生物学是中科院的优势学科，亦是生命科学研究发展的重要基础。目前，我院在这一领域的工作在国际上占据重要地位，在国内则发挥着引导本学科发展的作用。

一、当前系统与进化生物学的发展趋势

（一）系统与进化生物学研究的现实意义

地球上的生物物种绚丽多彩，关系微妙，是经历近40亿年进化的结果。人类的起源和进化经历了200多万年的历史，人类的生存与发展与环境中的物种密切相关。在全球环境日趋恶化、现有资源日益匮乏的今天，系统与进化生物学研究对于发现和利用新的生物资源、保护自然环境和生物多样性等具有十分重要的意义。

1. 系统与进化生物学研究与人类健康

由生物引发的疾病给世界上几十亿人带来了痛苦，如由原生动物引起的疟疾、由蠕虫引起的血吸虫病以及HIV病毒引发的艾滋病等。人类在防治这些疾病方面所取

得的成绩，应该说是依赖于系统生物学的研究成果。因为只有系统学家才能认识、区分并说明影响人类健康的非病原体及病原体的性状及特征。

掌握致病生物的进化关系，同样对提高人类健康水平起着关键性作用。通过研究疾病原载体与其相关非疾病载体的相似性，能够预测致病生物的变化趋势和促进新病原体的发现。事实证明，掌握生物类群的进化关系及其地理分布知识，了解病原体由动物转至人类的过程，对发现某些病原种比其衍生种毒性更强的原因有重要的作用。

2. 系统与进化生物学研究与经济发展

有用的生物物种会给全球带来巨大的经济效益。发现和描述的物种越多，对其分布及其与其他物种间的关系了解得越详细，那么这些物种对一个国家的经济发展所能作出的贡献就会越大，它们后代被保存下来的数量就会越多。历史表明，物种的发现以及随后的特性研究，往往会带来极大的经济收益。系统学分析，包括物种间特性的比较，能够预测出新物种的特性；反过来，又能更有效、更可靠地评估这些物种的潜在经济价值。

3. 系统与进化生物学研究与新药筛选

据世界卫生组织统计，发达国家目前所使用的药品25%来自植物、13%来自微生物、3%来自动物，但这些药物实际上只是众多可利用生物资源中的极少部分，筛选生物新药的工作还有很大潜力。由于系统与进化生物学研究能揭示物种间的相互关系，有的研究成果实际上已为筛选自然界的大量物种提供了可靠的参照。系统学知识对生物新药的发现具有不可估量的作用。

4. 系统与进化生物学研究与农业生产

研究物种间亲缘关系，可以发掘出物种新的基因资源，这对于培育新品种、增加农产品产量和提高质量有决定性的价值。从世界范围来看，以加强生物防治及对有害生物综合治理为主的持续性农业发展战略日益得到重视。掌握害虫类群、害虫的植物寄主及害虫天敌的系统学知识等，会对综合治理起到重要的指导作用。据估计，有用的生物防治因子有数千种，但其中绝大部分至今仍未被科学家所揭示。要发挥这些生物的经济作用，就必须先做发现和描述工作，将它们纳入分类系统和信息系统，否则农业发展势必会受到极大的阻碍。

5. 系统与进化生物学研究与保护自然生态环境

地球上数百万种生物不仅自身相互关联，而且同它们周围环境息息相关，形成了一个维持生命存在的错综复杂的生态网络。随着人口的急剧增加、全球环境变化的加快，地球的生命支持系统日益受到威胁，系统学知识对监测这些变化具有极为重要的价值。生物标本馆收藏的标本，是生物群落和生态系统变更的直接见证，它们记载着相当长时期内所受到环境压力的反映，这些标本包含了大量物种的生物学信息，因而，它们也是物种灭绝的最可靠记载。

正确鉴定物种对监测全球环境变化同样具有重要的意义。所有的生物群落都包含一些对环境变化特别敏感的物种，例如，某些蛙类对空气质量的变化异常敏感；水生生物群落中，某些鱼类对水体纯洁度变化十分敏感。为此，科学家已越来越多地利用指示物种，来考察全球环境变化对自然群落的影响，以实现监测全球环境变化的目标。只有准确鉴定和描述这些物种及近缘种，掌握其分布，才能有效地开展这些监测活动。

（二）系统与进化生物学的发展特点

系统与进化生物学自林奈发展至今，在200多年的时间里，已经描述了140多万种生物。早期的分类学家主要依靠研究物种的外部特征，因而系统生物学在很长一段时间内，是一门描述性学科。但是近几十年间，解剖学、胚胎学、细胞学、遗传学、生物化学、生物地理学、古生物学、生态学和分子生物学等学科的研究手段和研究成果渗入到系统与进化生物学研究领域，致使它已经发展成为一门"无穷"综合性学科。因此，有人估计，近15年的系统与进化生物学的发展速度和取得的成果超过了以往的50年。

就世界范围而言，系统与进化生物学的发展特点主要表现在以下几个方面：

1. 分子系统学的迅速发展

随着分子生物学理论和方法的迅猛发展，人们对蛋白质、RNA、DNA等生命活动基本物质的特性了解得越来越多，它们在生命进化中所起的作用及对系统发育问题研究中所提供的信息已受到人们的高度重视。分子系统学是生命科学中一个新的生长点，分子系统学的研究为揭示类群之间关系的本质带来了希望。

2. 计算机技术在系统学研究中得到广泛应用

20世纪60年代，数值分类学研究开始使用计算机，20世纪70年代末至80年代初，在计算机协助下开始探索物种鉴定及数据库建立；现在，计算机技术在系统学研究中得到广泛应用，主要集中在数据管理的专家系统（expert system）、系统发育分析、种类鉴定中的计算机识别（computer vision in species identification）以及地理信息系统

（GIS）。

3. 理论研究发展惊人

系统生物学研究方法的多样化，使得这一研究领域呈现"百花齐放、百家争鸣"的繁荣景象。不同的理论流派相互撞击、融合各自认为合理的内核，提出了一些新的理论，系统学资料积累速度加快，系统学家不断进行知识更新，对分类系统进行修订；此外，古生物学领域的新发现为人们认识生物界的演化提供了新的线索，传统的理论受到一定程度的挑战。建立在生物类群系统发育分析基础上的生物地理学研究，在理论上和方法上有很大的发展，为地球板块运动及地球的历史变迁提供了丰富的生物学证据。

4. 系统学对社会发展的贡献越来越大

例如，矮腥黑穗菌 *Tilletia controversa* Kuha（简称 TCK），是一种危害小麦的真菌。由于某大学误将另一种菌类定名为该种，使得中国在加入世界贸易组织谈判中处于被动，后经我国权威真菌学家鉴定，确定我国没有 TCK 这一种真菌的分布，成为在谈判中有说服力的依据。这个实例充分显示出分类学工作的重要性。

（三）对今后 15 年发展趋势的估计

就世界范围而言，系统生物学在今后的十几年间，仍应主要致力于物种多样性的发现、系统发育的研究、系统学知识的应用和有效管理 3 个方面，以便最大限度地满足科学和社会的需求。

1. 物种多样性的发现

世界上现已描述的物种有 130~170 万种。美国国家研究理事会的一份报告称，到 2100 年很可能一半以上的现有物种将灭绝（NRC, 1980），但就目前生态系统的退化速度来看，这项推测可能还有些保守。按照哈佛大学著名生物学家 Wilson 博士的谨慎估计，地球上每年绝灭的物种有将近 27 000 种（Wilson, 1992）。这种现状迫切要求我们加强对生物资源的调查和编目，以保护物种多样性，为推动世界走向一个可持续发展的未来作出应有的贡献。

这方面工作的研究热点主要包括：调查海洋、陆地和淡水生态系统，获得物种多样性的综合性知识；确定物种的地理分布和时间分布；发现、描述和编目受威胁及濒危生态系统中生存的物种；将当前了解得最少的生物类群作为主要目标；对能够维持全世界各种生态系统的功能及完整性、促进人类健康、改善人类食物来源的关键类群进行编目。

2. 系统发育的研究

生物系统与进化研究在过去的20多年里发展极为迅速，使得揭示地球的生命多样性和系统发育成为一个可以实现的目标。电子显微镜技术、基因序列分析等新的数据收集方法进一步拓宽了信息来源渠道；不断增加的信息又丰富了人们物种多样性知识。新型计算机技术能够进行大型数据库的处理，避免了系统与进化研究工作者被淹没在大量的数据之中。因此，需要推动开展以下工作：

（1）确定主要生物类群的系统发育关系，为基础生物学和应用生物学提出一个总体理论框架；

（2）研究应用生物学中至关重要的物种间的系统发育关系，重点应放在对人类健康、粮食生产、全世界各类生态系统保护等起重要作用的类群；

（3）研究基础生物科学(如实验科学、生态学等)中重要生物类群的系统发育关系；

（4）探索和完善系统学数据分析中更有效的技术和方法。

3. 系统学知识的有效管理

系统生物学的研究成果，目前主要是通过文字印刷方式进行积累和传播。另外，因几千万号标本及与标本有关的数据分散存放于全国各地的生物标本馆，导致系统生物学工作停留在"单纯研究"的阶段，长此下去使得成果转化，特别是对科学研究和社会服务方面造成一定的障碍。为此，在今后的十几年间，系统学工作者应主要利用计算机手段和方法，把研究所取得的成果、标本存放地、每个物种的系统学和地理学信息，整理到一套有效的、方便查询的数据库中，以达到为科学研究和社会服务的目的。其应做的实际工作包括：

（1）以各标本馆为基础，建立物种系统学和生物地理学信息数据库；

（2）综合各标本馆前述两种数据库的信息，监测、分析过去和现在对全球物种的分布和灭绝造成的影响；

（3）建立各数据库间的网络联系，使得各种分类单元及其分布区所有的有用信息能被有效地查询；

（4）建立国内与国际沟通的标准化信息系统，便于国内与国际用户交流和查询；

（5）编撰系统学数据库数据字典，内容包括前述两种数据库信息；

（6）出版手册、图解、电子动植物和微生物志等专著；

（7）持续提供软件和硬件支持，以保障维持和更新数据库及信息网络运行的机制。

二、我院系统与进化生物学研究现状

（一）五十年来的主要成就

1. 培养和保持了一支较高水平的研究队伍

系统生物学是生命科学的基础。在我国，近代生物学是从分类学研究开始的。经过艰难曲折和长期的学科积累，涌现出一代又一代知名的系统学、区系学专家，其中有25位中国科学院学部委员（院士），他们是这支队伍中的杰出代表。目前我院从事系统与进化生物学的研究人员约有350人，其中高级研究人员198人；每年培养一定数量的硕士生和博士生。虽然目前研究力量与一个生物多样性大国仍不协调，但为今后我国本学科的发展与腾飞奠定了坚实基础。

2. 生物物种多样性及其资源考察研究取得了显著成果

物种是系统分类的基本单位，是遗传信息的载体，也是生物进化与生物多样性及其资源开发研究的基础。我国的陆地、淡水和海洋生态环境复杂，物种十分丰富。为摸清家底，进行了较广泛的野外考察和长期研究。现已查明我国已知生物物种在9万~10万种之间，发现了大量新的分类单元和中国特有种、特有属及特有科。比如，中国种子植物有特有科4科、特有属321属和数以万计的特有种；我国已知锈菌1200种，其中特有种近300种，约占锈菌总种数的25%；我国已知淡水鱼类1100余种，其中90%是我国或东亚特有种。根据我国物种的多样性、特有性和古老性及其他因素综合评价，我国生物物种的丰富度排列北半球第一位，这些宝贵财富是人类赖以生存的物质基础。但无论在世界还是中国，已知物种数可能仅占实际物种数的一小部分，因此本学科有广阔的发展前景。

3. 以"三志"为代表的论著成果显著、影响巨大

我院自20世纪50年代，相继开展《中国植物志》《中国动物志》和《中国孢子植物志》的编研，组织我国绝大多数优秀的分类学科研人员投入这一规模宏大的系统工程中。现已出版《中国植物志》126卷（册）和英文版5卷、《中国动物志》66卷、《中国孢子植物志》27卷，这是几代科学家心血的结晶，成为功在当代、利在千秋的研究成果与基本资料。还编著了《中国高等植物图鉴》（7册）、《新华本草纲要》（3卷）、

《中国本草目录》（10卷）、《中国植物红皮书·稀有濒危植物》、《中国经济动物志》（10卷）、《经济昆虫志》（55卷）、《中国经济真菌》、《中国药用真菌》和《中国药用地衣》等，以及数以百计的其他分类著作和地方性生物区系著作。发表了大量学术论文，仅对京区中国科学院植物研究所、动物研究所和微生物研究所三所的统计，50年来在国内外学术刊物发表分类及区系学论文近1万篇。以上成果在国内外产生了巨大影响。

4.某些基础理论和一些类群的系统学研究达到世界先进或领先水平

50年来，本学科的某些基础理论和某些类群的研究，获得一批在国内外有重要影响、达到世界领先水平的成果，如"中国蕨类植物科属的系统排列和历史来源"和"中国高等植物图鉴暨中国高等植物科属检索表"获国家自然科学一等奖，"马先蒿属的一个新系统"、《中国鞘藻目专志》、《中国鲤科鱼类志》和"中国种子植物区系的特有现象"等获国家自然科学二等奖；另外，还发表了"中国植物区系的热带亲缘"，"中国植物区系分区问题"，《种子植物科属地理》，"亚洲石耳科"以及原尾虫、铁甲科昆虫、鲤形目的系统发育，裂腹鱼的生物地理学，白鱀豚新科的建立，鹿属的进化和陆生脊椎动物的起源等一批高水平的研究成果，展示了中国生物系统学家的智慧，表明我国系统学研究在世界上占有一席之地。

5.对国民经济建设和社会发展作出了重要贡献

首先，各类综合考察、生物资源与病原生物调查，为我国生物资源利用与保护，有害生物的监测和防治，国土整治、自然区划和三峡工程建设等提供了重要的生物学基本资料，为社会进步及生物资源持续发展作出了积极贡献。

其次，为生物资源开发利用与遗传育种提供了理论依据。系统学家一方面为诸多生产部门或单位直接提供大量材料、菌种，进行在食用、药用和保健等方面的开发研究；另一方面，根据生物类群之间的亲缘关系，为新的生物资源开发利用与遗传育种提供理论指导与生产依据。例如，印度人从本国产的蛇根木中提取出利血平，这是一种降压良药，我国植物学家则根据系统学知识，从我国产的一种与蛇根木有亲缘关系的萝芙木中亦提取出降压灵；印度从本国产的瓜尔豆中提取出瓜尔胶，用于提高石油开采量，同样，我国植物专家根据亲缘关系，从田菁中提取田菁胶，经过改性，已应用于石油工业和其他产业。禾本科小麦族是系统学研究得较深入的类群，已利用近缘野生种具抗性的基因获得了抗条锈病、抗白粉病、抗寒和抗旱等小麦新品种。当今，新药筛选面临新的课题，逐渐转向一些难以培养的生物类群，这就更迫切地需要系统学家提供帮助。

再次，对挽回国际贸易经济损失和防止传染病传入作出了重要贡献。例如，某国的昆虫研究所在1951年将我国列为苹果蠹蛾的分布区，造成我国生产的梨和苹果被限制出口。后经我国昆虫学家研究，证实我国不是苹果蠹蛾的分布区，该项成果发表后5年内，我国苹果和梨的出口创汇达50亿元。又如，我国曾发现染有一种黑粉菌的小麦，经我院菌物专家鉴定，确认我国无此类真菌，而是来自进口的某国小麦，才迫使该国商人向我国赔偿了经济损失。

最后，分类学家还经常接待来自各行各业人们的大量来信、来访，咨询和寻求帮助鉴定标本，他们都是默默无闻地解答群众的需求，从不索取报酬。他们以自己的科研活动和研究成果，直接或间接地为国家和人民作出贡献。

（二）我院的优势与面临的问题

1. 我院的优势

（1）学科积累与人才优势

20世纪50年代建立的中国科学院植物研究所、动物研究所、微生物研究所、水生生物研究所、海洋研究所以及后来相继建立的生物所是我国生物分类区系学研究最集中的机构，学科的奠基人及老一代分类区系学家绝大多数都集中在这些研究所。经过几十年的发展，中科院的系统生物学比较齐全，配置合理，成果显著，人才辈出，现在已成为公认的全国植物、动物、菌物系统与演化的研究中心和对外开放的重要窗口。国家自然科学一、二等奖的成果全部为中科院囊括。我国系统学的大型著作，如"三志"、《中国高等植物图鉴》、《中国经济动物志》等由中科院主持；生物系统学的核心刊物均由中科院所属单位主办；中国动物学会、中国昆虫学会、中国植物学会、中国菌物学会、中国海洋湖沼学会等一级协会都挂靠在我院有关研究所。

我院在系统生物学方面已建立起3个开放研究实验室；一批在国内外获博士学位的中青年骨干奋斗在本学科研究的第一线和研究前沿，涌现出一批年轻的学术带头人。长期的学科积累与雄厚的研究力量，是推动我院系统生物学深入发展、参与国际竞争的希望所在，也是中科院在系统与进化生物学领域的最大优势。

（2）标本优势

标本是国家的宝贵财产，是系统分类与区系研究的直接对象，拥有大量的国内外标本是开展本学科研究的重要条件之一。中科院的生物标本馆历史悠久、馆藏量丰富、规模宏大。目前，中科院有 21 个生物标本馆，保藏我国各地和来自世界 50 多个国家和地区的标本总计 1500 万余号，同世界上近 200 个标本馆建立联系与标本交换关系，包括大量模式标本、珍稀濒危生物标本、化石标本和南北极的标本。无论是标本的数量与质量、物种种类，还是标本馆的规模和管理水平，都是其他标本馆不可比拟的。中科院所属标本馆成为全国生物标本的保藏中心，在国际上有一定影响。生物标本馆为开展系统生物学研究和为国际交流提供了极为有利的条件。

（3）图书资料优势

由于系统生物学研究在我院历史悠久，并一直保持着这一特色优势，因此系统生物学图书、期刊较为齐全，许多经典著作及重要的国际期刊在全国唯有中科院下属研究所收藏，为全国从事与生物学相关的科研、教学和产业部门的人员提供资料服务。

（4）广泛的国际交流

所有生物类群的系统都是全球性的，系统学研究必须具有国际性，需要开展广泛的国际交流，这方面正是中科院的优势。由于中科院在系统生物学研究中的学术地位，几十年来，与国外的研究机构、标本馆及科学家个人之间有着广泛的学术交流，有标本、资料交换的传统，多次主办过不同生物类群系统学的国际会议。我院有关重点实验室的学术委员中，都有一定比例的外国知名专家。科学家之间的交往与联系十分活跃，从而使中科院成为开展国际学术交流的中心。

2. 面临的问题

第一，发展不平衡。由于各个生物类群的研究历史、起步和进展不同，出现了一定的差距，故在考虑学科发展时不能一刀切。

第二，综合优势有待进一步发挥。系统学研究需要利用各种手段开展综合研究。中科院有多学科综合研究的优势，需进一步加强。

第三，研究任务宏大但人才短缺、经费不足，制约了本学科的发展。

第四，系统生物学的基础地位及其在社会发展、国民经济建设中的作用并未被人们充分认识，有待进一步宣传。

第五，任重道远。我国生物物种及其资源非常丰富，而已知物种特别是昆虫、菌物和海洋生物研究空白点较多。虽然高等植物编志基本完成，但仍有许多地区和类群还需继续考察研究。任何国家的"生物志"都需要不断修订和完善，中国也不例外。

面对许多老专家退休离职的现状，需要更多的年轻人在实践中更快成长。

三、系统与进化生物学"十五"发展规划的建议

（一）制定"十五"发展规划的基本原则

● 继续支持学科发展的基础性工作和基本资料的编著；

● 瞄准学科国际前沿水平，选择若干重大理论问题，做出创新性研究成果；

● 重视并促进同其他学科间的综合交叉与渗透；

● 努力结合国家科学发展规划和国家目标，为国民经济和社会发展服务；

● 创新我国发展本学科的道路。

（二）"十五"支持重点和发展目标

● 促进我国传统的生物分类学体系向现代化的系统与进化生物学体系的转变，到 2010 年基本建成现代化学科体系；

● 对若干重要类群世界性的系统学专著研究、系统发育重建，东亚生物区系的起源和物种形成机制的研究方面，做出具有国际领先的成果；

● 继续高质量、高标准地完成"三志"的编研工作；

● 加强标本馆功能建设，建成生物标本的信息系统和网络，逐步成为生物学公众教育和信息服务中心，担负起开发生物资源、履行生物多样性公约和生物进化研究的国家任务；

● 发挥本院在系统与进化生物学学科领域的优势地位，成为在国际上有影响的研究群体。

（三）研究领域指南

1. 基础性工作和基本资料的积累与管理

（1）生物物种与标本信息系统及网络建设和管理

生物物种与标本信息是研究生物自然历史和物种多样性的基础，是发掘与研究未知生物的必要条件，是科学知识普及的重要资料。生物物种与标本信息的管理不仅关系到生物系统学的发展，而且关系到整个生物学的发展。经济建设要求生物系统学家提供越来越多的生物资源信息，生物学家通过研究标本，可以得到有关物种的形态学、生态学、生物学及地理分布的信息；开发新天然药物、培育新的生物品种、控制有害

生物、发掘有益天敌、检疫病虫鼠害及濒危物种出口贸易和重要物种保护等，都需要专业人员从生物标本馆中提取重要的科学数据和资料信息。

"十五"期间，应以我院雄厚的标本收藏和丰富的生物分类学研究成果为基础，完善与优化已经开发的动物、植物、菌物物种与标本信息系统，进一步增加我院各标本馆的物种数量与标本信息，实现标本、物种信息管理的现代化，查询、检索的标准化，以及可控网络信息资源的共享。

（2）《中国动物志》《中国孢子植物志》和《中国植物志》（英文版）的编研

"三志"是全国有经验的生物分类学家长期研究成果的总结，是国家级生物分类学的代表著作，"三志"也为世界同行专家提供了非常重要且珍贵的参考资料，具有研究内容广、基础性强、积累性突出的特点。"十五"应继续组织分类学家编研出版，增加经费资助强度。

（3）中国重点区域及周边国家的生物考察

我国的生物资源丰富，生物种数约占世界总数的十分之一。中国疆域辽阔，跨越寒温带、暖温带、亚热带至热带各种气候带，有多种类型的地貌、土壤、水热条件和古老的地质历史，受第四纪冰川的影响较小，生态类型齐全、复杂多样，原始古老子遗成分很多，特有动、植物极其丰富，是其他国家无法比拟的。但是，几千年来的农垦开发历史和巨大的人口压力，以及现代工业文明的发展，对自然生态系统和野生动、植物资源造成了严重破坏。这种情况使我国面临的生物资源保护任务更为繁重而紧迫。对那些受到人为干扰、威胁和破坏而濒临灭绝的物种，特别是对那些在人类还没有了解它们就濒临灭绝的物种，亟须开展深入细致的调查，对资源量及其价值做出科学评价。

"十五"期间可将重点放在热带亚热带、长江中上游、西南边境地带、南海和东海的深海海域，选择若干代表性地区，进行有组织、有系统的生物物种调查，丰富我院生物标本馆藏，增加宝贵的生物物种财富和资源储备。

2. 重要生物类群的系统进化研究

（1）重要生物类群分类学及其系统发育研究

分类学是系统发育和进化研究的基础，在对一些重要类群进行分类学修订的前提下，利用广泛的形态、解剖、胚胎、细胞、化学、古生物学、分子系统学等资料建立自然分类系统，这种分类系统必然要尽可能反映分类群的进化历史。因此，系统生物学在高层次上研究的结果，必然导致对生物系统进化的研究。在国际上，能否出版科、属系统学专著和提出有影响力的生物分类系统，是一个国家的系统生物学发展水平的重要标志之一。

生物类群分类系统的建立及与此相关的对其起源、演化、分布与绝灭规律的研究，正在成为生命科学研究的热点。地球上，数百万种生物的起源演化、时空分布，不仅有其自身的规律和内在联系，而且与环境、地史变迁过程息息相关，形成了一个维持生命存在的动态、错综复杂的网络；现存生物类群是生物在生态系统动态变迁过程中的进化产物，同时也记录着环境与地史变迁作用于物种演变、维持甚或绝灭的过程的印痕。通过对生物类群系统发育历史的重建、分布式样的识别及其对环境适应的生存策略、生殖对策的研究，可以探讨进而揭示生物起源、演化及其分布的规律。为此，系统与进化生物学家越来越着眼于揭示全球范围内的重要生物类群的演化，研究其发育、时空分布式样与地史变迁的整合规律，建立反映自然演化历史的分类系统。中国生物类群丰富、成分多样，古老与新生并存，地史变迁序列独特、丰富，对部分生物类群的研究积累丰富，已具备开展深层次研究的条件。对该领域的研究将促使我国系统与进化生物学的研究步入国际领先地位。

对于一些生物类群，我国分类学家及相关学科的生物学家做了大量的工作，已经完成描述性资料积累工作，今后的工作重点应该做世界性专著，利用形态学结合分子系统学方法进行系统发育与进化研究，在系统发育重建的基础上建立自然分类系统。

（2）重要生物类群的分子系统和分子进化研究

十多年来，分子生物学的迅猛发展及其与系统学、遗传学和进化论研究相结合，产生了一门被称为分子系统学（molecular systematics）或分子进化（molecular evolution）的新学科。它为研究生物进化的过程或机制开辟了新天地，使生物学家重建类群以致整个生物界进化历史的梦想有可能变为现实。分子系统学或分子进化研究，一方面研究信息分子（DNA、RNA 和蛋白质）的序列、结构及其进化机制和规律，另一方面利用基因组中不同基因或 DNA 片段所含有的进化信息，重建类群间的系统发育关系及整个生物界的进化历史。

该项研究拟采用不同基因组（核基因组、线粒体基因组和植物叶绿体基因组）的分子标记，结合比较形态学、古生物学和地理学等方面的研究，对一些在生物进化历史上具有重要意义的动植物类群（如灵长类、偶蹄类、裸子植物、原始被子植物等）进行系统发育重建，揭示这些类群的起源、发展和亲缘关系，为最终重建整个生物界的进化历史奠定基础。与此同时，利用这些类群，研究其基因变异（突变、假基因化、重复、插入和缺失等）方式和规律、基因进化与选择的关系、DNA分子进化速率等分子进化中的理论问题，为揭示生物分子的功能意义、进化规律和机制奠定基础。

3.中国及其邻近区域（包括海洋）生物区系和生物地理研究

中国生物区系既丰富又复杂，在世界生物区系中占有重要地位。研究中国及其邻近区域的生物区系和生物地理，可为地层历史上地球地壳的变迁如板块移动、海底扩张、喜马拉雅隆起等，为全球气候变化，尤其是第三纪以来北半球气候变化的研究提供重要的生物学证据；对于世界生物区系区划、生物区系的发生和发展、北半球生物区系形成的研究提供可靠的论据；对我国的生物多样性保护、资源的合理开发利用、国土整治、国家自然保护区建设的规划都有指导意义。

（1）中国生物区系形成和演化研究

运用先进的理论和方法，研究中国及其邻近区域或典型地区（或海域）现代生物区系的组成、替代现象、特有现象和区系特征，结合古生物学资料，分析中国现代生物区系的形成和发展，以及同世界其他地区生物区系的关系。完成中国生物区系的区划，发展中国生物区系起源和演化的理论。

（2）重要生物类群的生物地理研究

运用现代生物地理学研究的原理或方法，选择在生物系统演化中处于重要地位、对揭示中国生物区系的起源和发展有重要价值的不同门类的生物类群，从研究世界生物地理的视野，研究它们的系统发育和地理分布，分析它们的起源、分化和演化，创新生物地理学理论和建立中国生物地理学学派。

4.生物进化过程与机制的研究

（1）生物适应性的起源与物种形成的分子机制

进化论不仅是生物学中最引人注目的问题，而且影响着人类的思维方式。物种形成是生物进化的中心课题，自然选择则是达尔文进化论的核心。尽管一百多年来，人们对生物适应和进化的机制进行着不懈的探讨，也取得了一些成绩，但迄今对生物适应性的起源和机制还不清楚，分子水平和形态水平的演化规律及选择在其中的作用仍是一个待解之谜。

该项研究拟利用我国极为丰富且特有的生物多样性资源，选择生态背景清晰、若干代表典型生态系统的区域，采用分子生物学手段，在居群（population）水平上，研究物种的遗传变异、适应性和生态环境三者之间的关系，揭示物种分化和适应的分子基础；探讨表型进化与分子进化之间的关系以及自然选择在其中的作用；搭建DNA、蛋白质到宏观形态之间的桥梁。这些研究为阐明突变、选择或随机漂变在生物适应和物种多样性形成中的作用等进化论中的核心问题提供重要证据和资料，同时也将为人类预测、控制和利用生物资源提供科学依据和理论指导。

（2）生物基因组进化机制与规律的研究

由于人类和其他模式动物基因组计划的实施，目前有关生物基因组的分子信息每天都在急剧增加，而其中90% DNA片段的功能尚无法确定。因此，采用实验和比较的方法，研究基因和基因组进化的机制和规律，是当前国际生物领域的最前沿和发展方向，并标志着一门新兴学科进化基因组学（evolutionary genomics）的诞生。

本项研究拟借助模式动、植物基因组的研究，采用比较生物学的原理，选择若干基础好、可操作性强的生物类群(如动物的灵长类、植物的裸子植物和禾本科植物等)，利用基因组图谱（遗传图谱和物理图谱）技术，结合有关的分子生物学和数学手段，研究基因组在染色体和分子水平的进化规律；揭示基因组结构在物种间差异的机理及其对遗传信息的传递、表达以及个体发育的影响；研究控制生物形态、结构和功能表达的基因和基因组的产生和进化机制以及环境因素（自然选择）和内在因素（中性突变）对基因组进化的影响，为最终揭示生命进化的过程和机制开辟道路。

进化基因组学是一个年轻的研究领域，全世界的研究基本上处在相同的起跑线上，这就为中国科学家提供了很好的机遇。如果我们立足于中国的资源特色和优势，瞄准国际该领域的前沿，有可能在短期内取得有影响的成果，将在国际领域的研究中占有一席之地。

（3）生物之间协同进化的研究

生物是与其生存环境（包括物理环境与生物环境）共同进化的。生物与其物理环境的共同进化属于生物地理学研究的内容，而生物与其生物环境的共同进化，从广义角度看就是生物间的协同进化问题。

系统与进化生物学的研究是从单一类群开始的，研究其生存的独立性。若拓展到动物、植物、微生物等相关联的多个类群，进行整体性功能、相互关系的综合研究，才是研究方法的进步。若将系统与进化生物学的研究从物种层次、系统发育层次的纵向研究，发展到从物种、生物群落层次、生物层次间的纵、横向不同层次相结合，如此开展生物间的协同进化研究，将能更准确地揭示生物进化的本来面目。

选择有较好工作基础的类群，开展寄生－寄主生物的协同进化、共生生物之间的协同进化、植物花的进化与其传粉动物的关系、果实种子与其传播动物的协同进化等的研究，亦是生物学研究的重大事件，若能取得突破性成果，将会对揭示生物进化的奥秘作出贡献。

（4）进化－发育（Evo-Devo）生物学研究

在进化和发育生物学研究进入分子时代的今天，一门新的学科、21世纪生命科学的生长点之一的"进化－发育（Evo-Devo）生物学"已经显现，进化生物学者和发育生物学者共同做一次新的综合，即在遗传学基础上将发育和进化综合，也被称为"第三次综合"。进化－发育生物学为阐明宏观进化的机制这个生命科学的基本问题开辟了一条新的路径，从一个全新的、从形态到分子的统一角度，研究宏观进化和物种多样性发生机制问题。

其主要研究内容和目标是：用分子生物学手段，研究物种及种以上类群起源的重要形态性状的发生、发育制约和进化束缚（evolutionary constraints），来揭示性状变异不连续性的原因、关键形态性状进化的发育生物学和物种多样性的发生机制，阐明发育调控过程的同源性（homology of process）和若干调控基因的进化过程及其机制，进而阐明生物大类群起源的机制问题。这种机制的阐明，也将对人类改造和更有效地利用生物（如农艺性状的设计）提供一条新的途径。

5. 与人类生存和可持续发展密切相关的物种鉴定问题

正确的物种鉴定，无论对科学研究（分类学、生理学、生态学、遗传学、分子生物学等），还是对害虫治理、边贸检疫、引种驯化、养殖栽培、资源开发利用都具有关键作用。鉴定错误会给科学研究、生产带来重大误导，甚至引发灾难性后果。我国生物分类学家曾经在国防、公安、医药、检疫等方面都发挥过重要的作用。近年来，通过分类学家的正确鉴定，及时发现重大检疫性害虫如马铃薯甲虫、麦双尾蚜、稻水象甲、美洲斑潜蝇和大小蠹等，为我国海关采取对策防止这些害虫在我国传播起到了关键作用。

"十五"期间，瞄准与国家安全、产业发展、资源开发、科学研究、人类健康密切相关的物种鉴定问题，重点解决长期悬而未决、影响科学研究和生产实践的物种鉴定问题，定位于检疫对象、自然疫源性生物、引起重大灾害的生物、已形成产业规模的栽培和养殖生物。

四、对策

（一）加强队伍建设

20世纪80年代初，中科院在生物分类学研究领域已拥有一支上千人的高水平研究队伍，他们为生物学的发展作出了重大贡献。随着退休制度的实行，中科院曾一度面临学术带头人和研究骨干年龄老化问题，年轻科技人才外流相当严重，科技队伍不能形成合理的人员结构，高、中、初级人员比例失调。经过近几年的努力，上述情况虽然有所缓解，也涌现出了一批年轻学术带头人，但由于我国疆域辽阔，生物门类多，物种数量庞大，年轻科技人员数量仍不足，造成大量生物门类尚无人研究和管理。因此，加强队伍建设，仍然是"十五"期间的重要任务，加速造就一支年轻优秀的科技队伍，精心选拔培养更多的新一代学术带头人和科技骨干，是保证本学科持续发展的关键，应根据实际需要，制定切实可行的人才培养计划，建设一支经过严格训练、使各个重要分类门类研究后继有人的队伍。

（二）增加科研经费支持强度

科研经费是保证学科发展的支柱。由于本学科属基础性研究，自1986年起，经费主要来源于国家自然科学基金和院内的研究项目；自1989年，中科院设立了生物分类区系学科发展特别支持费，对于生物标本的维护、增强中科院在本学科领域的竞争力和年轻科技人员的培养，发挥了一定的作用。但是，由于学科研究任务宏大，21座生物标本馆（室）需要维护，还要使我国的研究达到国际一流水平，以及建设一支高水平的科技队伍，持续的经费支持必须得到稳定的保障。

（三）增强标本馆功能建设

生物标本馆的规模及管理水平，在国际上是衡量一个国家生物分类学科研水平的重要标志。中科院现有不同生物门类标本馆21座，在中国算是规模最大和管理水平最高的，但同发达国家相比还差距甚远，这同我国作为一个生物多样性最为丰富的资源大国是不相匹配的。"十五"期间，首先选择科研队伍较强、现馆藏量丰富的若干个标本馆，加大投资，改善标本保藏与管理条件，结合野外考察项目大量采集标本，以促进标本国际交换，更换新设施，增加科普空间，并形成和应用好网络系统，担负起生物资源、物种多样性和系统与进化研究的国家任务，逐步成为生物学公众教育和信息服务中心。

（四）加强重点实验室建设

系统与进化生物学已经发展成为以揭示生物界及其各个生物门类系统发育、区系起源和进化机制为主要研究内容的综合性学科。它利用器官、组织、细胞、化学和分子等证据，在个体、群体（居群）、生态系统等水平上进行全面性研究，因此建立现代化的实验室十分重要。我院建立的真菌地衣系统学开放研究实验室、系统与进化植物学开放研究实验室、动物细胞与分子开放研究实验室、植物化学开放研究实验室，已经有配套的设备，并做出了水平较高的成果，应当继续支持。对动物研究所已建立的系统与进化动物学实验室、昆明植物研究所的生物多样性与分子生物地理学实验室、水生生物研究所的淡水鱼类系统进化与生物地理学实验室等应该给予进一步扶持和加强，在管理上应加强这些实验室间的设备互补与合作，使中科院成为系统与进化生物学研究的国际中心之一。

（五）加强领导，建立严格的专家评议系统

在中科院、生物科学与技术局的统一领导下，组织若干个重大项目，打破单位和部门间界限，发挥系统生物学家的群体优势，是取得高水平成果的有效途径，也是克服课题分散、低水平重复状况的手段。我院系统生物学家有良好的合作背景和传统，应当继续发扬。

成立的"中国科学院系统与进化生物学学科发展专家委员会"，是院和生物局领导的参谋和咨询组织。专家委员会的职能是：根据学科发展动态，调整研究方向、制订五年计划、决定重大和重点研究项目；指导国家生物标本馆建设和规划；审查研究项目的申请报告，决定项目立项和经费分配；检查项目执行情况；评议研究成果。

9

兼任中华人民共和国
濒危物种科学委员会
副主任的工作

1988 年至 2002 年 2 月，我兼任中华人民共和国濒危物种科学委员会（以下简称"濒科委"）副主任。该组织是因我国为国际濒危物种贸易公约缔约国而设立的。根据公约要求，缔约国设立有互相联系的两个机构：一个是设在中华人民共和国林业部的"濒危物种贸易管理办公室"；另一个是设在中国科学院的"濒危物种科学委员会"（以下简称"濒科委"），它挂靠在动物研究所。濒科委的职能是依据物种的濒危等级状况及市场贸易需求，提出濒危物种可进出口的贸易等级。贸易公约划分两个等级：附录 I 和附录 II。对于列入附录 I 的濒危物种，严格禁止国际贸易，如大熊猫、老虎等；对于列入附录 II 的物种，禁止野生类型进出口，对人工栽培或养殖，组织培养的类型可以有限制性地进出口，如数量较多的兰科植物等。

1989 年 10 月 9~20 日，国际濒危物种贸易公约缔约国大会在瑞士洛桑召开。我国代表团由中华人民共和国林业部常务副部长刘光运任团长，团员由物种贸易管理办公室、濒科委、中华人民共和国海关总署等人员组成。濒科委由常务副主任、动物研究所汪松研究员和我参加。

这次大会的会标是大象，不言而喻，大象是会议的中心议题。对于将大象（包括非洲大象和亚洲大象）列入附录 I 还是附录 II，参加会议的百余个国家代表和有关国际组织进行了激烈的辩论。一种意见是将大象列入附录 I，绝对禁止国际贸易，象牙和象牙工艺品当然也在禁止之列，这就意味着国际上的象牙工艺品产业将全部倒闭；另一种意见是列入附录 II，可以进行有限制的国际贸易，象牙工艺品亦可以有限制地进出口。持前一种观点的以西方国家为多，后一种观点以有象牙工艺品生产、经销的国家和地区为主。有大象分布的国家也有不同意见，有的国家代表强烈要求列入附录 II，因为他们国家的大象太多了，严重损毁农作物，已经成为一种灾害。经过几天的辩论，经大会表决，赞成列入附录 I 的国家占了多数，因此大象被列入附录 I。

这次会议植物方面有 7 个提案，我在植物组讨论会上，对每个提案代表中国发表了意见。在全体大会上，对于我国有分布的物种足叶草（即桃儿七 *Sinopodophyllum hexandrum*），尼泊尔提出将该物种列入附录 II。我经团长同意，代表中国以英语发言，详细阐述了这个物种的药用价值，在我国尚存的数量稀少，目前生存环境条件较差，加之受人为干扰，亟待保护，支持列入附录 II 的意见。最后，经大会的表决通过了。

大会期间休息一日，代表团组织参观瑞士首都伯尔尼，这里确是一座美丽的花园城市，处处装饰着鲜花。我眺望四周，饱览了带着浓郁秋色的美丽山地、湖泊。大会结束后，我们乘车到达日内瓦，多数团员入住中国办事处的招待所，因床位短缺，我和林业部三位同志被安排入住附近宾馆。第二天早晨要赶往机场，而接车人员到达宾馆时我们尚未起床，好在行李简单，准时赶到机场，乘上了由日内瓦飞罗马的飞机，下机需转乘国航飞机，可是这天当班飞机还在北京首都国际机场修理。我们在罗马机场停留近 20 个小时，由于没有意大利的签证，只能待在候机厅，中国民航为每人发了两顿饭的餐券（共价值 100 美元），夜晚躺在长椅上睡觉。好在团里人多，并不感到寂寞。飞机返回途中到了迪拜，需停留 1 小时，允许下飞机到候机厅观光。我急速地在商店选购了一条金项链和一枚金坠，在机上得到同行的工艺美术总社两位女士的鉴赏和赞扬，心里高兴。这是我结婚 27 年第一次送给夫人礼物。

参加 1989 年 10 月瑞士洛桑国际濒危物种贸易公约缔约国大会
（左起：动物学家汪松，中国代表团团长、林业部常务副部长刘光运、路安民）

与汪松研究员在洛桑留影

领略瑞士阿尔卑斯山支脉山地风光

10

主持国家自然科学基金委员会学科发展战略《植物科学》的撰写

1988~1994 年，我受基金委的聘请，担任植物学科评审组成员。其中，两届（每届任期两年）任生命科学部植物学科评审组组长，每年参加一次基金评审会。那时，正是国家由计划经济向市场经济转轨时期，科研经费逐步由国家拨款制转向基金制。每年申报的研究项目数量很多，但是经费有限，故中标率相对较低，大约是 20%。评审组根据基金委制定的项目指南和要求，以及同行专家评议的意见，认真地审查每一份申请书。首先由本组同行专家介绍，经评审组全体成员（申请者所在单位的评审专家需回避）认真讨论，得到多数专家同意后，并根据当年下达各学科的经费额度，决定项目的资助数及资助强度，尽量地做到公正、公平。

在诸多评审项目中，我记忆犹新的是由新疆石河子大学李学禹教授以甘草属 *Glycyrrhiza* 植物为研究类群的申请。该属植物分布于温带和亚热带地区，我国约 6 种，产自西南、西北至东北部；其中甘草 *G. uralensis* 是著名的国药之一，但其生长环境恶劣，人为破坏相当严重，必须严加保护。李学禹教授从物种资源保护、正确划分物种和合理开发利用三方面研究，连续申请到 3 项国家自然科学基金的地区(新疆)基金。2004 年 8 月，我有幸参加了李教授主持的"第二届中国甘草学术研讨会"，实地考察了他们的甘草种质园和种子库，聆听了他们的研究成果在生产实践中所获得经济效益的报告，真为他们应用自然科学基金对科学和社会经济发展作出的贡献感到高兴。

1988 年，基金委提出：为促使我国基础科学研究在世界上占有一席之地，坚持攀登、赶超和创新的方向，必须准确地把握学科发展的未来，从战略高度上做出正确的科学决策，选准主攻目标与优先发展的重点领域，要求每一个学科撰写"学科发展战略调研报告"。1988 年夏，生命科学部趁在青岛举行基金项目评审会的机会，成立了"植物科学发展战略研究组"，决定由我任组长，北京大学朱澂教授和基金委生命科学部齐书莹副主任任副组长，研究组成员由 7 个分支学科，即分类学、形态解剖学、胚胎学、细胞学、生理学、生态学和资源学的 17 位专家组成。中科院植物研究所为承担单位，植物所科研处负责具体的组织和联络工作。研究组拟定了充分依靠专家群体、广泛征集和听取各分支学科同行意见的工作方法。首先，各分支学科专家向全国同行发函，征集专题稿件，撰写本学科的发展趋势和战略思想。朱澂教授组织他的学生查阅了当时近 17 年来植物学发展的国际动态，进行了全面的调研。在此基础上，朱澂教授对各分支学科资料进行汇总、融会贯通、提升，完成了调研报告第一稿。1990 年 11 月，基金委生命科学部在广州主持召开植物科学发展战略学术研讨会，重点对调研报告进行了讨论。参加会议的成员除大陆植物学界代表，还有港澳台地区的植物学家。这次会议之后，研究组又经过多次讨论修改，最后由我执笔撰写了 3000多字的摘要。在基金委的主持下，战略报告经过由吴征镒院士为组长、沈允刚院士为副组长等 15 位有代表性的科学家组成的评审组进行评审。会上由我介绍了"战略报告"撰写的过程，朱澂教授介绍了"报告"的详细内容。评审组经过"背靠背"评审后，将评审意见及结果向研究组全体人员宣读。评审组给出了较高的评价，对所提出的建议，我们一一做了修改后定稿。该战略报告以《植物科学》命名，于 1993 年 9 月由科学出版社出版，作为当年 10 月在北京召开的中国植物学会 60 周年年会的献礼，赠送与会代表人手一册，开始了全国正式发行。

本书特附笔"摘要"和研究组及评审组人员名单。

《植物科学》1993 年 9 月，科学出版社

北京大学朱澂教授和胡适宜教授及其弟子
（麻密研究员提供）

摘　要

　　本报告在分析了当代植物科学的发展趋势、我国植物科学现状的基础上，提出了我国植物科学发展战略的建议。基本内容有以下几个方面：

一、当代植物科学的发展趋势

　　植物科学研究的对象是整个植物界。植物种类繁多，在生物圈的物质循环和能流中处于最关键的地位。植物是自然界中第一生产者，是人类最根本的食物来源，也是无数可再生资源的源泉。植物创造了人类赖以生存的生活环境。植物界作为一个天然的基因库，是自然赋予人类的宝贵财富。

　　植物科学属于基础研究的范畴。它的基本任务是认识和揭露植物界所存在的各种层次的生命活动的客观规律，包括结构与功能、生长发育、进化、分布及其与环境相互作用等；揭示新原理和探索新技术，为解决广泛的应用问题提供基本理论和方法。

　　植物科学经历了描述植物学时期、实验植物学时期的发展之后，进入现代植物学阶段。

　　近20年来，分子生物学和环境生物学以及近代技术科学、数学、物理、化学的新概念和新技术被引入植物学领域，植物学各分支学科在微观和宏观两个方面从事各自的使命和完成各自的目的。同时，植物科学开始在新的水平上朝着综合的方向发展。随着各种新概念的建立和新方法的采用，对植物个体发育、系统发育及其与环境的关系的基本规律都有了极其重要的发现，植物科学现在已经掌握了了解植物生命和植物界发展的许多关键。

　　根据国际上综合报道植物科学文献的期刊《植物科学的现代进展》（*Current Advances in Plant Sciences*）从1974年到1990年17年的资料，本报告详细地分析了植物科学主体的6个学科，即代谢植物学、系统与演化植物学、环境植物学、资源植物学、结构植物学、发育植物学的进展和取得的重要成果。

　　当今植物科学发展可以归纳为下列几个主要特点：①学科间不断地相互渗透与交

又是植物科学进步的源泉；②对生物学中重大问题的跨国界、跨学科的综合性研究受到广泛的重视；③与应用有关的植物学科领域发展迅速；④分子生物学带动了植物科学的发展。

展望今后 30 年内植物科学的发展趋势，植物科学存在着巨大的机会，同时也面临着严峻的挑战。分子生物学的成就及其与植物科学各分支学科的相互交流与渗透已使在更高层次上探索植物生命的奥妙和发生发展的规律成为可能。

在微观方面，植物特有的光合作用及共生生物固氮的机制以及植物发育的基因调控等基础理论研究将取得新的突破。今后 30 年内，对光合作用及生物固氮结构与功能、反应步骤的一些关键之处将进一步从分子水平继续深入探讨，并且重点转向它们的运转、配合、调节与控制的研究，从而将对农业增产起显著促进作用，并可能在工业中开拓出有希望的应用前景。在植物细胞及组织培养方面，估计会集中较多的力量转向研究植物细胞遗传全能性表达的基础理论，并由于分子生物学技术的发展，许多重要农作物的离体培养物可以更自由地获得再生植株。这项工作的成就必然导致植物基因工程在农作物生产应用中发挥更强有力的实际效果。植物细胞工程和基因工程的密切配合，无疑将成为 21 世纪农业生产中提高农产品产量和质量的一个重要手段。植物发育中的基因时空调控的研究将成为植物科学中一个极为活跃的领域，它必然会迅速地同农作物生长发育的高度控制的需要密切结合，从而表现出在生产实际中强大的生命力。

在宏观方面，随着人类对生存环境的重视，生态学研究将继续向广度和深度发展，推进巨大生态工程的建设，在改善人类的生存环境方面，表现出实际的效果，并推动在更大规模上开展跨国界的全球性植物生态学重大问题的研究。植物系统学的研究将更大规模地开展洲际植物区系研究，着眼于世界性的植物专科专属、系统发育及其分布和发展规律，从而在理论上产生新的突破。由于分子生物学的理论和技术在植物系统学中的应用以及与其他分支学科的渗透，植物物种作为特殊基因组合在一定区域内演替和迁移的动态规律研究将有所发展。当前，物种及其群落遭受到的人为和自然的绝灭性破坏，已达到异常严重的地步。"生物多样性保护"将作为一项综合多学科的长期研究任务而得到迅速的发展。

植物所产生的有用化合物种类繁多，应用广泛。植物化学研究将会有更为全面的发展。利用细胞大量培养和生产的植物有用化合物，有可能在今后 30 年内在实际生产中表现出巨大潜力。植物次生代谢产物与植物系统发育和生态环境、地理分布的关系的研究将会深入地开展。某些有用化合物基因的利用将会取得一批有使用价值的成果。资源植物学将逐步形成并在植物科学中占有重要位置。

二、我国植物科学的现状

经过几代植物学家的创业、建设和发展，目前我国植物科学已经形成了分支学科齐全的科研和教学体系，具备了 10 000 多名植物科研工作者队伍。在参加国家重大经济建设和科研任务中已表现出相当雄厚的实力，在植物科学基本资料调查和基础理论研究方面取得了一批具有国际水平的成果，解决了许多经济建设中提出的迫切问题。我国植物科学取得的巨大成绩，为进一步的发展奠定了良好的基础。但当代科学技术的发展十分迅速，植物科学涉及的范围十分广阔，因此与国际先进水平相比，还有较大的差距。

发展我国植物科学的有利条件是：①我国植物种类繁多，地域辽阔，跨越寒、温、热三带，植物分布从海平面直至海拔 6000 多米的高峰，生态环境复杂，因此有研究植物科学良好的自然条件和丰富的内容；②我国有长期农业栽培的历史，民间利用植物的广泛经验，特别是利用中草药的经验，为植物科学理论和应用研究提供了宝贵的素材；③已形成了具有一定规模的科研和教学体系，建立了一批较先进的实验室和植物科学工作者队伍，已具备进一步发展的基础；④党的基本路线的确定，明确了科学技术是第一生产力的科学论点，基础理论研究受到了各级领导的重视；⑤"863"生物技术发展规划自 1986 年提出以来，植物基因工程、细胞工程得到了加强并有了较快的发展；植物科学的前沿工作已经有了一个良好的开端，为植物科学各分支学科向现代化方向发展创造了必要的条件。

但是，我国植物科学目前还面临着许多严峻的问题：①研究水平与国际植物学相比，还有明显的差距；②学术领导力量近年明显削弱；③植物科学实验技术条件比较落后；④研究课题过于分散，低水平重复现象相当严重。存在的上述问题是相互联系的，如果不能及时解决，科研水平就提高不了，工作成绩就上不去，不仅影响到学科的发展，而且已经建立的基础也将受到严重的破坏。而经费问题是影响植物科研发展的关键。植物科学是农业科学的理论基础，国家提出在经费上要向农业倾斜，对于植物科学也应该有所倾斜。

三、我国植物科学的发展战略

1. 发展我国植物科学的基本原则

（1）为实现我国国民经济和社会发展的十年规划服务；

（2）筛选若干重大基本理论问题作为本门学科的主攻方向；

（3）重视联系经济建设的实际，加强应用基础研究；

（4）创新和建立我国自己的发展植物科学的道路；

（5）兼顾各分支学科的加强和发展；

（6）继续完成基本资料的搜集、调查和整理工作。

2. 我国植物科学的重点方向

在20世纪90年代，我国植物科学的任务是：①要在植物科学的基础研究方面取得显著进展；②在人和自然关系的领域内，人和植物界有着十分密切的关系，应该在物种和生态系统的保护以及植物资源的合理开发、利用的研究方面取得扎实的成果；③植物科学的有关理论，是农业生产的理论基础，应在发展植物科学的理论和技术的同时，努力为农业生产现代化作出贡献；④在发展高科技产业方面，除生物技术在"863"高科技发展计划中规定的项目外，在植物资源开发方面，要创造条件，实现若干产品的产业化。为了实现我国植物科学的目标，使我的植物科学能够较快地进入世界先进行列，迎接即将到来的植物科学大变革时代，应确定宏观研究、微观研究和应用基础三个方面为重点发展的方向。

3. 我国植物科学中期发展的战略目标

我国植物科学的发展战略目标应是有限的具时代特色的目标。所谓有限的，就是要把植物科学战线过长、巨细不分、课题分散的现状，调整为相对集中的几个优先发展领域，并逐步形成一个完整体系；要把单纯的对客观自然现象的一般性描述，调整为有选择地在若干重大理论问题上进行研究，在不太长的时间内赶超国际先进水平；要把有限的资金、技术和智力调整到主要目标上。所谓具有时代特色，就是我们制定的目标能反映当代植物科学的最先进水平，可以作为在一定历史时期内植物科学获得巨大成就的标志。

从现在起到2020年，约在30年时间内，在宏观研究方面，选择"生物多样性保护"作为带动整个宏观研究领域的重大课题，主要以植物分类学、植物生态学、植物遗传学、引种驯化和植物生物工程等分支学科来支持这一重大课题的研究，同时也可以带动这些分支学科的发展。在微观研究方面，可以选择"植物生长发育中基因表达在时间上和空间上调节和控制的研究"，作为带动微观研究领域的重大课题。该课题的长远目标是在分子水平上系统地阐明高等植物生长发育的基本规律，基因在时间和空间上调节和控制机制，在理论上提出控制植物生长发育的有效措施，以期为现代化农业栽培措施提供理论基础。以植物分子生物学、植物细胞生物学、植物形态发生学、植物分子遗传学、植物生理学等分支学科作为该课题的支持条件，开展不同层次的研究。在应用基础研究方面以"植物资源的开发、利用和保护的研究"为重点，这是一个研究范围广泛、利用植物作为宝贵基因库的功能、以造福人类为目标的课题。

4. 近期发展的战略目标，优先发展的领域和前沿课题

近期发展的战略目标实际上是中期发展目标的一个组成部分，要促进我国传统的植物科学体系向现代植物科学体系的转变，争取到 2000 年能基本上建成现代植物科学体系，达到能担当起完成中期战略目标的功能。作为植物科学现代化的目标应发展下列领域：①代谢植物学；②结构植物学；③发育植物学；④系统与演化植物学；⑤环境植物学；⑥资源植物学。

植物科学近期发展的前沿课题有：光合作用；植物逆境生理；植物的发育生物学；植物与微生物的相互关系；中国特有植物和重要经济植物的形态、结构、发育及其生殖过程的研究；植物细胞全能性的机制；种子植物受精作用的研究；《中国植物志》（包括英文版 *Flora of China*）和《中国孢子植物志》的编写；植物系统演化研究（包括世界性的专科、专属研究）；物种生物学研究；生物多样性的保护研究；陆地生态系统中植物群落结构、功能和动态研究；药用植物传统经验的调查、整理和综合研究；重要资源植物中有用物质的基础研究。

在应用基础研究方面还应包括下列重点课题：重要药用植物资源和花卉资源的研究；人工生态系统（如农林复合系统）的研究；重要农作物及树种的生物学研究；在农业生产中提高光能利用和水分利用的研究；与作物育种有关的生殖生物学研究；重要经济植物正常的与异常的有性生殖方式的研究；植物新技术在农业生产中应用的新途径；与农业区划和国土规划有关的植物生态学问题。

四、加速和加强我国植物科学发展的对策

植物科学发展战略提出了一个近期和中期的发展目标。要求我们集中有限的财力，

结合我国的实际情况，有选择地在植物科学若干重大问题上，在不太长的时间内达到国际植物科学的先进水平，为我国的应用研究和国民经济建设作出更大贡献，以带动整个植物科学的发展。要实现这个战略目标，一方面，我国的植物学工作者必须要有强烈的事业心和责任心，树立赶超世界植物科学先进水平的雄心壮志；另一方面，也必须采取相应的对策和措施。本报告从科研队伍、科研经费、科研体制三方面，提出了意见和建议。

1. 科研队伍

植物科学科研队伍面临的问题是，学术带头人和研究骨干年龄老化，人才外流严重；在科研单位和高等院校普遍存在着高、中、初级人员比例失调，人员结构不合理的问题。加速造就一支年轻优秀的科研队伍，精心选拔培养新一代学术带头人，是保证植物科学持续发展的关键。因此，本报告建议：

（1）制定人才培养规划，选拔培养年轻优秀人才；

（2）切实解决优秀中青年科技人员的生活条件，坚持全面调动各级各类人员的积极性；

（3）加强植物学教学，充实师资队伍，不断输送研究人才。

2. 科研经费

科研经费是实现战略目标的支柱。植物科学作为一门基础学科，国家自然科学基金是最主要的经费来源，对促进我国植物科学研究的发展、稳定科研队伍方面发挥了很好的作用。目前由于经费短缺，很多仪器设备的更新维护十分困难，野外工作装备得不到改善，图书、期刊的订数不断减少，大大地影响了研究水平和工作效率的提高。因此，国家应重视对基础研究的经费投入，增加经费拨款。同时，还应大力开展国际合作，开辟国外经费渠道。

3. 科研体制

科研体制是实现发展战略的保证。由于旧的科研体制尚未从根本上破除，存在许多弊端，科研人员的创造力受到严重影响，综合优势难以发挥，只有通过体制改革逐步加以解决。

（1）加强重点实验室的建设。作为一种新的运行机制，重点实验室必须实行"开放、流动、面向全国"的方针。根据战略规划，设立具有学科前沿水平的研究项目或课题，吸收全国优秀的中青年科技人员，争取获得高水平的研究成果，成为培养青年科技人员的重要基地。目前设立的开放实验室数量较少，学科分布不平衡，应根据学科发展适当增加数量，给予经费保障。

（2）组织若干重大项目，发挥科学家的群体优势和协作精神。

（3）加强科学管理。要有稳定的政策，要有统一的领导，要有严格的专家评议系统，要有切实的后勤保障。

植物科学发展战略研究组成员

组　长	路安民	研究员	中国科学院植物研究所
副组长	朱　澂	教授	北京大学
	齐书莹	副教授	国家自然科学基金委员会

成　员（以姓氏笔画为序）

白克智	研究员	中国科学院植物研究所
朱大保	副教授	国家自然科学基金委员会
李长复	编审	中国科学院植物研究所
李正理	教授	北京大学
肖培根	工程院院士	中国医学科学院药用植物开发研究所 研究员
吴相钰	教授	北京大学
何关福	研究员	中国科学院植物研究所
陈灵芝	研究员	中国科学院植物研究所
孟小雄	高级工程师	中国科学院植物研究所
胡玉熹	研究员	中国科学院植物研究所
胡适宜	教授	北京大学
洪德元	学部委员 （后改称院士，后同）	中国科学院植物研究所 研究员
高文淑	工程师	国家自然科学基金委员会
简令成	研究员	中国科学院植物研究所

植物科学发展战略评审组成员

组　长 吴征镒　　学部委员　　中国科学院昆明植物研究所 研究员

副组长 沈允刚　　学部委员　　中国科学院上海植物生理研究所 研究员

成　员 (以姓氏笔画为序)

　　　　王伏雄　　学部委员　　中国科学院植物研究所 研究员

　　　　闫龙飞　　学部委员　　北京农业大学 教授

　　　　肖翊华　　教授　　　　武汉大学

　　　　吴德邻　　研究员　　　中国科学院华南植物研究所

　　　　张新时　　学部委员　　中国科学院植物研究所 研究员

　　　　周荣汉　　教授　　　　中国药科大学

　　　　郑亦津　　教授　　　　山东大学

　　　　孟繁静　　教授　　　　北京农业大学

　　　　赵薇平　　教授　　　　首都师范大学

　　　　胡正海　　教授　　　　西北大学

　　　　祖元刚　　教授　　　　东北林业大学

　　　　贺士元　　教授　　　　北京师范大学

　　　　钱迎倩　　研究员　　　中国科学院生物多样性委员会

11

匡可任教授的学术成就及其论文拾遗

我的导师匡可任，号可润，1914年1月30日出生于江苏省宜兴县芳桥区一个比较富裕的家庭。父亲是教员，母亲贤惠，在家料理家务。他从小受到严格的家庭教育，勤奋好学，读完了六年小学、三年中学。由于他对美术特别有兴趣，初中毕业后本想就读美术专业，而父亲却要他学农学。他遵循父训，于1931年9月考入宜兴高级农林学校。在学期间，他对植物分类学和树木学产生了浓厚兴趣，1934年7月毕业留校任教一年。为了进一步深造，1935年赴日本留学，在北海道帝国大学攻读林学。1937年"七七事变"，日本发动了全面的侵华战争，中华大地陷入沉痛的战争灾难，"七七事变"后的第二个月，他凛然离开日本回到祖国，参加了战区教师服务团，投身到全国人民奋起抗日的行列，充分表现出他学生时代对祖国诚挚的热爱，对侵略者的强烈憎恨。后来他怀着科学救国的志向，1941年开始了植物学研究的生涯。1949年之前，他相继在云南农林植物研究所、中国医药研究所和北平研究院植物研究所任职。1949年新中国成立后，他入职中国科学院植物研究所，1952年任副研究员，1956年晋升为研究员。他是首届《中国植物志》和《植物分类学报》的编委。1977年1月25日因病在北京逝世，享年63岁。

青年时期的匡可任（匡柏立提供）

1952 年 12 月，匡可任荣获毛泽东主席签发的奖状（匡柏立提供）
（国家表彰中国植物分类学家揭露美国在朝鲜战争中使用细菌战罪行所
作出重要贡献的勉励）

11.1 匡可任教授的学术成就

11.1.1 植物学基础研究

匡可任从只有大学肄业的文化程度到成为著名植物分类学家，历经了艰辛。他在青年时代就怀有很大的抱负和追求，希望能成为像德国恩格勒那样世界一流的植物分类学家，完成一部类似《植物科志》的具有较大影响力的学术专著。数十年来，他夜以继日、废寝忘食地学习和工作，自学了英语、拉丁语、德语和法语，后来又掌握了俄语，他的植物学拉丁语造诣很深。他广泛地搜集有花植物各个科的文献，亲手抄打的资料叠加起来近 3 米厚，积累了数量可观的各种文字的植物学术语卡片。匡可任在生活上克勤克俭，吃饭很简单，衣着十分简朴，然而购买图书毫不吝啬，他将节省的钱几乎全部用在这方面，去书店也成为他唯一的业余爱好。他私人的藏书，在当时可称得上是一个有模有样的植物分类学图书馆。他不拘泥于书本知识，特别重视对活植物的观察和研究，不论在野外还是室内，对研究的每一种植物都要认真观察、仔细解剖，加之他掌握了一手精湛的植物绘画技术，总是将观察结果画出符合科学标准的图，从而奠定了他在植物器官学方面的深厚功底。由于他有植物形态演化的丰厚知识以及种子植物系统的清晰概念，凡别人难以鉴定的植物标本，他通常都可以鉴定出正确的植物名称。

20 世纪 50 年代初期，中国植物学研究水平还很低，他常比喻说，没有坚实的基础，大厦就像是建造在沙滩上。因此，他排除各种非议，放弃在国内植物分类学刊物上发表一些时兴的论文，把绝大部分的精力用在基础性研究方面，其目的是寄希望于青年，使年轻植物学工作者尽快成长，以期在短时期内达到国际水平。20 世纪 50~60

年代，匡可任依据俄文版先后编译出版了《高等植物器官图解》《高等植物分类学参考手册》；参加中国科学院编译出版委员会名词室组织编订的《俄英中种子植物外部形态学名词》《种子植物形态学名词》和《德汉植物学词汇》，这些基础的形态学工具书，无不凝聚着他的心血。为了提高年轻人的俄语水平，他组织植物分类室的青年学者翻译了俄文版的《高等植物》和《植物演化形态学问题》等重要著作。1965 年，他根据英文版翻译的《国际植物命名法规》，是中国正式出版的命名法规的中文版本。这些工具书的编译不仅要有良好的文字修养，而且要具备对科学概念清晰而牢靠的基础，没有雄厚的科学知识积累是不可能完成的。在编译的过程中，他对于每个术语都经过深思熟虑和反复比较，力求避免双关，表达其准确的科学含义。他的这些工作，对促进中国植物学的发展、提高中国植物分类学的整体水平作出了巨大贡献，直到现在，这些书籍仍然是植物分类学研究和教学工作的重要参考书。

11.1.2 胡桃科植物研究的奠基人

20 世纪 40 年代初，匡可任首先进行了胡桃科植物的研究，成为研究中国胡桃科植物分类的奠基人之一。胡桃科在德国恩格勒系统中作为最原始的科之一，花较小、结构奇特，苞片、小苞片、花被片常常难以区分，不同著作的作者使用的述语极不统一。他对每种花都做了仔细的解剖，绘制了花的结构图，对分布于中国的属、种做了详细的描述。1941 年 11 月，他用拉丁文发表了"云南东南部胡桃科新属"（"Genus novum Juglandacearum ex austro-orientali Yunnan"），将其命名为喙核桃属（*Rhamphocarya* Kuang），含单种喙核桃（*R. integrifoliolata* Kuang）。由于当时中国正处于抗日战争中，文章难以发表，他便自创刊物 *Iconographia florae Sinicae*，文章撰写、绘图、刊物制版（石印）、印刷以及发行全部独自完成。按照国际植物命名法规，刊物发行，被收录到世界各个重要图书馆，这个新分类群属才算合格发表。经过长期的研究，他编辑的《中国植物志》第 21 卷于 1979 年出版，其中包括了他对中国胡桃科的全面分类研究成果。

匡可任绘画的喙核桃 *Annamocarya sinensis* (Dode) Leroy 图

11.1.3 研究珍稀植物——银杉

1955~1956 年，由中国科学院华南植物研究所广西分所植物学家钟济新先生率领的考察队，在广西龙胜花坪林区采集到球果类标本，送给中国科学院华南植物研究所所长陈焕镛鉴定，陈焕镛力邀匡可任共同研究。他们经过形态学和解剖学的细致观察，确认是隶属于松科的新属、新种。两人于 1958 年联名以俄文和拉丁文发表于《苏联植物学杂志》，属名取 *Cathaya*，为"华夏，即中国"之意。银杉（*Cathaya argrophylla* Chun et Kuang）的发现是继中国植物分类学家 1948 年发现水杉之后的又一个重大发现，轰动了国内外植物学界。其后，匡可任与著名植物画家冯钟元先生合作绘制了国宝级大幅油画银杉，这是中国植物分类学和植物绘图艺术的宝贵财富。这幅油画现悬挂在中国科学院植物研究所植物标本馆会议室，成为镇馆之宝。化石孢粉记录显示：第三纪时期银杉广泛分布于北美、东亚和欧洲，由于第四纪冰期的影响，它们在欧洲和北美绝迹了，现在只局限存在于中国的广西（龙胜、金秀）、贵州（道真、桐梓）、湖南（资兴、桂东、雷县、城步）和重庆（南川、武隆）几个零散的分布点，因此人们称银杉为"活化石"。银杉多生长在山脊、山顶的峭壁地带，环境条件相当恶劣，其生殖期经常受梅雨、低温、病虫害等不利因素的影响，导致胚珠发育困难，造成种子发育不良，即使能发芽的种子也难以长成实生苗，在人工条件下也不易繁殖，是一个极危物种，故人们亦将它比作植物界的"大熊猫"，列为国家一级保护植物。

20 世纪后期，我们的系统与进化植物学开放研究室创办了一本期刊，命名 *Cathaya*，以纪念这一重要研究成果！

银杉命名人陈焕镛教授和匡可任教授（匡柏立提供）

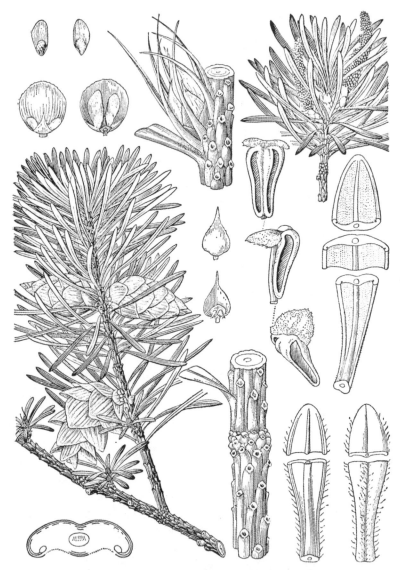

银杉解剖图

会见同门师兄张永田研究员

植物绘画大师冯钟元和匡可任合作的大幅油画——银杉

11.1.4 茄科植物分类学研究

茄科是一个极具经济价值的类群，粮食作物中的马铃薯，蔬菜中的番茄、茄子和辣椒等，花卉中的夜香树和碧冬茄等，水果中的酸浆等，药用植物中的枸杞、天仙子、颠茄、山莨菪、泡囊草和龙葵等，还有制烟工业原料烟草。

匡可任从 20 世纪 50 年代开始进行茄科植物分类学研究，承担编写《中国植物志》茄科的任务。1965 年他和我联名在《植物分类学报》以中文和拉丁文双语发表了《茄科散血丹属的修订》，文中对东亚分布的这一特有属进行了全面研究，并建立了散血丹属的世界性分类系统，发表 3 个新种：云南散血丹（*Physaliastrum yunnanense* Kuang et A. M. Lu）、散血丹（*P. kweichouense* Kuang et A. M. Lu）和华北散血丹（*P. sinicum* Kuang et A. M. Lu）。1966 年，他在同一学报发表了"地海椒属——亚洲东部产茄科的一新属"，地海椒属的拉丁学名为 *Archiphysalis* Kuang，该属是包括两种植物的东亚特有属。1974 年，他和我又合作发表了"中国产泡囊草属植物的种类"，该文对泡囊草属的种类做了全面的修订，建立了 3 个新种：坛萼泡囊草（*Physochlaina urceolata* Kuang et A. M. Lu）、漏斗泡囊草（*P. infundibularis* Kuang）和伊犁泡囊草（*P. capitata* A. M. Lu）。其中，他命名的漏斗泡囊草只局限分布在秦岭中部至东部以及中条山，这是一种重要的药用植物，陕西称之为华山参或秦参，河南称之为大红参或大紫参，含莨菪碱、东莨菪碱和山莨菪碱，是提取莨菪烷类生物碱的资源植物。他的这一发现，为植物资源利用作出了贡献。由他主持的《中国植物志 第六十七卷 第一分册》于 1978 年出版，包括中国产的茄科植物 24 属、105 种。茄科的英文修订版也已由他的弟子们完成，发表在 *Flora of China* 第 17 卷，于 1990 年由中国科学出版社和美国密苏里植物园出版社出版。

他在患病期间，仍然借阅新的期刊和书籍，每当发现新的科学概念和学术思想，就指点我注意阅读。晚年，他自感体力不济，将不能完成原计划的著作，深感内疚。所以，他谆谆告诫我，做研究工作不要学他那样"贪大求全"，要及时总结。这些发自内心的悟语，也是他对工作的自我批评，这更激励我学习他那种严于解剖自己的精神。临终前，他嘱咐夫人将他加注了许多注释的植物学拉丁词典留给了我。他严谨的治学态度，至今还鞭策和影响着当年受过他教诲的植物学研究人员。

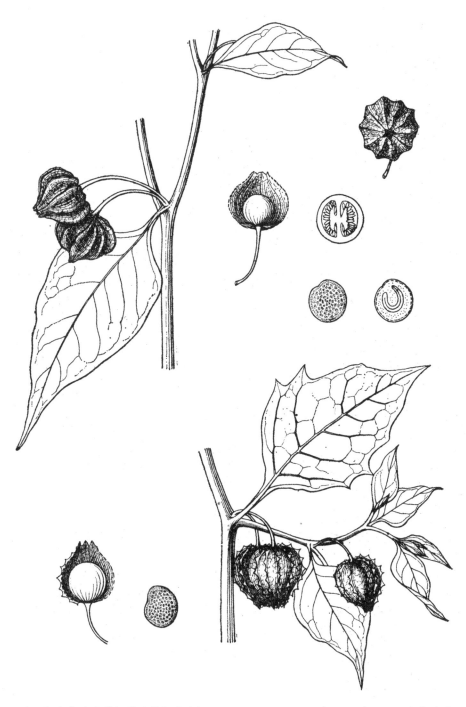

匡可任发表的茄科新属（种）地海椒 *Archiphysalis sinensis*（Hemsl.）Kuang 和广西地
海椒 *A. kaunsiensis* Kuang 果枝和果实、种子解剖图

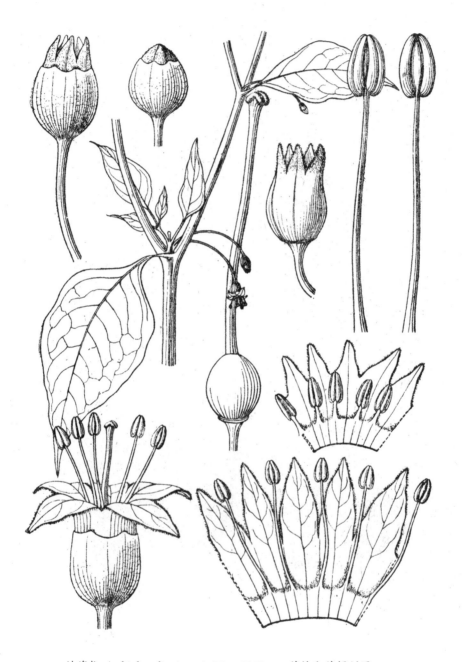

地海椒 *Archiphysalis sinensis* (Hemsl.) Kuang 花枝和花解剖图

华北散血丹 *Physaliastrum sinicum* Kuang et A. M. Lu

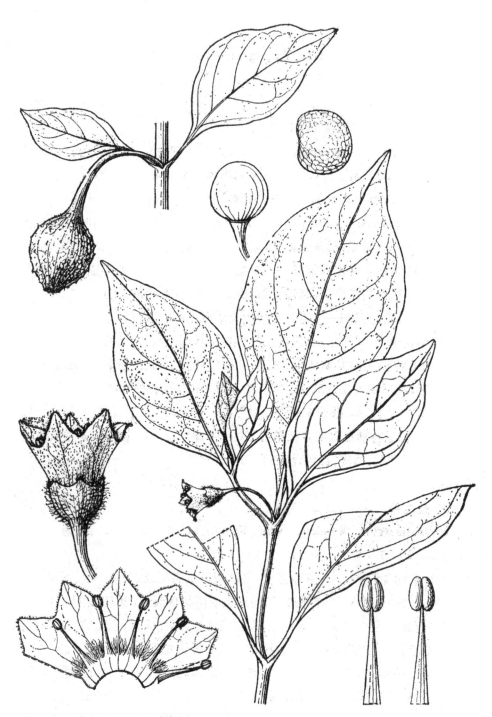

云南散血丹 *Physaliastrum yunnanense* Kuang et A. M. Lu
（这是我与导师合作于 1965 年发表的第一个新种）

11.2 匡可任教授遗作

    一次偶然的机会，我们在匡可任教授的遗物中发现了他的这篇遗作。依据他的行文风格，推测此稿完成于 20 世纪 50 年代初。论文强调伊桐属过去的记载皆为雄花，雌花因未采到而告缺，故作者进行补充描述。我们查阅了一些晚近的国内外植物志〔如 Sluemer, Fl. Mals. Ser 1, 5(1):12, 1954 和 Lescot, Fl. Cambodge Laos Vietn. Ⅱ: 67, 1970〕，发现仍对它的雌花一无所知。《中国植物志 第五十二卷 第一分册》"大风子科 Flacourtiaceae 栀子皮属（即伊桐属）"虽有雌花记载，但描述很简单，图也不清楚。我们认为，现今发表他的这篇遗作（除将图版说明译为中文外，其他基本上未做改动）仍有较高科学价值，可加深对伊桐（栀子皮）属性状的全面认识。此文图版为匡先生亲自绘制，从这些图版中，可窥探匡先生治学的严谨，足以为我们后学研究植物分类学的楷模。谨以此纪念匡可任教授。

——路安民、汤彦承于 2015 年

伊桐属之研究

匡可任

（中国科学院植物研究所，北京 100093）

在 Hemsley 氏（依 Henry 氏所采云南标本）发表单种属 *Itoa orientalis* 之前，Koorders 氏曾将西里伯斯岛一植物定名为 *Poliothyrsis stapfii*，嗣后经 Sleumer 博士改置于伊桐属 *Itoa*。1918 年后，Gagnepain 氏误将东京（安南，即今越南）所产标本列于 *Carrierea* 属，而发表新种 *Carrierea vieillardii*，但此实乃今之 *Itoa vieillardii* 也。1925 年，Slooten 氏因忽略 Hemsley 氏之著作，后将 *Poliothyrsis stapfii* 及 *Carrierea vieillardii* 合一而创一新属 *Mesaulosperma*。延至 1934 年，Sleumer 博士始将 Gagnepain 氏之 *Carrierea vieillardi* 及 Slooten 氏之 *Mesaulosperma* 并入伊桐属 *Itoa*。著者鉴于过去所有记载皆属雄花，故将所得本属模式种（Type species）之雌花详加解剖，发现树枝状多裂而反垂之柱头与雌花其他特征为本属别于他属之重要根据，且因雌花为单生之单性花，得以证明本属在 Idesiina 亚族中占最高之演化地位。

OBSERVATIO DE GENERE ITOA (FLACOURTIACEAE)

Ko Zen Kuang

Intituti Botanici Academiae Sinicae, Beijing, 100093

Ante quam V. Cl. W. B. Hemsley plantam secundum specimina ab A. Henry ex Provencia Yunnanensi collecta, in novi generis monotypici loco habuit *Itoa* at speciem novam *Itoa orientalis* nominavit, species nova ex Insula Celebesensi a Cl. Koorders sub nomine *Poliothyrsis stapfii* descripta fuit, quam. Dr. H. Sleumer ad Itoam translata est. Anno autem 1918, V. Cl. F. Gagnepain plantam juxta specimen ex Provencia Tonkinensi, plantam errore ad genus *Carrierea* retulit et publici juris fecit speciem novam *Carrierae vieillardii*, quae certe est *Itoa*. Usque ad annum 1925, V. Cl, V. Slooten species *Poliothyrsis stapfii* et *Carrierea vieillardii* in unum novum genus *Mesaulosperma* associavit. Conceptio Slootennii recta est, sed genus *Itoa* Hemsleyi quod est congenericum cum sua ipsium *Mesaulosperma* et ab illo neglectum est. Demum anno 1934, Dr. H. Sleumer speciem Gagnepainii *Carrierea vieillardii* et genus Slootenii *Mesaulosperma* simul ad Itoam rite reduxit, et *Carriream vieillardii* in *Itoa* orientalis adseripsit. Omnes descriptiones secumdum plantas ploribus masculinis et fructiferas *Carrieream vieillardii* fructiferas datae sunt. In praesenti opusculo flores feminei (adhuc ignoti) olim a me ipso in parte austro-orientali Provenciae Yunnanensis lecti, descriptio quoram addetur.

Itoa Hemsley, in Hook. Icon. Plant. XXVII: t. 2688(1901); in Bot. Magaz. Tokyo XV: p.2 (1901);-Chun, Chin. Econom. Tr. P. 252(1921); - E. Gilg, in Eng. & Prant. Natur. Pflanzfam. Bd. 21:pp.444~445(1925); -H. Sleumer, in Notizbl. Bot Gart. Berlin XI: pp. 1024~1026(1934); -S.C.Lee, Forest Bot. Chin. P. 845(1935)-Y. Chen, Illust. Man. Chin. Tr. & Shrubs p. 856(1937) (in Lingua Sinica).

Mesaulosperma Van Slooten, in Bull. Jard. Bot. Buitenz. Ser. 111/7, pp.384~385(1925);-- H. Sleumer in l. c. (1934)(pro synonymo).

Generis descriptio emendata et amplicata: Flores apetali, unisexuales, dioici. Msasculini in cymoso-paniculatas (morphologice re vera ploiochasium), terminales,erectas, dispositi, bracteis bracteolisque minutis, linearibus, caducis, calyx 3-4-partitas, rarissime 5-partitus,(ex W. P. Yang), segmentis crassis coriaceis extus sericeo-tomatosis, intus brevissime tomentellis, fere liberis, ovato-deltoideis, sub anthesin incurvatis, aestivatione valvatis; stamina numerosissima, pluriseriata, calyce breviora, libera inaequilonga, filamentis filiformibus,glabris, antheris oblongis vel ovato-oblongis, basifixis, bilocularibus, loculis parallelis, extrorsis, longitudinaliter dehiscentibus; ovarium rudimentarium centrale, parvum, hirsutum, in flore terminali quam eo in floribus lateralibus majus. Flores feminei abortu ad florem solitarium reducti, terminals vel plus minusve axillares(ex V. Slooten) vel suprafastigiati (ex H. Sleumer),quam masculini multo majors, pedunculo gemmis redimenteribus cataphyllisque praedito sufultii; calyx numero sepalorum, forma, texturaque, diamentione majore excepta, ut in masculinis; staminodia (stamina abortive) staminis masculine similia,numeosa, pluriseriata, hypogyna, ovario breviora; ovarium globosum vel oblongo-globosum, sericeo-tomentosum, uniloculare, placentis parietalibus, 5-8, rarissime 4; ovulis numerosissimis, anatropis, epitropis subsessilibus, adscendentibus, lateraliter compressis, integumento externo valde compresso, aliformi, raphe introrsa, micropyle marginali, extrorsa inferaque; stylo nullo abbreviati, discoidei, inter se cohaerentes, puberulus, vertice apice ovarii reflexi-adpressus, numero placentarum eis oppositique, stigmatibus in parte superna ovarii adpressis, irregulariter palmatimque multi-partitis, partibus subplanis, tortousis, irregulariter ramulosis, ramulis subteretibus, tortousisqua, supra glabris, subtus breviter puberulis.Fructus capsulares, magni, tardius dehiscentes, pedunculo lignoso, cicatricius gemmarum cataphyllorum que ornato, absoleto, et ad apicem incrassato, cicatricibus sepalorum delapsorum notato suffulti, ovoidei vel ellipsoidei, tomentosi, in sicco reticulato-rugosi, apice acuminati vel acutiusculi, stylo persistente apiculati; styli lobis ad valvas pericarpii adhaerentibus vel delapsis basi vestigiis staminodiorum numerosorum comitatis (ex F. Gagnepain) vel nudus; epocarpio coriaceo et endocarpio lignoso pallido, maturitate pimo 5-8-fidis, rarissime 4-fidis, demum valvatim dehiscentibus, valvis placentis oppositis; valvis epicarpii vel inter se plus minusve cohaerentibus vel separatis, et ab endocarpio secedentbus; endodarpio persistenti, suturas valvarum (morphologice suturas dorsales) desuper ad 2/3 longitudinis valvatim incompleteque dehiscenti, placentis persistentiubus, ad medium valvarum sitis, valvis postea ex basi ad placentas (suturas ventrales) sursum ad 1/3 vel 1/2 ultra longitudinis earum fissis, et ab reste placentarum liberates, sed in dimidia parte earum adhaerentius, itaque persistentibus. Semina numerosissima, valde compressa, in quoque placenta triseriatim desposita, valde imbricate, integumento externo in alam circumcinctam expanso, alis tenuissimis, quoad formam variabilibus, normaliter (bene evolutis) quadrato-dolabriformibus, suboblongis, sive subtriangularibus sive subrhomboideis, hilo in margine alae sito, raphe unilateraliter transversim secus nucleum percurse; semina proprie dicta lenticulari-triangularia centro alae sita, integumanto interno crustaceo, tenue, albumine haud copioso; embryo axilis, rectus, semen proprium aequans, cotyledonibus planis, foliaceis, suborbicularibus, basi rotundatis, subtruncatis subauriculatisve, pinninervibus, radicula centrifuga, terete, cotyledonibus subaequali vel iis breviori. ——Arbor, ramulis novellis annotinisque angulates, subcompressisve, lenticellatis, medulla lamellate; inflorescentis foliis brevioribus. Folia ampla, alterna vel superiora internodis abbreviates opposita, suboppositave, pinnivervia, nervis secundariis parallelibus, ad marginem arcuatim confluentibus percursa, trabeculis numerosis, modice flexuosis, venulis vix prominentibus reticulatim dispositis, exstipulata, margine subintegra (ex V. Slooten), subcrenata vel crenato-serrata, petiolata, petiolis validis, supra plano-canaliculatis, apice subarticulato-geniculatis, basi tumidisque.

Species typica generis: *Itoa orientalis* Hemsley.

Species 2, videntur inter se valde affinesesse, una Insulae Celebesensi, ceterae Continentis Asiae orientalis incolae.

Genus fructuum modo dehiscentiae generibus Poliothyrsi et Carriereae persimile, sed a primo floribus dioicis et flore femineo solitario, stylis 5-8, abbreviatis cohaerentibusque, frustus 5-8-valvato, foliis pinninervibus differ; etiam a secondo praecipue floribus unisexualibus, stigmatibus multipartitis, seminibus circumalatis, foliis pinninervibus distinctus est.

CLAVIS DECHOTOMA SPECIERUM

A. Inflorescentia feminea plus minusve axillaris (vel suprafastigiata)(ex H. Sleumer),mascula ignota; capsula 5-8-valvata; folia adulta plerumque glabra, basi late rotundata vel subtruncata vel subcordata, margine interdum subintegra, nervis lateralibus 10-13-jugis, petiolis 5-7.5 cm longis (ex V. Slooten).......................1. *I. stapfii*

AA. Inflorescentiae masculae et femineae terminales; folia basi rotundata vel subtruncata vel subcordata, margine crenato-serrata, nervis lateralibus circa 16-22-jug is....................
....2. *I. orientalis*

ENUMERATIO SPECIERUM OMNIUM

1. Itoa stapfii(Koorders)Sleumer, in Notizbl. Bot. Gart. Berlin XI:p. 1026(in clavi) (1934).

Poliothyrsis stapfii Koorders, Flora N. O. Celebes 474(1898) et Suppl. I:p 16., tab. 5a-5b(1918).

Mesaulosperma stapfii (Koorders)Slooten in Bull. Jard. Bot. Buitenzorg ser.III/7:386(in clavi)(1925).

In Insula Celebesensi endemica.

2. Itoa orientalis Hemsley, in Hook. Icon. Plant. XXVII: t. 2688(1901);in Bot. Magaz, Tokyo XV: p.2(1901); in Journ. Linn. Soc. XXXVI:p.487(1905);—W. Y. Chun, Chin. Econom. Tr. p. 252(1921)—H. H. Chung, Catal. Tr. & Shrubs Chin. P. 176(1924)—E. Gilg, in Engl. & Prant. Natur. Pflanzfam. Bd. 21:p445(1925);—Y. Chen, Illust. Mam. Chin. Tr. & Shrubs, p. 856, fig. 752(1937),pro parte (quoad plantam Yunnanensim.

Descriptio emendanda et addenda: Folia alterna interdum superiora internodis abbreviates opposite vel subopposita. Flos femineus quam masculi multo major, pedunculatus, pedunculo 3-5 cm. longo, gemmis rudimentaribus squamisque obasoleto; calyx 3-4-partitus, sepalis ovato-deltoideis, circa 2 cm longa , 16-18mm latis; staminodia numerosissima,3-6 mm longa,ovarium globosum vel oblongo-globosum, sericeo-tomantosum, circa 16 mm longum, uniloculare, placentis 5-6, rarissime 4, ovulis numerosissimis; reflexi-adpressi; stigmatibus circa 1 cm longis, in partitis, apice ovarii reflexi-adpressi; stigmatibus circa 1 cm longis, in parte superna ovarii adpressis, irregulariter palmatimque multi-partitis,partibus subplanis, tortousis, irregulariter ramulosis, ramulis subteretibus, tortousisque, supra glabris, subtus breviter pubeulis. (Tabula I.).

Provencia Yunnanensis, Fa-tou, in silvis (C. P. Tsoong et K.Z. Kuang no. 423! Arbor feminea, florifera); Tong-Pi(C. P. Chien no. 698, specimen fructifer).

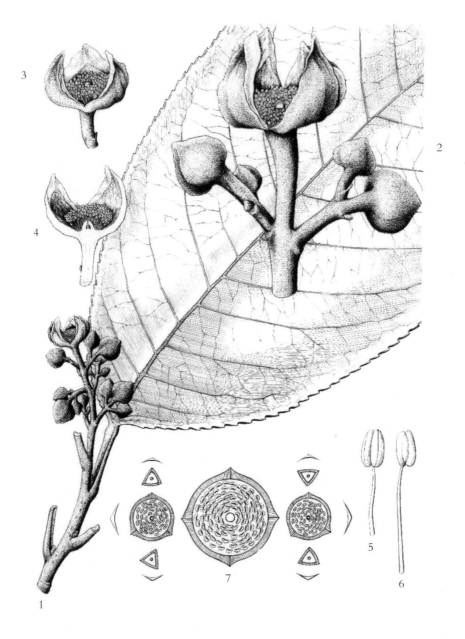

Explicatio Tabulae de *Itoa orientalis* Hemsley（伊桐的图版说明）

1. Ramulus florifer cum folio juvenili et inflorescentia masculea（花和幼叶枝及雄花序）

2. Par superna inflorescentiae masculae（雄花序上部）

3. Flos masculaus（雄花）

4. Flos masculaus longitudinale sectus et ovarium rudimentale exhibiium（雄花纵切面及显示退化子房）

5. Antherae ventrale visae（花药腹面观）

6. Antherae dorale visae（花药背面观）

7. Diagramma partis inflorescentiae masculeae（部分雄花序的花图式）

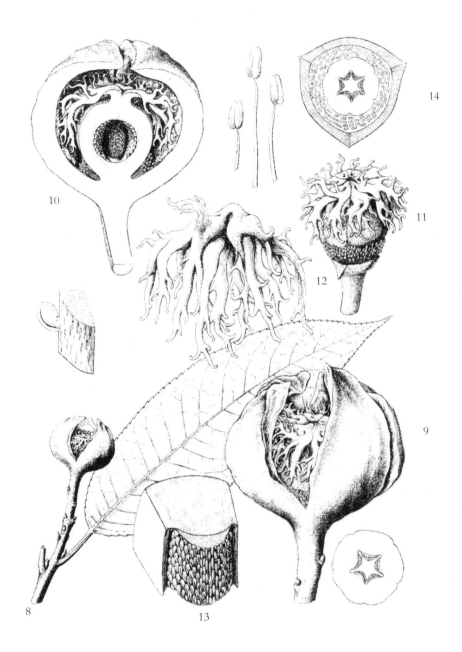

8. Ramulus florifer cum folio juvenili et flos femimei（花和幼叶枝及雌花）

9. Flos femineus（雌花）

10. flos longitudinaliter sectus dispositi, stigmatum, staminodeorum et placentarum exhibitae（雌花纵切面，显示柱头、退化雄蕊和胎座）

11. Ovarium et staminodia（子房和退化雄蕊）

12. Stigmatibus irrigulariter ramulosis（不规则分枝柱头）

13. Staminodia（退化雄蕊）

14. Ovarium transversaliter sectum（子房横切面）

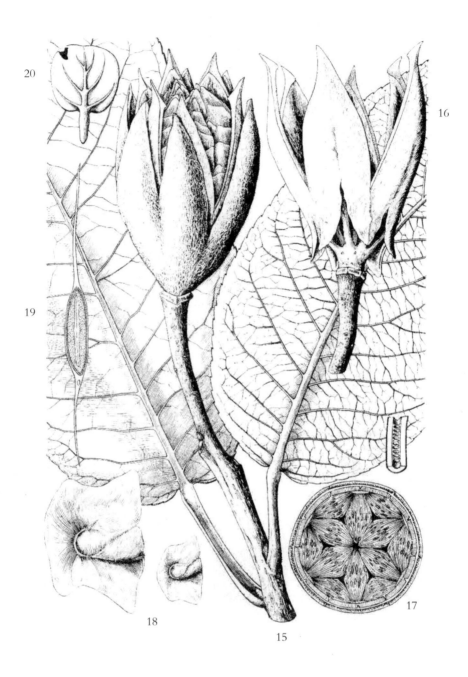

15. Ramus fructifer cum fructus primo dehiscens（果枝及果实初次开裂）

16. Fructus demum dehiscens（后来开裂的果实）

17. Fructus transversaliter sectus（果实横切面）

18. Semina（种子）

19. Semina transversaliter secta（种子横切面）

20. Cotyledone（子叶）

12.1 缅怀杰出的植物分类学家汤彦承先生

　　1962 年 10 月，我接到中国科学院植物研究所的调令函，背起行囊赴京，于 30 日到植物研究所报到。接待我的是时任植物分类研究室业务秘书的汤彦承先生。那时，他已成功代表植物研究所组织全国 11 位年轻的禾本科分类学者和绘图专家，在南京大学耿以礼教授指导下，编著了誉满全国的《中国主要禾本植物属种检索表》（1957 年）和《中国主要植物图说·禾本科》（1959 年），这为他后来组织编写《中国高等植物图鉴》等巨著积累了经验。1958~1960 年，他赴苏联科马洛夫植物研究所进修。回国后，他已经是全国知名的单子叶植物专家了。当时，他先带我去拜见了室主任秦仁昌教授，然后带我到导师匡可任教授办公室拜会导师。他向我介绍了分类研究室的情况，并告诉我匡先生严格的科研风格，建议我跟随匡先生学习，要刻苦钻研，请教问题要提前做好准备。遵照他的建议，我在后来的学习和工作中深得匡先生信赖。

汤彦承教授在昆明植物园（高天刚摄）

1964 年夏，在一次研究室全员大会上，我发言直率，提出研究室年轻人的学术思想和学术自由受到现有管理机制的束缚，对学科的发展不利。当时汤公担任研究室副主任，我的发言引起了他的共鸣，会后他邀请我周末到他家里详谈。我们就人才培养交换意见，他对我的意见很重视。那天，他的夫人虞佩玉先生（中国科学院动物研究所著名昆虫学家）不在家，他亲自做了拿手的江浙风味砂锅豆腐来招待我。不久，研究室在人才培养上开始改变旧式老师与学生的模式，倡导年轻人拓展新的类群和新的研究方向，鼓励创新独立的学术观点和学术思想、学习新理论和运用新方法。青年科研人员有了学习的动力和热情，研究室的学术气氛更有活力了。

20 世纪 60 年代初，国家提出"三线建设"的战略部署，要求植物研究所整体搬迁至昆明，与昆明分所合并，所址选定云南省安宁县温泉楸木园。汤公负责植物标本馆和分类研究室的建设方案，这是他主持规划的第一座植物标本馆。1966 年初冬，我随代所长林镕先生前往昆明楸木园的新所址实地考察。在当时看来，那真是一座现代化的植物标本馆。1966 年 3 月，研究室任命汤公和我为搬迁工作组组长和副组长。他做事细腻，万事筹划在先，带我们有条不紊地推进并落实各项工作。搬迁工作后因故终止，汤公领导规划设计的第一座植物标本馆未能正式启用，后来归西南林学院作校舍了。

1968 年经过整党，工宣队将分类研究室改称二连，我担任党支部书记兼连长。1970 年 10 月，我刚从江西结束野外工作回京，遇那个时代的特殊情况。只有汤公来到宿舍看望我，见我高烧到四十度，精神恍惚，他快速请来医务室李大夫。李大夫为我配了三副汤药，我退烧了。很神奇的是，至今我再也没有发过高烧。当得知我经济困难，他送来 20 元钱，那时相当于一人一个月的生活费。后来，他安排我参与编写《中国高等植物图鉴》，汤公负责《图鉴》的编研，安排我做研究难度较大的葫芦科及灯心草科。这两个科，一个是双子叶植物，一个是单子叶植物。我在独立研究这两个类群的过程中，进一步得到植物分类学的训练。

1972 年 12 月 5 日，党委正式任命汤公担任植物分类学和植物地理学研究室主任。在他任主任的 9 年时间里，我担任研究室党支部书记、副主任或党委委员，协助他工作。汤公带领我们对研究室的发展做了长远布局和规划，确立研究室的主要研究方向；领衔给中央领导写信，获批建设新的植物标本馆（香山），这是汤公负责规划设计的第二座标本馆。根据学科的发展，他有远见地设计了解剖学、孢粉学、细胞学、化学和生化 5 个实验室，成为 1987 年建立的系统与进化植物学开放研究实验室的基础。

为加快推进《中国高等植物图鉴》和《中国植物志》志书的编研工作，他采取了一系列的科研改革措施，使研究室科研工作走上正轨。

1972 年前，《中国高等植物图鉴》只完成两册编写，满足不了国家当时兴起的中草药群众运动和中药资源调查物种鉴定的迫切需求。汤公带领全室一一落实编研任务，没有人愿意承担的类群，他带头承担。他协调 30 多个单位 130 多位分类学家以及 40 多位绘图人员参与这项工作。他用一张台纸板专门记录各个类群承担人的研究进展，定期召开编研会，按类群一一咨询各专家的进展和困难，帮助解决，使得《中国高等植物图鉴》后三册书稿高效完成，后又加《补编》两册和《中国高等植物科属检索表》一册。汤公在执笔"编写说明"中，引用毛主席语录"备战，备荒，为人民"，明晰成书目的和历史背景，并以此激励为此书奋斗的专家们。到 1983 年，历时 19 年，《中国高等植物图鉴》及《中国高等植物科属检索表》8 册全部出齐。英国著名植物学家海伍德盛赞此书：这是 15 年来世界植物分类学新进展的标志之一。1987 年，《中国高等植物图鉴》编研拟申报国家自然科学一等奖。报奖署名时曾有争论，后根据大多数人的意见，决定以"王文采、汤彦承及其研究集体"署名申报。《中国植物志》自 1959 年开始编研，至 1972 年只出版了 3 卷。在汤公推动之下，1978 年，仅本研究室就编撰出版了 8 卷（册），1979 年 4 卷（册），1980 年 2 卷（册），《中国植物志》编研自此走上了快车道。《西藏植物志》是青藏植物科学考察的一大成果，植物研究所是主持单位，吴征镒先生任主编。汤公提出的根据科考成果编写志书的高要求。在他的带领下，制定编研指南，组织科研队伍，落实编研任务，推进稿件进度。其间召开两次审稿会，他带领编委会对稿件逐一审核，提出具体修改建议，并跟进修改，直至定稿。1987 年，全五册出齐。《西藏植物志》以中国科学院植物研究所和昆明植物研究所分类学家为编研主力，应用西藏科学考察第一手的植物调查资料和数据，是国内编研水平较高的一部地方植物志。汤公科研生涯中，参与组织或主持过四部大型志书的编研出版，部部经典，十分了不起！《中国高等植物图鉴》和《中国植物志》编研能荣获国家自然科学一等奖，汤先生功不可没！

汤公于 20 世纪 50 年代末留学苏联，他对苏联的植物区系地理、分类学和系统学有深入了解。他吸收了苏联的学术思想，也从理性上认识到苏联分类学家对类群处理和系统学研究的短板。回国后，他一直思量如何推动中国植物分类学研究全面发展，以迎头赶上欧美植物学研究水平，与其并驾齐驱。为提高我国植物分类学的研究水平，汤公推动了《植物分类学报》于 1973 年复刊。他亲自担任主编，带领编委，确定办刊方针、期刊的性质和论文导向，组稿、审稿与定稿的原则等。后来，他又连续担任过常务副主编、副主编、编委或顾问等几十年。该刊后已改为英文刊 *Journal of Systematics and Evolution*，成为世界植物学研究领域的一种重要期刊。汤公还担任过《云南植物研究》和《西北植物学报》等几家植物学期刊的编委或顾问。20 世纪 70 年代中期，在汤公的倡导下，研究室开展对"物种"概念的讨论学习，后来推向全国生物分类学界的大讨论。他组织年轻人学习国际分类学研究新进展、编译国外优秀论文，组织专家整理中国植物学文献目录，整理《中国植物志》编研需要的地名、采集史、国际植物命名法规等。这些工作，后来多成为《中国植物志》编研的内参，油印并分发给全国各编研单位，也成为各地方植物志编研采用的参考资料。这一时期，他更关注植物物种性状的"变异"与"演化"，介绍国际分类学的新方法、新理论和新技术，如以居群概念划分物种、新的植物分类系统、新的分类学文献以及数量分类学方法、分支系统学方法等。退休前的 1986 年，他还在北京大学旁听分子生物学课，推动引进分子系统学。1974 年 8 月，研究室方向调整，除了继续完成《中国植物志》的编研，还设立了 3 个研究方向。汤公任命我为"植物系统发育研究组组长"，并给予我重要的学术指导。1976 年初，张志耘于中山大学毕业，分配到研究室，汤先生指定我做她的指导老师，以锻炼我指导学生的能力。研究室另两个研究方向，一组为洪德元为组长的实验分类学研究组，一组为应俊生为组长的植物地理研究组。20 世纪 80 年代，植物研究所系统与进化植物学开放研究实验室的建立，离不开汤公的前瞻性规划。

1976~1977 年，在汤先生的支持下，我们成功地组织完成了对湖北神农架地区植物考察，这为 1981 年他组织和领导中美鄂西神农架联合植物考察打下基础。中美神农架联合考察，是我国植物学界与欧美的学术交流与合作，不仅向世界展示了我国的植物分类学水平，并因此培养了多位优秀的植物分类学家。自此之后，植物研究所与美国密苏里植物园、哈佛大学、英国皇家植物园等国际上重要的植物学科研机构建立起长期的学术合作关系。

20 世纪 70 年代末 80 年代初，汤公因殚精竭虑，得依靠安眠药入眠，难以坚持繁重的研究室领导工作，于 1981 年 2 月向党委提出辞去研究室主任的申请。2 月 17 日，所党委决定由我接任室主任。我一方面继续执行汤公领导我们制定的研究室学术部署，一方面努力提高自己的植物系统学科研水平。这也是我选择赴丹麦进修的一个重要原因。汤公从实验室主任卸任后，身体慢慢转好，反而有精力从事研究、整理论文并给年轻人讲课。这段时期，他的论文，包括为西北植物研究所组织的讲习班讲课而整理的讲稿，如"分类学文献百种浅说""国际植物命名法规简介"等，成为国内分类学界学习的重要教材。

汤先生于1987年光荣退休，事实上他是退而不休，我回聘他参与研究组的科研工作，后来王锦秀博士接力返聘。1990~1994年，我们两人一起参加并作为项目领导小组成员，协助吴征镒院士完成国家自然基金重大基金项目"中国种子植物区系研究"，合作创立了一个"被子植物八纲系统"，发表了11篇论文，出版了两部专著，即《中国被子植物科属综论》（2003年）和《原始被子植物 起源与演化》（2020年）。汤公晚年指导锦秀博士从事植物考据学研究，后二人协助吴老主持完成《中华大典·生物学典》（2015年、2017年）编研，并与王锦秀全面开展清代植物学巨著《植物名实图考》中的植物考证研究，三人合作出版了研究专著《＜植物名实图考＞新释》（2021年）。

2016年8月6日，汤公驾鹤西去。他生前早已和夫人、著名昆虫学家虞佩玉先生做了公证，将遗体捐献给协和医院用于科学研究。走前他叮嘱女儿和学生，不开追

汤彦承教授和他的部分学生（高天刚摄）

（左起：朱昱苹、覃海宁、汤彦承和王锦秀）

悼会，但在京的数十位植物学家自发去了海淀医院，送别这位引领中国植物分类学发展近半个世纪的杰出植物分类学家。

汤公于 1957 年加入中国共产党。在国家经济最困难的 20 世纪 60 年代，他主动每月缴纳 25 元党费，1969 年开始增至 40 元，一直缴到 1973 年春。他还曾将稿费 500 元缴纳为特殊党费。1964 年和 1977 年，他分别被中科院和北京市授予"先进工作者"称号。汤公的一生，无私地奉献给党和国家的植物科学事业。为了纪念他，前年锦秀和之端牵头整理了汤公学术小传 "A Memorial Biography of Prof. Yancheng Tang and His Scholarly Contributions"，发表在 *Harvard Papers in Botany* 上。他们原和我商量，拟在汤公去世 5 周年时，开一个学术纪念会，却因新型冠状病毒感染疫情的影响，一延再延。近来我整理过去的手稿，望着汤公娟秀的字迹，我禁不住回忆起半个多世纪以来，我与汤公相处的点点滴滴。

念公之不可复见，而其谁与归？

12.2 回忆向吴征镒先生学习
及同他共事的日子

　　1962 年我大学毕业，中科院指名分配到植物研究所，跟随著名植物分类学家匡可任教授学习和工作。那时，植物研究所同昆明分所为一家，吴征镒院士（前称学部委员，以下尊称吴老）任植物研究所副所长兼昆明分所所长，植物研究所多数老职工称呼他吴所长。20 世纪 30~40 年代，吴征镒先生在昆明西南联合大学任职，并兼任中国医药研究所研究员时，就与匡先生等合作考证研究《滇南本草》中的植物，后出版了中国植物考据研究的代表作《滇南本草图谱》第一集（1945 年）。他们在植物研究所又共事多年，学术交流密切。吴老每次回北京所，总要到匡先生办公室稍坐，我在旁端茶倒水，认识了吴老。1964 年 8 月在北京科学会堂召开的亚、非、拉科学讨论会上，聆听了他做的"中国植物区系的热带亲缘"大会报告，我对他在植物分类学和区系学方面的博学及很深的造诣有了初步认识。从 1973 年初在广州东方宾馆召开的"三志"会议，到 1978 年 9 月在昆明翠湖宾馆召开的《中国植物志》编著者座谈会，历次编委会我都是工作人员，并参与会议"纪要"的起草，必须认真听取每位专家的发言。吴老的讲话常常是会议的主体发言，给我留下了深刻印象，从而了解到他在引领中国植物分类学学科发展中的作用和地位。

　　我与吴老的深入学术交流始于 1985 年 7 月在英国南部城市布赖顿召开的"第三届国际系统与进化生物学学术讨论会"，吴老是从国内去参加会议的唯一代表。当时我在丹麦哥本哈根大学植物学博物馆进修，与世界著名的被子植物系统学家诺尔夫·达格瑞（Rolf Dahlgren）教授合作研究。我是从哥本哈根去参会的，会议名卡的国别为 Denmark（丹麦）；另一位是华南植物研究所的林有润同志，他在英国自然历史博物馆合作研究，名卡写 U. K.（英国）。会议期间和会后的野外考察我们三人都在一起。

拜访吴征镒院士 *

我向吴老汇报了进修期间的学习、工作和取得的成果，深入交谈了我对发展我国系统与进化植物学的一些想法。吴老对诺·达格瑞被子植物分类系统、特别是以二维图解表示性状和性状状态分布及类群关系颇为赞赏，并对我回国后的工作打算给予了热情的鼓励。

1985 年 10 月我回国，吴老任《中国大百科全书》生物卷主编之一，他把植物学部分的统稿工作全部交给我，这是他对我的信任。我认真地提前完成，得到他和出版社编辑们的赞扬。

1987 年，吴老录取了 6 名博士研究生，将李德铢、李建强和唐亚 3 人的研究方向定为系统植物学，吴老委托我协助指导。吴老和我为 3 位博士生选定了恰当的研究类群，拟定了较高的研究标准，要求利用现代综合研究方法和实验技术做出具有国际水平的专著性博士论文。他们 3 人到我们实验室学习和工作了一段时间。同时，我也向吴老学习培养研究生的经验。

1987 年我任植物研究所所长后，同吴老工作上的联系更加密切了。聘请他为中国科学院植物研究所系统与进化植物学开放研究实验室学术委员。1988 年 3 月，趁吴老在北京参加全国人民代表大会的时机，我们研究并落实了中美合作编辑和出版《中国植物志》英文版 *Flora of China* 的任务，商定了基本策略并确定了编辑委员会中方委员及秘书组人选名单。经中科院批准，吴老于 1988 年 10 月初率领中方代表团赴美国密苏里植物园，同以 Peter H. Raven 主任为首的美方代表团签订了正式合作协议，促成 *Flora of China* 这一重大工程的国际合作。2013 年 3 月，该项目全部完成，取得了重大成果。

1989 年初，由吴老担任项目申请人，我们联合向国家自然科学基金委员会提交了"中国种子植物区系研究"重大项目申请书。当年 11 月，基金委在昆明主持召开以中国林业科学院吴中伦院士为首的专家组论证会，对项目进行论证，获得通过，1990 年基金委正式批准立项。项目成立了学术领导小组，吴老任组长，张宏达教授和我任副组长。我协助吴老工作并兼任二级课题"中国种子植物区系中重要科属的起源、分化和地理分布"的负责人。该项目总经费 360 万元，这在当时是基金委资助基金强度最高的项目，项目组有 10 多个单位的上百位专家参加。吴老不辞劳苦主持每年的工作会议，亲自做报告，统一学术思路和工作方法，为大家示范野外考察。1996 年 5 月，基金委在北京召开了项目验收会，验收专家和有关领导给予了很高的评价。当年 7 月，以项目取得的成果为基础在昆明举办了"东亚植物区系特征和多样性的国际学术讨论会"，标志项目完满结束。这一重大项目的完成大大提高了我国植物分类、区系研究人员的理论水平和研究能力。这也是吴老为培养人才作出的重要贡献。

在执行基金委重大项目密切合作的 6 年里，在吴老的领导下，我们逐渐达成共识，形成发展东方人科学思维的一整套认识论和方法论；促进和发展我们自己的理论和分类实践。1996 年初，由吴老执笔撰写的"综论广义的木兰亚纲——兼论建立一个'多系－多期－多域'种子植物分类系统的可能性和必要性"中文稿，署名吴征镒、路安民、汤彦承。该文以英文于 1998 年发表在《东亚植物区系特征和多样性》（*Floristic Characteristics and Diversity of East Asian Plants*）论文集中。通过对 24 目 45 科原始被子植物的深入分析，吴老等共同提出了建立了"多系－多期－多域"被子植物分类系统的一整套具有创新性的理论，其理论总结体现在文章的前言和后面归纳的 10 条结论中。在这些理论的指导下，1998 年，由吴征镒、汤彦承、路安民和陈之端联名在《植物分类学报》发表了"试论木兰植物门的一级分类——一个被子植物八纲系统"一文；2002 年，吴征镒、路安民、汤彦承、陈之端和李德铢联名在《植物分类学报》以英文发表的"被子植物的一个'多系－多期－多域'新分类系统总览"，将被子植物分为 8 纲 40 亚纲 202 目 572 科（中国分布 157 目 346 科）。2002 年夏，我专程到昆明，通读了《中国被子植物科属综论》和《植物区系地理学》文稿，在我们讨论的基础上，我起草了"综论"第一篇"引论"。同时，吴老主持召开了由我、李德铢、孙航、周哲昆、彭华和杨云珊参加的分工会，决定大家齐心协力，协助吴老完成全部论著的出版。这就是：2003 年 12 月由科学出版社出版的《中国被子植物科属综论》；2004 年 10 月由科学出版社出版的《中国植物志　第一卷》第四章"中国被子植物区系"；2006 年 4 月由云南科技出版社出版的《种子植物分布区类型及其起源和分化》；2010 年 2 月由科学出版社出版的《中国种子植物区系地理》。这 4 部专著系统而完整地反映了吴老在植物系统学和植物区系地理学领域的学术思想和科学实践，是吴老在学科理论方面的重大发展和贡献，也是吴老留给我们的宝贵财富。

在纪念吴老逝世一周年之际，写此忆文，以表我深切怀念之情。

原载于 2014 年《吴征镒先生纪念文集》第 101~103 页

12.3 我与肖培根院士的学术相识

我认识肖培根先生是在 20 世纪 60 年代初。1962 年，我大学毕业分配到中国科学院植物研究所工作。那时，他正在植物研究所进修，研究毛茛科 Ranunculaceae，发表了该科的一个新属，即人字果属 *Dichocarpum*。有时他到我导师的办公室来，向匡先生请教或与他讨论一些分类学问题，他虚心好学的勇气和精神、强烈的求知欲给我留下了深刻的印象。

我们在学术上的"相识"是在 20 世纪 70 年代。我在编著《中国植物志》茄科 Solanaceae 茄参属 *Mandragora* 时，在标本室看到采集自青海（久治、玛心、玉树和祁连）和西藏（宁静至竹卡）的茄参属 5 号标本。植株高 6~10 厘米，茎极短缩，不分枝，叶集生于茎顶端；花萼及花冠呈钟状，花冠 5 浅裂，黄色。明显不同于已有记载的茄参 *M. caulescens*。我发表了一个新种青海茄参 *M. chinghaiensis* Kuang et A. M. Lu。西藏的标本就是由肖培根、夏光成（1212 号）于 1961 年 6 月 19 日在宁静 - 竹卡海拔 4000 米

与肖培根院士合影 *

的阳坡草地上采集的。该属植物有粗壮的肉质根，富含莨菪烷类生物碱，是重要的药用植物。后来我又拜读了肖先生和夏光成、何丽一于 1973 年在《植物学报》第 15 卷第 2 期发表的"几种主要莨菪烷类生物碱在中国茄科植物中的存在"。这篇文章对当时我国药用植物资源的开发利用研究起了引领和示范作用。莨菪烷类生物碱是茄科天仙子族植物特征性成分，中国是其分布中心，主要产于中部、西北部和西南部。我于 1982 年 8 月出席在美国圣·路易斯召开的第二届国际茄科大会时，在报告中引用了这篇文章，得到了非常好的反响。该文至今仍是研究茄科植物化学成分的重要参考文献。

20 世纪 70 年代末，我基本上完成了《中国植物志》的编著任务，研究兴趣转移到被子植物的系统发育与进化研究，于 1978 年在《植物分类学报》发表的"对于被子植物进化问题的述评"文章中，提出系统与进化研究的时空观。同年，肖先生在《药学通报》发表的"植物亲缘关系、化学成分和疗效间的联系性"、1980 年在《植物分类学报》发表的"中国毛茛科植物群的亲缘关系、化学成分和疗效间相关性的初步探索"等文章，反映出我们俩在学术思想上存在着一种不谋而合的默契。后一篇文章中，肖先生等采用综合性研究方法，首先对世界上毛茛科 6 个分类系统做了介绍，根据国产毛茛科植物的化学成分进行系统分析，并对该科药用植物的民间疗效做了整理。其可贵之处还在于，他结合植物形态学提出了涉及植物系统学的一些学术观点。例如，依据芍药属 *Paeonia* 不含毛茛科所具有的特征性成分毛茛苷和木兰花碱，却富含特有的芍药苷和没食子酰鞣质等，赞成将芍药属独立成科，即芍药科 Paeoniaceae，它归属于第伦桃目 Dilleniales；并对毛茛科内某些族间或属间的亲缘关系提出了新见解。他的文章强调，"植物亲缘关系的研究，可以为化学成分和疗效的研究提供线索，反之，化学成分和疗效方面的研究和整理结果，也可以为植物系统安排提供参考根据"，"研究植物亲缘关系、化学成分和疗效间的联系，是相辅相成的，可以起到相互促进和补充的作用"。这些文章反映了肖先生在 20 世纪 70 年代"药用植物亲缘学"学术思想的形成。

我们的学术合作结缘于 20 世纪 80 年代初，中国医学科学院药用植物研究所成立，肖先生任研究所所长。我于 1986 年后任植物研究所副所长、所长多年，这为我们之间的学术思想直接沟通提供了良好机会。我们聘请他为中国科学院系统与进化植物学开放研究实验室学术委员会学术委员，这也为两所间的进一步合作提供了条件。20 世纪 90 年代初，我们会同其他 10 多位著名植物学家完成基金委的"植物科学发展战略"研究课题，我任研究组组长，肖先生为植物资源学学科的主要撰稿人之一，《植物科学》一书于 1993 年出版。20 世纪 90 年代后期，我们俩逐渐摆脱行政工作，有较多的时间从事植物系统发育的研究。肖先生作为我国药用植物学界的学术带头人，活跃于植物药研究的国际舞台，国内外兼职很多，出版了多部重要专著，成果甚丰。迄今我们还经常通信讨论植物系统学中的理论问题，他正式提出"药用植物亲缘学"这一新的学科，我们一起确定学科英文名为 Pharmacophylogeny（形容词为Pharmacophylogenetic）以及该学科的科学内涵、研究思路和研究方法。在较长一段时间内，肖先生每年邀请我担任他的博士生和硕士生毕业论文评审专家，并任答辩委员会主席，多数研究生论文是以药用植物亲缘学的学术思想为指导，用研究实例进一步充实和验证了这一理论的创新和发展。

我们经过多次讨论，2005 年，由肖先生挂帅正式向基金委提交"中国重要药用植物类群亲缘学研究"重点项目的申请，得到评审专家的通过和基金委的批准。我们研究组承担子课题"重要药用植物类群亲缘学的形态学（广义）和分子系统学证据"。在肖先生的领导下，取得了一批重要研究成果，发表了许多有较高水平的研究论文：如 2006 年《植物分类学报》发表的"广义小檗科植物药用亲缘学的研究"，2008 年发表的"五味子科药用植物亲缘学初探"，2009 年在 PPEES 发表的"毛茛目的系统发育和分类：基于 4 个基因和形态学证据"（英文）等。在 2010 年初基金委组织的重点项目验收中得到好评，取得"优秀"佳绩。通过这个研究项目的完成，"药用植物亲缘学"作为一门新兴综合学科，有了比较完善的学科体系。这是肖培根先生为学科建设的创新作出的重要贡献。相信这一学科随着不断实践及理论上的逐步深化，将会在指导药用植物开发利用的研究中结出硕果。

原载于 2010 年《肖培根院士八十华诞》第 92~93 页

主持肖培根院士的硕士、博士研究生论文答辩

13

书评

认识地球的过去，了解人类的未来

——读《中国植被演替与环境变迁》

人类生活的地球，已经存在了 50 亿年，而地球上生命的演化历史亦走过了 35 亿年。这期间，受太阳系各种能量和力的耦合作用，以及地球自转产生的巨大能量影响，上演了一幕幕惊天动地的地质历史事件，地球上的生物自诞生开始，就一直在这些巨大的变动中艰难地生活着。人类是地球上生命演化高级阶段的产物。然而，人类来到这个地球上只不过几百万年的时间。而人类文明史则只有区区七八千年。尽管如此，人类社会的生存发展也必然受到自然环境变迁的制约。了解过去是认识未来的钥匙，

同古植物学家李承森研究员讨论博士研究生的论文 *

那么，用人类几千年的文明史如何去认识史前的环境变迁呢？由李承森研究员等著的《中国植被演替与环境变迁》（2008年）一书带我们认识新生代以来中国植被演替与环境变迁的过程。

该书以与人类生存发展关系最密切的6500万年以来的新生代时期为研究对象。这是一个全球气候波动性变冷、冰川形成、冰盖扩展的时期。在此期间，陆地上的被子植物取代裸子植物成为植物界的主宰，哺乳动物则取代爬行动物成为动物界的主宰。更重要的是，在此基础上，人类在地球上诞生并开始发展。

这是一部原创性的论著。它综合了著者们近年来对中国新生代的系统研究，为人们呈现出新生代时期中国植被和环境的大面貌。在时间序列上，涵盖了自古新世到全新世之间各个时期；在空间分布上，主要集中在我国华北地区和西南地区两个典型的地理、植被区系。研究新生代就不可避免地涉及青藏高原的隆升，在本书中，著者通过对我国西南地区和印度东北部地区植物群的对比研究，提出了一个喜马拉雅植物区系迁移的重要理论。

该书涉及中国新生代大部分主要的化石植物群。这些工作都是著者及其研究团队近10年的野外考察、室内研究的成果。此外，这些工作也都是建立在持续、坚实的国际合作基础之上的。其可信性是毋庸置疑的。大量的实例性研究是该书的另一个突出特点，著者对每一个涉及的化石植物群都进行了细致而系统的研究。从本书中不难看出，从野外的样品采集到实验室的技术分析，都是经过缜密规划的。这些工作不仅涉及植物学知识，而且利用了地质学、气候学甚至考古学的研究手段。其研究的系统性及多学科交叉研究的先进理念都是非常大胆而且具有创意的。更为重要的是，书中所列举的许多研究成果都是利用了国际上先进的古植物、古气候研究手段而获得的，在国际上已经得到了认可。

该书对我国新生代以来的植被演替与环境变迁进行了比较系统的研究。在全球气候变暖日益成为世界普遍关注的科学问题的背景下，该书的出版相信会对我们认识地质历史上气候变化的过程和机制有非常大的帮助，从而为我们认识和应对当今全球气候变暖提供更多的可靠资料。

相信该书定将成为国内外相关科学工作者的重要参考资料之一。当然，一本好的研究性论著不仅是给科学家看的，普通民众也会从中学到知识。相信《中国植被演替与环境变迁》就是这样一部好书。

江苏科学技术出版社抓住了这样一个高质量的科学选题，这是首先值得赞赏的！书的封面设计、排版、印刷、装帧都是上乘，特此推荐授予图书奖。

中国科学院植物研究所　研究员路安民

2010 年 3 月 19 日

14

被子植物分类系统评论及学术报告选

本章节选了我的两篇关于被子植物分类系统的评论性文章：一篇是以综合形态学为证据的分类系统的评论，以诺·达格瑞被子植物分类系统为代表；另一篇是评述以分子数据建立的分类系统，以 APG 被子植物分类系统为代表。

20 世纪 80 年代，国际上四大植物系统学家几乎同时对他们各自的被子植物分类系统做了全面修订，这是由于植物学各分支学科发现和积累了大量的新证据，尤其是植物超微结构（包括孢粉学）、胚胎学、植物化学及植物化石等学科的新性状，使得四大分类系统更加完善，学术观点和系统大纲有所趋同。我们对诺·达格瑞分类系统的"评注"，较全面地介绍了研究分类系统的原理和方法、被子植物演化中重要问题的学术观点，并同其他 3 个重要系统进行比较，能够反映形态系统学家们建立的系统理论、方法和学术观点。

20 世纪 90 年代，分子数据用于植物系统学，建立分子分类系统，以 APG 被子植物系统为代表。我们的文章论述了 APG 系统的主要成就，提出了尚需研究的问题，对以东亚为分布中心的一些类群的系统关系或分类等级提出我们的建议。目前，APG 学者们并未解释其分类系统在被子植物进化中的基本理论和观点。因此，我们在"评论"一文中，依据其系统大纲提出：APG 系统证明了形态学系统长期未能解决的一些分类群的系统位置；分子系统和形态系统如何相协调；依据分子系统需要创立新进化理论，分子系统中的一些目和科缺乏可信的共衍征等。

20 世纪初，由于分子系统学兴起，依据形态学研究和形态性状建立的系统受到冷落，形态学处于如何发展的十字路口。美国著名植物学家 T. F. Stuessy 曾专门组织了一次学术讨论会，并于 2003 年主编出版了论文集《通向植物系统学中的形态学复兴》，对形态学包括的范围及各层次形态学与系统学的关系做了全面的论述。就这一问题，本书特意选载了我过去的学术报告"植物系统学中的形态学问题"。这个报告最先是我 2010 年在西安西北大学举办的全国形态学学术讨论会上应邀做的大会报告，以激励我国植物形态学的发展和繁荣。2023 年 5 月，趁着在广州参加全国系统与进化植物学讨论会的机会，我观摩了植物分类学家和系统与进化植物学家的新研究进展后，对我之前的报告做了补充和修订，并应中国科学院华南植物园葛学军研究员的邀请，于 5 月 10 日向与会专家做了介绍；随后在 5 月 17 日，应中国科学院深圳仙湖植物园原副主任张寿洲首席研究员的邀请，做了修订后的学术报告。主持人张寿洲研究员和杨拓博士安排了线上和线下的会议形式，听取报告的同行众多。报告讲述了形态学对系统学的重要贡献，以形态学性状建立的分类系统多数得到分子系统的证明（详细数据参阅"评论"一文 14.2.2.1）。报告的第二部分"分子性状同形态学性状的碰撞与融合"，是依据 APG 系统中的基部类群 ANITA 成员和基部科金粟兰科以及迄今发现的最早的被子植物化石古果科 Archaefructaceae 生殖器官的结构分析，提出应创立新的被子植物形态演化的理论（文字说明见"评论"一文 14.2.2.2）。

我提出，在分子系统学高度发展的今天，未来研究中，形态学仍是不可或缺的研究方向。一些重要科学问题的解决，依然不能脱离形态学证据而仅依靠分子证据独立获得答案。

14.1 诺·达格瑞（R. Dahlgren）被子植物分类系统介绍和评注

　　20 世纪 80 年代以来，几个被子植物分类系统几乎同时做了修订，这是由于利用了植物学各分支学科所提供的大量新资料，尤其是植物化学（包括血清学）、植物显微结构以及胚胎学方面的资料。这也表明植物比较形态学和植物分类学有了新的发展。现代的被子植物分类系统包括下列 4 个系统：Takhtajan 于 1980 年修订的系统[36]、Cronquist 在《一个完整的有花植物分类系统》一书中介绍的系统[5]、Dahlgren 的系统[12, 14, 15] 和 Thorne 的系统[39, 40]。前两个系统，即 Takhtajan 系统和 Cronquist 系统，作者已做了介绍[30]。最近，Dahlgren 的分类系统引起了世界植物学家广泛的兴趣和注意，因此，本文主要介绍这个系统，其他系统只是在对不同类群和观点做比较时才予以讨论。

　　诺·达格瑞（R. Dahlgren），瑞典人，在丹麦哥本哈根大学任职。他的被子植物分类系统首次发表于 1975 年[7]。随后，他根据比较广泛的资料又不断地做了修订，因此，这个系统在理论、方法和系统大纲方面已经形成了一个完整的体系，尤其对单子叶植物的分类更为突出。而且，它已经发展成为一个重要学派，同 Takhtajan 和 Cronquist 的系统并驾齐驱。

　　作者有机会到哥本哈根大学植物学博物馆在 R. Dahlgren 教授指导下工作。考虑到他的分类系统对我国植物学工作者了解这个领域的发展是必要的，因此在本文中加以详细介绍。

14.1.1 达格瑞分类系统的原理和方法

　　分类学中就如何探讨系统问题，分化为"表相"分类和"种系发生"分类两大学派。

两者所依据的原理和方法是不同的。基本不同在于表相分类学派处理分类群之间的关系是以它们所表现的相似性程度来决定的。数量分类学也属于表相分类学派，它依据数量的近似并以细致的格式来表达。相似性程度（表相关系）在树系图上是以不同的间隔表示的，而间隔的远近则是由所选择性状的相似或相异的数值计算的；表相群是运算分类单元的聚类。种系发生分类学派试图要表示和反映分类群的祖先和种系发生。由于缺乏化石证据、资料以及妥当的方法，某些根据形态学资料建立的所谓"种系发生"的分类系统大都是推测性的，例如 Hutchinson 的有花植物分类系统。后来，这个学派因利用不同的方法，而分化为谱系分支分类（cladistic classifications）和所谓进化分类（evolutionary classifications；有的文献中亦称为"自然的" natural、"综合的" synthetic 或 "折衷的" eclectic 分类）。后者则缺少周密的方法，并且常常用进化的概念解释表相发展(phenetic development)（演进发生"anagenesis"）和种系发生分支(phylogenetic branching)（谱系分支发生 "cladogenesis" ）。

谱系分支分类只是根据种系发生分支，因此现在常常将这种分类又称为种系发生分类（phylogenetic classification）。这种分类是根据 Hennig 所提出的建造进化树（谱系分支图 cladogram）的方法，它根据性状状态（character states）的分布，将这些性状状态分为祖先的（ancestral）和衍生的（advanced）。在谱系分支分类中，所有的分类群必须是谱系分支群（clades），即它们都是从一个祖先而来的后代，而不能有其他祖先的后裔。在被子植物分类中，无论是进化的方法还是谱系分支的方法，都是利用从植物学各分支学科所获得的广泛资料，它们的区别只在于设计不同的程序。在现代的被子植物分类系统中，Dahlgren 的系统（尤其是他的单子叶植物分类系统[20]）是依据比较性状状态并且给予谱系分支的解释，因此，可以说它是根据谱系分支分类的原理和方法建立的。

如何区分谱系分支分类和表相分类呢？在做表相分类时，人们不管所利用的性状状态是祖先的状态还是衍生的状态，也不管它们是由于趋同演化或在同一演化线上获得的衍生状态，而是把所有的相似性都看作是均等的。但是，谱系分支分类必须分析性状状态，并区分它们是祖征（plesiomorphy，即原始的状态）还是衍征（apomorphy，即衍生的状态）。两个或几个分类群中来源于共同祖先的衍生性状状态叫作共有衍征（synapomorphy）。共有衍征出现的式样是做谱系分支图的根据。简言之，在表相分类中，人们要考虑性状状态的全部相似性；而在谱系分支分类中，人们仅仅考虑和分析共有衍征。

Dahlgren 建立他的分类系统所利用的原理和方法是逐渐发展的。1975 年他发表分类系统时 [7]，采用了一个二维图解（two-dimensional digram）表达他的系统。这个二维图解代表一个想象中的乔木或灌木树冠的横切面（见右图）。在这个横切面上（泡状"bubble"）所画出的每个目轮廓的大小，大致上是按照各个目所包含种数的比值，把相似性程度最大的目，放在彼此相邻近的位置，即好像是做出一个表相的分类。因此，某些植物学家（如 Heywood）认为这个系统基本上是表相分类的方法 [26]。但是，这个二维图解的主要目的是建造一个框架，以一种方便的样式画出大量性状状态的分布，为比较研究和谱系分支分析提供一个基础。最近，Dahlgren 和 Rasmussen[20] 就如何用性状分析和谱系分支方法建立一个分类系统做了说明，并且将这种方法应用于单子叶植物的高级分类单元，如科、目和超目。

　　Dahlgren 的方法可以总结为以下几点：①用一个二维图解做框架，画出各种重要性状状态的分布；这个图解所画出的目的范围则表示目的大小，并且按照推测的相互间的亲缘关系排列它们的位置；②以基本资料为依据，在图解上画出大量性状状态的分布，作为改进分类的基础；③确定哪些性状状态是祖先的、哪些是衍生的；④把分析的结果用谱系分支图型表示出来，将较广泛分布的那些同源性状状态看作是在所含有这些性状状态的那几个分类单位之前就已衍生了，也就是说，把某几个分类单位都有的同源性状状态看作它们的共有衍征，而用谱系分支图型表示出来；⑤利用这些结论，尽可能以最优方案改进分类系统。这样的系统才有预言性价值，即它最有可能根据已知的某些特性，告诉人们在一个群中还有未发现的特性。如果一个相对稳定的分类系统有这样的预言价值，那么人们为了研究植物的科或目之间的种系发生关系而耗费的时间和精力还是值得的。

14.1.2 达格瑞在一些重要问题上的观点

14.1.2.1 关于被子植物起源

从达尔文进化学说以来，关于被子植物起源，像我们以前介绍的[29]，有过许多推测和假设。但这个问题仍然是不能确定的。最近几年，从白垩纪发掘了一些被子植物化石，虽然它们对于被子植物起源的解决并无多大帮助，但总算是增加了新的证据。主要是一些古植物学家依据新的证据又一次将这一问题提出来讨论。Dahlgren[15]提到由 Retallack 和 Dilcher 介绍的一种理论[34]：即被子植物花的心皮相当于舌羊齿科（Glossopteridaceae）植物附着胚珠的叶状体，在舌羊齿植物中的"孢芽杯"（cupules）则相当于被子植物的胚珠的外珠被。Dahlgren 同时提出已经绝灭的一些裸子植物群，如 Caytoniaceae、Corystospermaceae 和 Czekanowskiaceae 等科植物可能既同（早期的）舌羊齿科植物有联系，又和被子植物的祖先有联系。他认为，被子植物的裸子植物祖先已经演化出一组明显固定的综合性状，这一组性状又为现代的被子植物所继承：韧皮部具有伴胞，双受精和内胚乳的形成，相似的雌配子体（胚囊）和雄配子体，具有 4 个小孢子囊的花药以及具有心皮。因为这一组性状的组合十分特殊，它不可能是多次发生而只能是一次发生的。Dahlgren 认为被子植物是在裸子植物的一条单独的演化线上发展来的，它们是单元发生。

Dahlgren 和 Rasmussen[20] 对单子叶植物以及与单子叶植物有密切联系的某些双子叶植物（如木兰超目 – 睡莲超目 Magnoliiflorae-Nymphaeiflorae 的一些群）的性状状态进行了全面分析，他们基本上支持毛茛假说（Ranalean Hypothesis），并对最原始的被子植物做了详细描述：它们是一群木本植物，茎具有真正的中柱，木质部具长而狭的导管，导管具梯纹穿孔板，穿孔板多条纹；叶大概是不落性的，基部无鞘，具叶柄，叶脉网状，稍不规则，侧脉呈弧状平行展开并在顶端网结，气孔为平列型或不等细胞型；花生于小的圆锥花序上，花各部螺旋形排列，但至少花被有轮生的倾向，花被 3 数，排列成 2~3 轮（外轮比内轮稍小，像某些现代的番荔枝科植物花的花被那样）；雄蕊趋向于扁平和叶状，小孢子囊明显地生于它们的顶端之下，花药壁是基本型、绒毡层腺质，小孢子发育为连续型，花粉粒具槽，2 室；心皮相互分离，趋向于 3 数或是 3 的倍数，尚不能确定它是叶状而无花柱结构还是沿着边缘有下延的柱头；胚珠多数、倒生，2 层珠被（珠被十分薄），厚珠心，具周缘细胞，胚囊型为蓼型，胚乳细胞型，雌蕊群可能发展成为多数蓇葖果；种子初无假种皮，内胚乳丰富，嚼烂状，主要含脂肪和糊状物质；胚很小，位于珠孔端，具 2 子叶，子叶缺乏叶绿素；筛管质体的蛋白质晶体形状不稳定（楔状三角形、方形或多边形），几乎没有蛋白质丝 [2]；不含鞣花酸和鞣花丹宁。

可以看出，Dahlgren 对最原始被子植物的描述在某些方面虽然不同于 Takhtajan[35]，但这种不同不是十分明显。

14.1.2.2 关于原始被子植物的花

被子植物花的雌蕊由一个或多个"心皮"组成而包被胚珠，一般认为它是被子植物不同于裸子植物的最重要结构（当然，在裸子植物和被子植物之间还有许多不同之处）。因此，植物分类学家和植物形态学家一直对于花和花各部的起源给予特别重视，在不同时期都提出过一些不同的学说，例如"真花学说""假花学说"、20 世纪 60年代以后的"生殖叶学说"（Gonophyll theory）[32, 33] 和"生殖茎节学说"（Anthocorm theory）[31]，这些学说都曾引起人们很大的兴趣。后两个学说的提出者，对现代花维管束的排列和化石花维管束结构的研究都是重要的。但是，直到现在，对于被子植物的花和它心皮的起源并没有一致的意见。

根据化石花粉粒的资料，人们对最早的被子植物有很多猜测。代表最古老的被子植物的花粉类型是棒纹粉属（Clavatipollenites），它发现于早白垩纪阿普第期（Aptian），这类花粉粒非常相似于现存的金粟兰科（Chloranthaceae）Ascarina 属的花粉，加之金粟兰科植物也有一些其他原始的特征，如具有原始的导管或无导管、内胚乳丰富而细胞型、胚很小等。一些植物学家就主张，这个科具有简单结构的"花"（事实上并不是花），并认为它们所着生的整个轴（我们一般称为花序）同一朵真正的花是同源的。根据这一理论，花是由于轴的缩短和轴上所生各部分器官缩合而成的。

Dahlgren[15] 认为，金粟兰科与三白草科（Saururaceae）和胡椒科（Piperaceae）之间不存在密切的关系。后两个科是较演化的类群，它们是木兰超目植物的衍生群，这两个科植物的种子像睡莲目（Nymphaeales）植物的种子那样，都具有外胚乳。三白草科如蕺草属（Houttuynia）和阿纳蘑草属（Anemopsis）具有白色、花被状苞片的穗状花序，表面上相似于木兰属（Magnolia）的花，但它并不可能相当于木兰属的花。在被子植物的不同类群中，花并不一定就是同源的（虽然一般都认为花是同源的）。现在仍不能排除木兰类植物的花和金粟兰类植物的花序是同源的说法。

现在，如何看待各部多数、螺旋状排列的这类花型（就像木兰属那种花型）的原始性问题？正如大家所知，自歌德（Goethe）概念以来，从 Arber 和 Parkin[1] 的"真花学说"到"真花孢子叶球学说"（Euanthostrobilus theory），其基本观点都认为这种花型是最原始的花型。这个理论同样亦反映在现代的某些系统中，如 Hutchinson 的分类系统。

Dahlgren[15] 发现，在从巴列姆期到阿普第期（Barremian-Aptian）（一亿两千万年以前）所发掘的化石花粉粒中，最像被子植物花粉粒的是棒纹粉属和网状单沟粉属（Retimonocolpites）。这些花粉最接近现存的木兰超目植物的花粉，被子植物的祖先可能相似于这群植物的那一类。因此，人们不一定把视线只放在木兰科植物的花型上（即具各部多数、螺旋状排列的花）。以前曾假设被子植物的结实器官变异很大，因此还有其他选择的余地，如它们具有长的或短缩的花轴、多数或少数花被、雄蕊或心皮，螺旋状排列但倾向于三列排列。这样，像具有各部多数的木兰型的花可能是早期的，但它仍然是演进的和特化的类型。现在来看，这个类型只是代表着在某些演化线上持续保留到今天的一种类型。

他对在系统演化中三数花的问题发表了一些观点。他的结论是：在被子植物进化中，三数花的出现肯定是很早的，并可能独立地出现在几条演化线上。在现存的被子植物中，三数花相对地固定在许多大的复合群中。例如，单子叶植物的花很少不是三数；在一定程度上，木兰超目植物也同样存在三数花，如在番荔枝科（Annonaceae）和马兜铃科（Aristolochiaceae）中，在木兰超目的其他类群中，花部有多数或不定数的情况，也有其他数目的情况。除此，在某些双子叶植物的目中，如毛茛目（Ranunculales）、罂粟目（Papaverales）、蓼目（Polygonales）或山毛榉目（Fagales），花基本上也是三数，当然也有其他的数目。

根据单子叶植物的化石记录（主要是花粉粒化石和叶痕迹化石），Dahlgren 提出单子叶植物几乎一致是三数花，它出现于祖先双子叶植物分化之前，推测大约在阿尔卑期（Albian）或此期以前。在那个时候，三数花就与具螺旋状排列的多数花同时出现。Dahlgren 的这一观点既不同于 Burger[3]，Burger 主张被子植物的祖先可能是一类小型的单子叶植物；也不同于 Takhtajan[35] 和 Cronquist[5]，他们推测单子叶植物的演化开始于花部多数、螺旋状排列、心皮含多数胚珠这种类型的花型，像在花蔺科（Butommceae）、沼草科（Limnocharitaceae）和泽泻科（Alismataceae）所表现的那种情况（事实上这些类群的花，心皮是轮生的）。

14.1.2.3 关于双子叶植物和单子叶植物的关系

从发现被子植物存在两个子叶和一个子叶的区别性状以来，绝大多数植物系统学家都利用这个性状把被子植物划分为双子叶植物和单子叶植物。后来，由于各方面新证据的积累，双子叶植物和单子叶植物之间的界限变得越来越不清楚。因此，植物学家对于这两个群之间的关系出现了不同的观点。有些观点我们以前已经讨论过[29, 30]；这里需要提一下Burge[3, 4]最近提出的一种相当有意思的观点。他发现胡椒目（Piperales）中有一组性状在单子叶植物中普遍存在，而在其他双子叶植物中罕见或者是不普遍。他认为，胡椒目和单子叶植物之间所存在性状的一致性不是趋同演化（convergence）的结果，与其他大多数双子叶植物相比，它也像睡莲目那样，同单子叶植物有着更加密切的关系，并且它们是同一条大的进化分支上的后代。而在单子叶植物中与胡椒目关系最近的群是天南星目（Arales）和茨藻目（Najadales），他认为这两个类群是很古老的类群。Haines和Lye[25]研究了一种萍蓬草（*Nuphar luteum*）（睡莲科）的子叶，发现这种植物的子叶既可以解释为具2裂的单个子叶，也可以把它看作是两个子叶，因为两个子叶的裂片在胚根一端是相连的，靠近"胚芽鞘"（coleoptile）的那一面比对应的一面更为显著。因此，他们建议把睡莲目（Nymphaeales）同沼生类（Helobiae）放在一起，也归于单子叶植物。

Dahlgren等[6, 11, 17, 18]特别强调单子叶植物和双子叶植物之间相互接近的那些成对类群的相似性，对它们分别进行成对的详细比较，如睡莲目同泽泻超目（Alismatiflorae）、泽泻超目同天南星超目（Ariflorae）、天南星超目的天南星目（Arales）同胡椒目、胡椒目同睡莲目，以及木兰超目的某些类群同百合超目（Liliiflorae）的某些类群，得出了下列结论：①单子叶植物同双子叶植物的一些特定群有密切联系，它的祖先可能很早就出现了，并且是同双子叶植物某些群的祖先共同出现的，它不是直接从裸子植物状的祖先或原被子植物的祖先发展来的；②在木兰超目和百合超目的某些类群之间，集中表现出单、双子叶植物的最大相似性；③对于某些过去人们一直认为是原始的而作为祖先的性状，他们提出怀疑，如水鳖科（Hydrocharidaceae）、泽泻科（Alismataceae）和睡莲科（Nymphaeaceae）中的多数花，以及在上述科中某些植物出现的叶状胎座，很可能在不同的类群中，如睡莲科、木兰科（Magnoliaceae）和八角科（Illiciaceae）等，它们的大型、多数花是次生发展起来的；原始类群的花完全可能是小型、少数花，而且有三数、轮生的倾向；④证实双子叶植物的乳树科

（Lactoridaceae）、金粟兰科、番荔枝科和马兜铃科有类似于单子叶植物的祖先（并且同它的祖先有一定的联系）；⑤单子叶植物的花较木兰超目植物的花表现出更为稳定的结构（根据花图式）；⑥单子叶植物的祖先不可能同时获得全部单子叶植物的特征及沿着一条演化线，而它们的分化是连续出现的，具有平行的多样化，出现了形形色色的变异式样；⑦不能像过去那样认为天南星超目和泽泻超目之间的关系是疏远的，它们倒可能有着清楚的共同起源；泽泻超目的某些特征，如多数雄蕊和多数雌蕊可能是次生适应性的变异，而不能当作是原始的特征；⑧双子叶植物中，胡椒目和睡莲目可能是从原始的木兰超目植物进化干上衍生出来的，它们的密切关系可以由它们种子都具有外胚乳予以说明；⑨在百合超目中，具有鲜艳大型花的类群似乎并不是具有最原始属性的类群；蜜腺大概出自百合超目的不同进化线上；单子叶植物广泛出现的分隔蜜腺表明，若它们不是源于一个共同祖先，至少它们很早就发生了。

14.1.2.4 关于单子叶植物的起源

这个问题我们[29, 30]曾讨论过并提出了不同意见，在此简要谈谈 Dahlgren[18] 的观点。

首先，像他指出的，人们应当仔细推敲一下 Burger 的新假设[4]。Burger 提出，最早的被子植物是小型、单子叶状的植物，单子叶植物作为一个血统群（lineage），比双子叶植物要古老一些。按照这个观点，原始单子叶状的被子植物源于原始的种子蕨或幼态时减化的苏铁类植物。Dahlgren[15] 指出："人们不能不联想到 Burger 那种奇怪的观点，他认为原始的被子植物是单子叶植物。"后来，Dahlgren 等[19]就此观点做了比较详细的分析。他们认为，单子叶植物的许多性状已经出现了相当大的变异，双子叶植物不可能由已经如此进化的单子叶植物演变而来。更确切地说，单子叶植物中花对称的一致性、形成层丧失和筛管分子质体内含物的相对一致性是比较稳定的性状，它们表明单子叶植物是单元发生，并且是由原被子植物演化出的次生分支。从木兰群双子叶植物所出现的可塑性（变异性）来看，Dahlgren 判断单子叶植物是早期双子叶植物祖先的一个衍生分枝，即单子叶植物出自原始的双子叶植物群。当然，这个观点也是现代一种流行的观点。

按照 Takhtajan[35, 36] 和 Cronquist[5] 的见解，单子叶植物起源于水生和半水生祖先，它类似于睡莲目或是与睡莲目出自同一条进化干。同时他们认为，泽泻超目是单子叶植物的"开端群"（starting group）。Dahlgren 认为并非是这种情况，虽然从广义上讲,他们全都赞成毛茛/木兰假说,但是,Dahlgren 等[19]认为:最早出现的被子植物,其花大概不太显眼,即花被不显著,雄蕊和心皮的数目也不多。在这条进化线上,发生了现代的单子叶植物和三数花型的那部分,它们是木兰超目-睡莲超目植物的共同祖先。Dahlgren 等还认为,由最原始的被子植物(像前面已经介绍的)发展为祖先单子叶植物,只需要以下几个步骤:①由木本转化为草本,形成层随之消失,失去产生次生维管组织的能力;②子叶情况的改变;③内胚乳型式的改变(从细胞型到沼生型);④筛管分子质体的蛋白质结晶形状固定成三角形;⑤花型稳定,花被 3+3 雄蕊 3+3 雌蕊 3(P3+3A3+3G3)。

单子叶植物祖先究竟是什么样子呢? Dahlgren 等[18, 19]也做了描述:它是一群草本植物,具有根状茎或具多节的球茎或块茎,叶十分发育,具叶柄,基部不成鞘状,网状脉;下位三数花,花被大概不太显眼(?淡黄色),雄蕊稍扁平,小孢子囊位于顶端之下;花粉粒具槽;离生心皮(?);内胚乳丰富、嚼烂状,胚小,胚芽近顶生。这样一个单子叶植物现在已经不存在了。但是最接近它的现存植物已在薯蓣目(Dioscoreales)中发现,代表植物为毛脚薯属(Trichopus)(属薯蓣目毛脚薯科 Trichopodaceae),它与上述所推测的植物的不同点在于具有下位合心皮的雌蕊。按照他们的观点,毛脚薯属并不代表直接的链环,但是它所具有的许多特征已在木兰超目的一些科中碰到了,如番荔枝科、马兜铃科马蹄香属(Saruma)和乳树科。当然,某些相似性可能是因趋同演化而发生的,但是趋同演化较可能出现的情况是植物有相似的习性和(或)相似的生活环境(像水生的睡莲目和泽泻目),对生活在森林环境中的草本薯蓣目和乔木番荔枝目来说,还不能确定它是否是趋同的。

关于单子叶植物起源的时间,Dahlgren 认为它们在白垩纪早期就出现了[15, 19],推测是在阿普第期到阿尔卑期(一亿两千万年前)或者于这个时期之前。当时,木兰超目植物的祖先已经获得了一些像现代类群所具有的属性,但是还没有太分化,有些其他双子叶植物群大概也开始从祖先进化干上分支出来。

14.1.2.5 关于"柔荑花序类"的处理

按照 Dahlgren 的观点,Engler 的"柔荑花序类"概念为异源发生,它由许多单元发生群组成。这一类植物仍部分地保留在某些现代的分类系统中,如 Takhtajan 和 Cronquist 的金缕梅亚纲(Hamamelidae)。目前问题的焦点是,这类植物若作为一个同源的聚集群(homogenous assemblages)应该包括哪些科,哪些科又是因为适应风媒传粉而成为趋同演化的结果。

首先要解决的问题是如何处理胡桃目（Juglandales）和杨梅目（Myricales）的系统位置。Takhtajan 和 Cronquist 将这两个目放在金缕梅亚纲（Hamamelidae），然而 Thorne 则强调在胡桃目 - 杨梅目和风媒传粉的漆树科（Anacardiaceae）（清风藤目 Sapindales 或芸香目 Rutales）之间有密切联系，他以它们的生长习性、叶的形态学、茎的解剖学、果实、花粉和染色体基数为依据，认为漆树科中黄连木属（*Pistacia*）和阿非漆属（*Amphipterygium*）是最接近胡桃科（Juglandaceae）和杨梅科（Myricaceae）的类群。但是，Takhtajan 和 Cronquist 指出，杨梅目 - 胡桃目和山毛榉目之间同样存在许多相似性（如形态学、胚胎学、花粉形态学和化学方面）。在最近的一篇文章中，Dahlgren[16] 引用新的血清学方面的证据，尤其是由 Fairbrothers 和 Petersen[23] 所做的广泛研究，认为胡桃目和杨梅目的系统位置接近山毛榉目。

在 Dahlgren 系统中，他把"柔荑花序类"的主要目，如山毛榉目、胡桃目、杨梅目、木麻黄目等放入蔷薇超目（Rosiflorae），这样蔷薇超目就成了一个变异极大的复合群（complex），既有风媒传粉群，又有虫媒传粉群。因为蔷薇超目在具有简单结构的风媒花和两性、有花瓣的虫媒花之间有中间的链环群，如某些金缕梅科（Hamamelidaceae）植物 [22]。Dahlgren 认为，蔷薇超目中，库南木目（Cunoniales）是一个基本群：它们的心皮通常是 2 枚，从分离到完全合生，当部分合生时通常具有分歧的花柱枝，和虎耳草科中的情况十分相似；它们在木材解剖学方面一般是原始的，种子有内胚乳，且具一个小型胚。因此，它既同金缕梅目有联系，也同虎耳草目（Saxifragales）和蔷薇目（Rosales）有联系。

另一方面，Dahlgren 将 Takhtajan 和 Cronquist 定义的"金缕梅亚纲"的某些群，如荨麻目（Urticales）（包括榆科 Ulmaceae、桑科 Moraceae、喇叭树科 Cecropiaceae、钩毛树科 Barbeyaceae、大麻科 Cannabaceae 和荨麻科 Urticaceae）放在锦葵超目（Malviflorae），这个结论也是根据各方面证据得出的。

14.1.2.6 关于"合瓣类"各目的处理

在不同的经典著作中，具有合瓣花的大多数类群都归类于所谓"单瓣亚纲"（Monopetalae），有的称"后生花被亚纲"（Metachlamydeae）或"合瓣亚纲"（Sympetalae）。Cronquist 和 Takhtajan 则把它的绝大多数目群集在菊亚纲（Asteridae）。因为它们大多数是具合瓣花的科，花的花萼 5 裂、花瓣 5 裂、雄蕊 5 枚，并成交互轮生，雌蕊具 2 心皮合生，特别是它们具单珠被、大多数为薄珠心的胚珠，内胚乳一般为细胞型。

Dahlgren 对合瓣类做了修订 [8, 9, 10, 12]，分析了一些性状状态的分布，如胚珠具单胚被、珠心中具有周缘细胞、胚乳类型以及几类化学成分。根据分析结果，他认为有的类群（如报春花目 Primulales）无疑与"合瓣类"的其他群无关。

他同时强调，合瓣类的主要类群沿着两条或三条演化线分化：一条主要是含有虹彩类化合物（iridoid）的演化线，沿山茱萸超目（Corniflorae）、刺莲花超目（Loasiflorae）、唇形超目（Lamiiflorae）、龙胆超目（Gentiantiflorae）展开；一条是含有聚炔类化合物（polyacetylene）、伴萜类（sesquiterpene）、内酯（lactone）的演化线，沿五加超目（Araliiflorae）和菊超目（Asteriflorae）展开；另一条演化线可能由前述两条线之中的某一条派生出来，茄超目（Solaniflorae）不含有上述化学成分，却具有莨菪碱（tropane）或耐逊（necine）生物碱。Dahlgren 声明，这可能是一种超相似性。然而以上结果同样得到形态学和胚胎学证据的支持，也得到血清学证据的支持 [16, 24, 28]，例如在茜草科（Rubiaceae）及其近缘科和五加目（Araliales）之间，存在微弱的相似血清反应也同上述观点是一致的。

14.1.3 达格瑞系统与其他现代系统的比较

在上述讨论中，作者已经在原理、方法和一些重要问题上进行了阐述，并将他的系统同其他 3 个现代系统做了比较，Dahlgren[12] 同 Kanis[27] 和 Ehrendorfer[21] 的分类系统大纲也都分别做过比较。因此，这里仅仅就某些问题给以简要注释。

首先，在分类单元利用方面，Dahlgren 和 Thorne 将被子植物作为一个纲（Class），而 Takhtajan 和 Cronquist 将它作为一个门。Dahlgren 又把被子植物分为两个分类单元，即双子叶植物亚纲和单子叶植物亚纲（但是两者没有"谱系分支状态"cladistic status，只是为了实际应用的需要，它们也可能不能作为亚纲来看待）。像 Takhtajan 和 Thorne 那样，Dahlgren 在亚纲之下也采用了超目（Superorder）这一等级，Cronquist 没有利用这个等级。Dahlgren 和 Thorne 采用了"-florae"作为超目的词尾，而 Takhtajan 则利用"-anae"作为词尾。

其次，像前面提到的，Dahlgren 利用了一个二维图解，表达了他对现存目之间亲缘关系的部分观点，但是他的主要目的是为了画出各种性状状态的分布。Dahlgren 在 1980 年以后修改了他的图解。Takhtajan 系统和 Cronquist 系统所采用的图解，常常会给人们一种错觉，似乎现存的目是彼此发展而来的（虽然 Cronquist 的图解将被子植物中各个亚纲最终归根于由假设的"前被子植物"而来）。Thorne[38, 39, 40] 也画出了一个不同的图解。在他的图解中，各个超目由一个"空缺中心"放射出来，这个"空缺中心"代表已经绝灭的"原被子植物"（protoangiosperms）。

最后，提一下高级分类等级（即科、目、超目）的概念。Dahlgren 像 Takhtajan 那样采用了较为细分的概念，Thorne 和 Cronquist 虽然采取了较归并的概念，但他们在目和科之下常常又划分出几个亚目或亚科，这样单位数量的结果都差不多（见下表）。

四个现代系统科以上分类等级数目的比较

等级	R. Dahlgren（1983）			A. Takhtajan（1980）			A. Cronquist（1981）			R. Thorne（1983）		
	双	单	总数	双	单	总数	双	单	总数	双	单	总数
纲 Class			1	1	1	2	1	1	2			1
亚纲 Subclass	1	1	2	7	3	10	6	5	11	1	1	2
超目 Superorders	25	8	33	20	8	28				19	9	28
目 Orders	85	25	110	71	21	92	64	19	83	41	12	53
科 Families	362	92	454	333	77	410	318	65	383	297	53	350

参考文献

[1] ARBER E A N, PARKIN J. On the origin of angiosperms[J]. Journ. Linn. Soc. Bot, 1907, 38: 29–44.

[2] BEHNKE, DAHLGREN R. The distribution of characters within an angiosperms ystem: 2. Sieve element plastids[J]. Bot. Natiser, 1976, 129: 289–295.

[3] BURGER W C. The Piperales and the monccots: alternate hypotheses for the origin of monocotyledonous flowers[J]. Bot. Rev, 1977, 4: 345–393.

[4] BURGER W C. Heresy reviewed: the monocot theory of angiosperm origin[J]. Evol. Theory, 1981, 5: 189–225.

[5] CRONQUIST A. An integrated system of classification of flowering plants[M]. New York: Columbia Univ. Press, 1981.

[6] DAHLGREN R, HANSEN B, JAKOBSEN K, et al. Angiospermernes taxonomi, I[M]. København: Akademisk Forlag, 1974.

[7] DAHLGREN R. A system of classification of the angiosperms to be used to demonstrate the Distribution of characters[J]. Bot. Notiser, 1975a, 128: 119–147.

[8] DAHLGREN R, HANSEN B, JAKOBSEN K, et al. Angiospermernes taxonomi, 3[M]. København: Akademisk Forlag, 1975b.

[9] DAHLGREN R. A commentary on a diagrammatic presentation of the angiosperms in relation to the distribution of character states[J]. Plant Syst. Evol., Suppl. 1977a, 1: 253–283.

[10] DAHLGREN R. A note on the taxonomy of the "Sympetalae" and related groups[J]. Publ. Cairo Univ. Herb., 1977b, 7–8: 83–102.

[11] DAHLGREN R, HANSEN B, JAKOBSEN K, et al. Angiospermernes taxoncmi, 1. (ed. 2)[M]. København: Akademisk Forlag,1979.

[12] DAHLGREN R. A revised system of classification of the angiosperms[J]. Bot. Journ. Linn. Soc., 1980a, 80: 91–124.

[13] DAHLGREN R. The taxonomic significance of chlorophyllous embryos in angiosperm seeds[J]. Bot. Notiser,1980b, 133: 337–342.

[14] DAHLGREN R, JENSEN S R, NIELSEN B J. A revised classification of the angiosperms: with comments on correlation between chemical and other characters[M]// In D. A. Young, and S. Seigler, (eds.): Phytochemistry and Angiosperm Phylogeny. New York: Praeger Scientific, 1981:149–204.

[15] DAHLGREN R. General aspects of angiosperm evolution and macrosystematicst[J]. Nord. Journ.Bot., 1983a: 3: 119–149.

[16] DAHLGREN R. The importance of modern serological research for angiosperm classification[M]//In U. Jensen and D. E. Fairbrothers (eds.): Proteins and Nudeic Acids in Plant Systematics. Heidelberg: Springer-Verlag, 1983b: 371–394.

[17] DAHLGREN R, CLIFFORD H T. Some conclusions from a comparative study of the

monocotyledons and related dicotyledonous orders[J]. Ber. Deuisch. Bot. Ges., 1981, 94: 203–227.

[18] DAHLGREN R, CLIFFORD H T. The monocotyledons: a comparative study[M]. London: Academic, 1982.

[19] DAHLGREN R, CLIFFORD H T, YEO P. The families of the moncotyledons: structure, evolution and taxonomy[M]. Heilberg: Springer-Verlag, 1984.

[20] DAHLGREN R, RASMUSSEN F N. Monocotyledon evolution: characters and phylogenetic estimation[J]. Evol. Biol., 1983, 16: 255–395.

[21] EHRENDORFER F. Summary statement[M]//In Ehrendorfer F. and Dahlgren R., (eds.): New Evidence of Relationships and Modern Systems of Classifications of the Angiosperms. 151–155,1983.

[22] ENDRESS P. Evolutionary trends in the Hamamelidales -Fagles group[J]. Plant Syst. Evol., 1977, Suppl. 1: 321–347.

[23] FAIRBROTHERS D E, PETERSEN F P. Serological investigation of the Annoniflorae (Magnoliiforae, Magnolidae)[M]//In U. Jensen and D. E. Fairbrothers (eds.): Proteins and Nucleic Acids in Plant Systematics. Heidelberg: Springer-Verlag, 1983: 301–310.

[24] GRUND C, JENSEN U. Systematic relationships of the Saxifragales revealed by serological characteristics of seed proteins[J]. Plant Syst. Evol., 1981, 137: 1–22.

[25] HAINES R W, LYE K A. Seedlings of Nymphaeaceae[J]. Bot. Journ. Linn. Soc., 1975, 70: 255–265.

[26] HEYWOOD V H. Principles and concepts in the classification of higher taxa[J]. Plant Syst. Evol., 1977, Suppl.1: 1–12.

[27] KANIS A. An introduction to the system of classification used in the Flora of Australia[J]. Fl. Austr., 1981, 1: 77–111.

[28] LEE D W, FAIRBROTHERS D E. Serological approaches to the systematics of the Rubiaceae and related families[J]. Taxon, 1978, 27: 159–185.

[29] LU A M, ZHANG Z Y. A brief review of the problems of the evolution of Angiosperms[J]. Acta Phytotaxon. Sin., 1978, 16(4): 1–15.

[30] LU A M. A preliminaty review of the modern classification systems of the flowering

plants[J]. Acta Phytotaxon. Sin., 1981, 19(3): 279–290.

[31] MEEUSE A D J. Facts and fictionin floral morphology with special reference to the polycarpicae: 1. A general survey[J]. Acta Bot. Neerl., 1972, 21(2): 113–127; 2. Interpretation of the floral morphology of various taxonomic groups[J]. Acta Bot. Neerl., 1972, 21(3): 235–252.

[32] MELVILLE R. A new theory of the angiosperm flower: 1. The Gynoecium[J]. Kew Bull, 1962, 16: 1–50.

[33] MELVILLE R. A new theory of the angiosperm flower: 2. The Androecium[J]. Kew Bull, 1963, 17: 1–63.

[34] RETALLACK G, DILCHER D L. Arguments for a glossopterid ancestry of angiosperms[J]. Paleobiology, 1981, 7: 54–67.

[35] TAKHTAJAN A. Flowering plants: origin and dispersal[M]. Edinburgh: Oliver and Boyd, 1969.

[36] TAKHTAJAN A. Outline of the classification of flowering plants (Magnoliophyta)[J]. Bot. Rev., 1980, 46(3): 225–359.

[37] THORNE R F. The "Amentiferae" or Hamamelidae as an artificial group: a summary statement[J]. Brittonia, 1974, 25: 395–405.

[38] THORNE R F. A phylogenetic classification of the Angiospermae[J]. Evol. Biol., 1976, 9: 35–106.

[39] THORNE R F. Phytochemistry and angiosperm phylogeny: asummary statement[M]// In D. A. Young and S. Seigler (eds): Phytochemistry and Angiosperm Phylogeny. New York: Praeger Scientific, 1981: 233–295.

[40] THORNE R F. Proposed new realignments in the angiosperms[J]. Nord. Journ. Bot., 1983, 3: 85–117.

INTRODUCTION AND NOTES TO R. DAHLGREN'S SYSTEM
OF CLASSIFICATION OF THE ANGIOSPERMS

LU AN-MING

(Institute of Botany, Academia Sinica)

Abstract: The present paper aims at introducing Dahlgren's system of classification of the angiosperms. Phenetic and phylogenetic classifications are discussed. The basic principles and methods used by Dahlgren are explained. Dahlgren's opinions on some important problems, such as the origin of angiosperms, the flowers of primitive angiosperms, the relation between the dicotyledons and monocotyledons, the origin of the monocotyledons, the treatment of the "Amentiferae" and of the orders of the "Sympetalae" are all expressed. A brief comparison between Dahlgren's system and three other current systems, viz. those of Takhtajan, Cronquist and Thorne is also given.

刊载于《植物分类学报》, 1984, 22(6): 497-508.

14.2 被子植物 APG 分类系统评论

王伟 [1,2] 张晓霞 [1,2] 陈之端 [1] 路安民 [1*]

1（中国科学院植物研究所系统与进化植物学国家重点实验室，北京 100093）

2（中国科学院大学，北京 100049）

摘要：随着植物分子系统学的兴起，被子植物系统发育研究取得了举世瞩目的进展。被子植物系统发育组提出了基于 DNA 证据的被子植物在目、科分类阶元上的分类系统，简称 APG 系统。本文简要概括了 APG 系统的主要成就：①验证了被子植物分类系统的可重复性和可预言性；②解决了一些依据形态学性状未能确定的类群的系统位置；③证明了将被子植物一级分类分为双子叶植物和单子叶植物的不自然性；④证实了单沟花粉和三沟花粉在被子植物高级分类单元划分中的重要性；⑤发现雄蕊的向心发育和离心发育在多雄蕊类群中是多次发生的，不应作为划分纲或亚纲的重要依据；⑥支持基于形态学（广义）性状划分的大多数科是自然的；⑦将一些长期认为自然的科四分五裂。同时，我们指出了尚需深入研究的几个问题：①如何将以分子数据建立的系统和以综合形态学证据建立的系统相协调；②依据 APG 系统的研究结果需要创立新的形态演化理论；③只以"单系群"作为划分科、目的依据值得商榷；④ APG 系统中一些目的分类没有可信的形态学共衍征；⑤依据 APG 系统需要做出一个自然系统的目、科检索表和目、科的特征集要。此外，我们对以亚洲，特别是东亚为分布中心的一些类群的系统关系或分类等级提出建议，包括八角科、芒苞草科、水青树科、火筒树科、马尾树科、七叶树科、槭树科、伯乐树科应独立为科，山茱萸科（广义）应分为山茱萸科（狭义）和蓝果树科（广义）。

关键词：被子植物；分子系统学；分类；形态学；单系；共衍征

作者王伟（王伟提供）　　　　　　　　作者张晓霞（张晓霞提供）

随着 DNA 测序和生物信息技术的发展，自 20 世纪 90 年代兴起利用分子数据研究生物类群间的系统发育关系，被称为分子系统发育学（Molecular Phylogenetics）。在 1993 年，Mark Chase 等 42 位作者合作发表 "Phylogenetics of seed plants: analysis of nucleotide sequences from the plastid gene *rbc*L" 一文（Chase et al., 1993）。这是由全球几十个实验室共同完成的当时规模最大的系统发育分析，在被子植物系统学研究中具有划时代的意义。从那之后，人们逐渐广泛地利用 DNA 序列来重建植物类群间的系统发育关系，于是植物分子系统学作为植物系统学的一个分支逐渐走向成熟。在 1998 年，被子植物系统发育组（Angiosperm Phylogeny Group，APG）综合多个大尺度的系统发育分析结果，为被子植物提出了一个目、科分类阶元上的分类系统，简称 APG 系统。被子植物由此成为第一个基于分子数据建立分类系统的大类群。之后，随着分子数据的增加，APG 系统经历了 3 次修订（APG，1998；APG II，2003；APG III，2009；APG IV，2016）。该系统对被子植物系统学和分类学研究产生了重大影响，大大改变了两百多年来植物学家们以形态学（广义）性状为根据提出的分类系统。可以说，最近 20 年在理解植物进化历史上所取得的进展比过去 200 年都要大（Soltiset al.，2009）。但并不是说 APG 系统已经完美，不存在需要继续研究的问题了。经历了两个多世纪的发展和沉积，人们积累了极为丰富的形态性状，包括形态学、解剖学、胚胎学、孢粉学、细胞学和个体发生等，这些性状在植物系统学和分类学研究中如何利用和评价仍是当前亟待解决的课题。本文就 APG 系统所取得的主要成就进行简要归纳，并提出一些尚需研究的问题。同时，对以亚洲，特别是以东亚为分布中心的一些类群的系统关系或分类等级提出建议。由于下面提到的每个方面都是被子植物系统学的重要内容，不可能用很短的篇幅介绍其细节，只是提纲挈领地谈谈我们的基本观点和未来研究的方向。

14.2.1 APG 系统的主要成就

14.2.1.1 验证了被子植物分类系统的可重复性和可预言性

植物具有叶绿体、线粒体和核基因组三套遗传体系，不论来自哪个基因组的 DNA 信息都是可遗传的。因此，只要材料取样正确，任何人在任何实验室获得的 DNA 数据都应该是一样的，从而所建立的系统发育关系也是相同的。而对于形态学性状，由于不同作者在性状分析中对性状加权不同，或者性状相同但排列顺序不同，所建立的分类系统差异很大。APG 系统虽然经历了三次修订，类群间的系统发育关系解决得越来越好，依据单系性的标准对目的范围做了适当调整，但是强支持的目、科间的关系一直是稳定的。一个自然的、能反映类群间系统发育关系的分类系统，才有可能根据一个分类群中已知的性状（或类群）推测尚未发现的性状（或类群）。如果一个相对稳定的分类系统有这样的预言价值，那么人们为了研究植物的科或目之间的系统发育关系而耗费时间和精力还是值得的（Lu，1989）。

14.2.1.2 解决了一些依据形态学性状未能确定的类群的系统位置

被子植物在漫长的历史中演化出了一些形态性状非常独特的类群，导致不同的分类学家对其提出的系统位置千差万别。例如，领春木科（Eupteleaceae）曾被归在木兰目（科）（Magnoliales/Magnoliaceae）（Melchior，1964）、金缕梅目（Hamamelidales）（Thorne，1992；Cronquist，1981）或连香树目（Cercidiphyllales）（Dahlgren，1983），Takhtajan（2009）甚至将其独立成目——领春木目（Eupteleales），APG III 将其放在毛茛目（Ranunculales）的基部（Wang et al., 2009）。独蕊草科（Hydatelaceae）长期以来系统位置不确定，被置于单子叶植物的禾本目（Poales）附近。Saarela 等（2007）利用多个 DNA 片段发现该科是被子植物最基部的类群之一，和睡莲目（Nymphaeales）互为姐妹群。这一发现是继 APG 系统建立之后植物分子系统学又一重大发现，吸引许多形态学家重新研究独蕊草科的形态，并证实了该科和单子叶植物没有直接的联系（Rudall et al., 2009）。APG III（2009）进一步扩大了睡莲目的系统范围，将独蕊草科置于睡莲目中。

14.2.1.3 证明了将被子植物一级分类分为双子叶植物和单子叶植物的不自然性

在传统分类系统中（如 Cronquist，1981；Dahlgren，1983；Thorne，1992；Takhtajan，2009），子叶数目（1 个或 2 个）被当作被子植物一级分类的性状。然而，分子系统学研究发现具双子叶的"ANITA 进化阶"（grade）构成被子植物最早分化的 3 个分支，即无油樟目（Amborellales）、睡莲目和木兰藤目（Austrobaileyales），而单子叶植物与另外 4 个具双子叶的类群——金粟兰目（Chloranthales）、木兰类（Magnolids）和金鱼藻目（Ceratophyllales）以及真双子叶植物（Eudicots）构成被子植物早期快速辐射的五大分支（Moore et al., 2007）。

14.2.1.4 证实了单沟花粉和三沟花粉在被子植物高级分类单元划分中的重要性

在基于形态的系统发育分析中，Donoghue 和 Doyle（1989）发现以前被认为是双子叶植物的大量物种组成了一个支持率很高的分支。这一分支由于具有共衍征（synapomorphy）——三沟 / 三孔沟花粉或其衍生物（tricolpate/tricolporate pollen and derivatives），而被命名为"三沟分支"（tricolpates；Donoghue& Doyle，1989）。后来的分子系统学研究都支持了该分支的单系性（Judd & Olmstead，2004）。Doyle 和 Hotton（1991）将该分支命名为"真双子叶植物"，并获得了更广泛的应用。真双子叶植物是被子植物中最大的分类群，包括被子植物 300 多个科约 165 000 种（约占被子植物的 64%）。

14.2.1.5 发现雄蕊的向心发育和离心发育在多雄蕊类群中是多次发生的，不应作为划分纲或亚纲的重要依据

多雄蕊的向心发育和离心发育在传统分类上曾被认为是一个非常重要的性状。Cronquist（1981）和 Takhtajan（2009）在他们的分类系统中将这一性状作为划分纲或亚纲的依据之一。在 APG 系统中，雄蕊的离心发育至少出现在 10 个目中，而且在这些目中，仅有非常少的类群具有离心发育的雄蕊。比如毛茛目，仅毛茛科（Ranunculaceae）的耧斗菜属（*Aquilegia*）的雄蕊是向心发生、小孢子是离心发育（冯旻等，1995）。

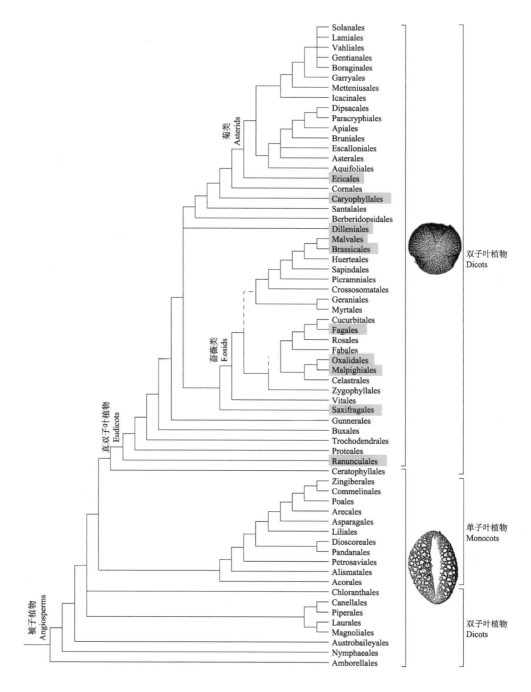

被子植物 APG IV（2016）系统的目间系统关系

Interrelationships of the APG IV (2016) orders of angiosperms

注：虚线表示核 / 线粒体树与叶绿体树冲突；标灰色的目含有多雄蕊离心发育的类群；花粉和子叶性状标在系统树的右边。

Note: The dotted lines indicate the conflicting placements between nuclear/mitochondrial and chloroplast trees. The orders with the gray contain at least one taxon with multiple centrifugal development stamens. Pollen and cotyledonal characters are labeled on the right.

14.2.1.6 支持基于形态学（广义）性状划分的大多数科是自然的

在 Cronquist（1981）系统中，被子植物共包括 383 科，其中双子叶 318 科，单子叶 65 科。在 APG III（2009）中，约 87% 的科的单系性得到支持，仅有 13% 的科（约50 个科）的界限和范围有大问题（Christenhusz et al., 2015），如大戟科（Euphobiaceae）、大风子科（Flacourtiaceae）、百合科（Liliaceae）、马齿苋科（Portulacaceae）和檀香科（Santalaceae）。而这些科多数在传统分类上也被认为是异质的，如广义百合科是一个大杂烩，后来曾被划分为 30 多个科（Dahlgren，1983）。

14.2.1.7 将一些长期作为自然的科四分五裂

如玄参科的肢解：玄参科（Scrophulariaceae）原来拥有 300 属约 5000 种（吴征镒等，2003；Takhtajan，2009）。依据分子数据，许多属被归入车前科，而半寄生的属，如马先蒿属（*Pedicularis*）被划到列当科（Orobanchaceae）。APG 系统的玄参科只包含52 属 1680 种；原来只有 3 属 255 种的车前科（Plantaginaceae）现在拥有 104 属 1820种；列当科由 15 属 210 种扩大到 96~99 属 2060~2100 种（Stevens, 2001 onwards）。

14.2.2 APG 系统尚需研究的问题

14.2.2.1 如何将以分子数据建立的系统和以综合形态学证据建立的系统相协调

APG IV（2016）将被子植物分为 64 目 416 科，Takhtajan（2009）将其分为 156目 560 科。在 APG 系统的 64 目中，有 19 目与 Takhtajan 系统完全一致，如樟目（Laurales）（含 7 科）、鸭跖草目（Commelinales）（含 5 科）、姜目（Zingiberales）（含 8 科）、桃金娘目（Myrtales）（含 9 科）和伞形目（Apiales）（含 7 科）等。有 20 余目由于两大系统的目的概念不同而不同，APG 采取广义目而 Takhtajan 采取狭义目，但对于自然类群两个系统的界定基本一致，如木兰目（Magnoliales）的 6 个科被 Takhtajan分在关系密切的 4 个目，泽泻目（Alismatales）13 个科在后者的 5 个目，毛茛目 7 个科在后者的 7 个目，杜鹃花目（Ericales）的 22 个科在后者的 12 个目等。

两大系统中科的归属分歧较大的目有 12 个，如薯蓣目（Dioscoreales）3 个科被Takhtajan（2009）归在单子叶植物第 1、9 和 21 目；葫芦目（Cucurbitales）8 个科被归在双子叶植物第 17、68、79、95、96 目；金虎尾目（Malpighiales）36 个科被归在双子叶植物第 17、35、50、52、53、66、77、82、86、94、99、100 和 101 等 13 目（见第 383 页图）；APG 系统中有 4 目在 Takhtajan（2009）的系统中未设目而归于其他目，如美洲苦木目（Picramniales）归于芸香目（Rutales）等。这些目涉及约 87 个科，如何从形态学的角度理解这些新的系统发育关系或分类等级尚需进一步研究。

14.2.2.2 依据 APG 系统的研究结果需要创立新的形态演化理论

根据 APG 系统，被子植物最早分化的谱系为无油樟目，该目仅包括 1 种，即无油樟（*Amborella trichopoda* Baill.），它是雌雄异株的灌木，其雌花有 2 枚不育雄蕊。第二谱系为水生的睡莲目，而睡莲目最早分出的科是独蕊草科。Rudall 等（2009）将独蕊草科的生殖单元称为"非花"（nonflower），即有典型的被子植物心皮和雄蕊的结构，但不能看作是典型的花，其"雄花"只有单个雄蕊，"雌花"只有一个心皮，生于同一"生殖单元"（reproductive units）的叫两性生殖单元，生于不同的"生殖单元"的叫单性生殖单元。在两性生殖单元中，雄蕊（雄花）和心皮（雌花）的排列是无序的。又如排列在 ANITA 之后的早期分化出的金粟兰科（Chloranthaceae），花极为简单：单性花的 Ascarina 的雄花只有 1~3 枚雄蕊；两性花的草珊瑚属（*Sarcandra*）的"花"无花被，只有苞片 1 枚、雄蕊 1 枚，子房含 1 颗下垂的直生胚珠，无花柱。该科可靠的花和花粉化石发现于早白垩世（Friis et al., 2011）。此外，在我国辽宁发现的早白垩世的被子植物化石古果科（Archaefructaceae）为水生草本，"花"亦十分简单（Sun et al., 2002）。由此，我们认为，水生植物在被子植物演化早期就已分化，并不都是从陆生植物演化而来，简单花不都是从复杂花简化来的，单性花也不都是从两性花退化而来的。即在被子植物起源的早期，水生、草本、简单花和单性花就已经出现了，这就对传统的"真花说"和"假花说"都提出了挑战。

14.2.2.3 只以"单系群"作为划分目、科的依据值得商榷

APG 系统划分目、科最重要的标准就是单系性（monophyly；Chase et al., 2000）。但由于取样的不完全和物种绝灭等造成的间断，"并系群"（paraphyletic group）是客观存在的。按照进化系统学家的观点，"并系群"也是自然类群（Stuessy, 2010）。单系性的标准使得传统上一些目、科的范围发生了变化，这给实际运用带来了困难。比如，APG 系统将藜科（Chenopodiaceae）归并到苋科（Amaranthaceae）之

中，但是藜科本身还是一个单系群，只是镶嵌在苋科之中。而传统分类上的藜科和苋科是容易区别的，在其他生物学领域也是广泛接受的。

14.2.2.4 APG 系统的一些目或科没有可信的形态学共衍征

由于严格强调单系性，APG 系统中一些目、科比较异质，其共衍征很难确定。例如，由莲科（Nelumbonaceae）、悬铃木科（Platanaceae）、山龙眼科（Proteaceae）组成的山龙眼目（Proteales）（APG III，2009），很难找到它们的共衍征，而 APG IV（2016）又把清风藤科（Sabiaceae）归入山龙眼目，这导致该目更为异质。又如，APG 系统的金虎尾目是一个大拼盘，包含的 36 个科分布在 Takhtajan（2009）系统中不同位置的 13 个目中。分化时间分析显示，金虎尾目的 28 个主要分支在白垩纪中期（112–94Ma）由爆发式的快速辐射所产生（Davis et al., 2005）。此外，APG III（2009）界定的虎耳草目（Saxifragales）包括了 Takhtajan（2009）的 29、31、33、34、66 和 81 目（见第 384 页图）。通过仔细研究形态性状的进化，Carlsward 等（2011）发现虎耳草目的共衍征为叶具堇菜型（violoid）或山茶型（theoid）叶齿。APG IV（2016）依据 S. Bellot 和 S. Renner 未发表的数据将寄生植物科——锁阳科（Cynomoriaceae）放在虎耳草目中，而锁阳科在 Takhtajan 系统中独立成目——锁阳目（Cynomoriales）（第 103 目）。近来 Bellot 等（2016）根据叶绿体、线粒体和核基因组的数据将锁阳科放在虎耳草目的最基部，这导致 Carlsward 等（2011）所发现的叶的性状不能用于界定扩大的虎耳草目。上述分析说明，APG 系统中一些目，如睡莲目、山龙眼目、金虎尾目、虎耳草目以及蔷薇目（Rosales）等的划分仍需研究。

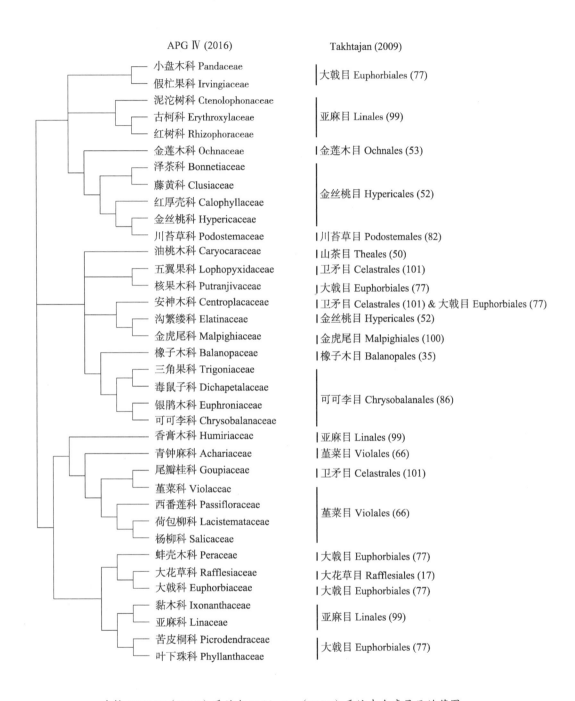

APG Ⅳ (2016)　　　　　　　　　　Takhtajan (2009)

	APG Ⅳ (2016)	Takhtajan (2009)

小盘木科 Pandaceae ┐ 大戟目 Euphorbiales (77)
假杜果科 Irvingiaceae ┘
泥沱树科 Ctenolophonaceae ┐
古柯科 Erythroxylaceae ├ 亚麻目 Linales (99)
红树科 Rhizophoraceae ┘
金莲木科 Ochnaceae │ 金莲木目 Ochnales (53)
泽茶科 Bonnetiaceae ┐
藤黄科 Clusiaceae │
红厚壳科 Calophyllaceae ├ 金丝桃目 Hypericales (52)
金丝桃科 Hypericaceae ┘
川苔草科 Podostemaceae │ 川苔草目 Podostemales (82)
油桃木科 Caryocaraceae │ 山茶目 Theales (50)
五翼果科 Lophopyxidaceae │ 卫矛目 Celastrales (101)
核果木科 Putranjivaceae │ 大戟目 Euphorbiales (77)
安神木科 Centroplacaceae │ 卫矛目 Celastrales (101) & 大戟目 Euphorbiales (77)
沟繁缕科 Elatinaceae │ 金丝桃目 Hypericales (52)
金虎尾科 Malpighiaceae │ 金虎尾目 Malpighiales (100)
橡子木科 Balanopaceae │ 橡子木目 Balanopales (35)
三角果科 Trigoniaceae ┐
毒鼠子科 Dichapetalaceae │
银鹃木科 Euphroniaceae ├ 可可李目 Chrysobalanales (86)
可可李科 Chrysobalanaceae ┘
香膏木科 Humiriaceae │ 亚麻目 Linales (99)
青钟麻科 Achariaceae │ 堇菜目 Violales (66)
尾瓣桂科 Goupiaceae │ 卫矛目 Celastrales (101)
堇菜科 Violaceae ┐
西番莲科 Passifloraceae │
荷包柳科 Lacistemataceae ├ 堇菜目 Violales (66)
杨柳科 Salicaceae ┘
蚌壳木科 Peraceae │ 大戟目 Euphorbiales (77)
大花草科 Rafflesiaceae │ 大花草目 Rafflesiales (17)
大戟科 Euphorbiaceae │ 大戟目 Euphorbiales (77)
黏木科 Ixonanthaceae ┐
亚麻科 Linaceae ├ 亚麻目 Linales (99)
苦皮桐科 Picrodendraceae ┐
叶下珠科 Phyllanthaceae ├ 大戟目 Euphorbiales (77)

比较 APG IV（2016）系统与 Takhtajan（2009）系统中金虎尾目的范围

Comparison of the circumscription of Malpighiales between the APG IV (2016) and Takhtajan (2009) systems

注：括号中的数字是 Takhtajan（2009）系统中目的序号。

Note: The numbers in brackets indicate the serial numbers of the orders of Takhtajan (2009).

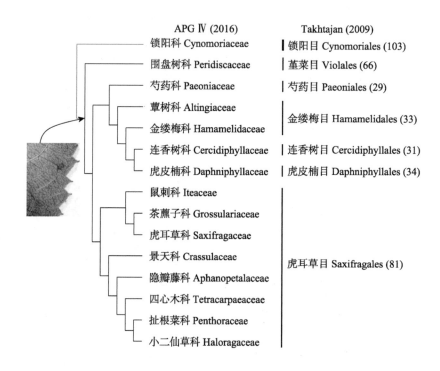

比较 APG IV（2016）系统与 Takhtajan（2009）系统中虎耳草目的范围

Comparison of the circumscription of Saxifragales between the APG IV (2016) and Takhtajan (2009) systems

注：锁阳科的位置根据 Bellot 等（2016）的结果；括号中的数字是 Takhtajan（2009）系统中目的序号。

Note: The placement of Cynomoriaceae is based on the result of Bellot et al (2016). The numbers in brackets indicate the serial numbers of the orders of Takhtajan (2009).

14.2.2.5 依据 APG 系统需要做出一个自然系统的目、科检索表和目、科的特征集要

APG 系统是根据分子数据提出的分类系统。当前，它仍然缺少一个目、科水平的自然检索表，这限制了它的广泛使用。同时，对目、科的鉴别特征鲜有描述。因此，未来需要综合形态和分子证据，尤其是利用分子系统发育框架，在大尺度上分析各种形态性状的进化式样，确定各目、科的鉴别性状（diagnostic character），从而提出 APG 系统的目、科检索表，及其目、科的特征集要。

14.2.3 对亚洲，特别是东亚为分布中心的一些类群系统关系或分类等级的建议

Christenhusz 等（2015）公布了他们就"被子植物和蕨类植物科的界限"对世界上 42 个国家或地区的 441 位参与者在线的调查结果。参加者中，北美 155 人（其中美国 139 人）、中南美洲 24 人（其中巴西 6 人）、欧洲 141 人（其中英国 66 人、法国 20 人、德国 13 人）、非洲 13 人（其中南非 10 人）、亚洲 27 人（其中中国大陆 6 人、中国台湾地区 6 人）、澳大利亚—太平洋地区 43 人（其中澳大利亚 35 人、新西兰 7 人）。显然，这次调查选择的植物类群和参与者带有明显的地域偏见，在世界上植物种类最丰富的中国，大陆只有 6 人，连同台湾也仅 12 人参加，而中国植物分类学家独立自主编著出版了世界上规模最大、包含种类最多、含 80 卷 126 册的《中国植物志》，并作为各科的第一作者合作出版了 25 卷 *Flora of China*。实际上，APG 系统对于以亚洲为分布中心的一些科的划分十分不妥。举例如下：

（1）八角科（Illiciaceae）和五味子科（Schisandraceae）。APG 系统将八角科归并到五味子科。分子系统学研究显示，传统的八角科和五味子科均为单系群，呈姐妹群关系（Stevens，2010 onwards），而两科的习性、花果的形态学、木材解剖和化学成分等性状显著不同（吴征镒等，2003；Takhtajan，2009）。因此，将它们作为独立科组成八角目（Illiciales）比较恰当。

（2）芒苞草科（Acanthochlamydaceae）和翡若翠科（Velloziaceae）。APG 系统将芒苞草科归并到翡若翠科。翡若翠科含 8 属 250 种，间断分布于中南美洲的巴拿马到阿根廷，尤其在巴西东南部和非洲及阿拉伯西南部。单型的芒苞草科局限分布于中国横断山中段海拔 2700~3500 米的亚高山河谷。根据综合的形态学性状（吴征镒等，2003；Takhtajan，2009）和分子证据及隔离的生境和分布，应支持芒苞草科为独立科。

（3）水青树科（Tetracentraceae）和昆栏树科（Trochodendraceae）。APG 系统将两科合并为昆栏树科，由两个十分古老的单型属——昆栏树属（*Trochodendron*）和水青树属（*Tetracentron*）组成，两者均为东亚‒喜马拉雅特有，它们的生长习性、营养器官、花结构、胚胎学、染色体等性状（吴征镒等，2003；Takhtajan，2009）已相当分化，足已将它们分别独立成科。

（4）火筒树科（Leeaceae）和葡萄科（Vitaceae）。APG系统将火筒树科归并到葡萄科。火筒树属（*Leea*）有34种，旧世界热带分布，有一组十分特别的形态性状，如习性为直立乔、灌至草本，无卷须，花瓣基部下联合成柱等不同于葡萄科的其他属（吴征镒等，2003；Takhtajan，2009），以单独成科为佳。

（5）马尾树科（Rhoipteiaceae）和胡桃科（Juglandaceae）。APG系统将马尾树科归并到胡桃科。马尾树科是Handel-Mazzettii（1932）发表的单型科，产于我国贵州南部及东南部、云南东南部、广西北部至西部和越南北部，形态独特，曾被置于荨麻目（Urticales）。经多学科综合研究，认为它接近胡桃科，但比胡桃科原始（路安民和张志耘，1990；Zhang et al.，1994；吴征镒等，2003；Takhtajan，2009）。分化时间分析显示，马尾树科与胡桃科在晚白垩世（~80Ma）就已经分开（Xiang et al.，2014）。因此，马尾树科仍应独立成科。

（6）七叶树科（Hippocastenaceae）、槭树科（Aceraceae）和无患子科（Sapindaceae）。APG系统将七叶树科和槭树科归并到无患子科，认为如果无患子科不包括前2科，其他属就形成一个并系群。实际上，在广义无患子科的分支分析中（Judd et al.，1994；Harrington et al.，2005）得到4个较好支持的分支：第一支是七叶树科分支；第二支是传统的槭树科分支（包括槭树属*Acer*和金钱槭属*Dipteronia*）；第三支是车桑子支；第四支是传统的无患子科。这4个分支在形态学上有明显的区别，因此应当将传统上的七叶树科和槭树科独立成科。在分布区类型上，该2科属温带分布，无患子科（狭义）为热带分布（吴征镒等，2003；Takhtajan，2009）。

（7）伯乐树科（Bretschneideraceae）和叠桑树科（Akaniaceae）。APG系统将中国准特有的伯乐树科归并到澳大利亚东部特有的单型科——叠桑树科。Takhtajan（2009）所列出的大段的检索特征足以将它们分成不同的科；加之两科南北半球间断分布。近来分化时间计算显示，两者在早古新世（~64Ma）就已分开（Cardinal-McTeague et al.，2016），表明它们有很古老的祖先，呈子遗状态。

（8）桃叶珊瑚科（Aucubaceae）和丝缨花科（Garryaceae）。APG系统将东亚特有的单属科桃叶珊瑚科归并到美国西部特有的单属科丝缨花科。Takhtajan（2009）详细地列出了这两科在花部形态、胚胎学、细胞学等方面显著不同的性状，应当分立，作为姐妹科放在丝缨花目（Garryales）。

（9）山茱萸科（Cornaceae）的范围。APG III系统的山茱萸科包括了八角枫科（Alangiaceae）、蓝果树科（Nyssaceae）、单室茱萸科（Mastixiaceae）、珙桐科

（Davidiaceae）以及狭义的山茱萸科。吴征镒等（2003）和 Takhtajan（2009）将它们各自立科。Chen 等（2016）根据 5 个基因（*atp*B、*mat*K、*ndh*F、*rbc*L 和 *mat*R）的分析，发现山茱萸属（*Cornus*）+ 八角枫属（*Alangium*）为一支；蓝果树属（*Nyssa*）+ 喜树属（*Camptotheca*）+ 珙桐属（*Davidia*）+ 马蹄参属（*Diplopanax*）+ 单室茱萸属（*Mastixia*）为一支，两个大支都有 100% 的支持率。因此，应将广义的山茱萸科分为山茱萸科（狭义，包括八角枫属）和蓝果树科（广义）。

参考文献

APG, 1998. An ordinal classification for the families of flowering plants[J]. Annals of the Missouri Botanical Garden, 85: 531–553.

APG II, 2003. An update of the Angiosperm Phylogeny Group classification for the orders and families of flowering plants: APG II[J]. Botanical Journal of the Linnean Society, 141: 399–436.

APG III, 2009. An update of the Angiosperm Phylogeny Group classification for the orders and families of flowering plants: APG III[J]. Botanical Journal of the Linnean Society, 161: 105–121.

APG IV, 2016. An update of the Angiosperm Phylogeny Group classification for the orders and families of flowering plants: APG IV[J]. Botanical Journal of the Linnean Society, 181: 1–20.

BELLOT S, CUSIMANO N, LUO S, et al., 2016. Assembled plastid and mitochondrial genomes, as well as nuclear genes, place the parasite family Cynomoriaceae in the Saxifragales[J]. Genome Biology and Evolution, 8: 2214–2230.

CARDINAL-MCTEAGUE W M, SYTSMA K J, HALL J C, 2016. Biogeography and diversification of Brassicales: a 103 million year tale[J]. Molecular Phylogenetics and Evolution, 99: 204–224.

CARLSWARD B S, JUDD W S, SOLTIS D E, et al., 2011. Putative morphological synapomorphies of Saxifragales and their major subclades[J]. Journal of the Botanical Research Institute of Texas, 5: 179–196.

CHASE M W, FAY M F, SAVOLAINEN V, 2000. Higher-level classification in the angiosperms: new insights from the perspective of DNA sequence data[J]. Taxon, 49: 685–704.

CHASE M W, SOLTIS D E, OLMSTEAD R G, et al., 1993. Phylogenetics of seed plants: ananalysis of nucleotide sequences from the plastid gene rbcL[J]. Annals of the Missouri Botanical Garden, 80: 528–580.

CHEN ZD, Yang T, Lin L, et al., 2016. Tree of life for the genera of Chinese vascular plants[J]. Journal of Systematics and Evolution, 54: 277–306.

CHRISTENHUSZ M J M, VORONTSOVA M S, FAY M F, et al., 2015. Results from an online survey of family delimitation in angiosperms and ferns: recommendations to the Angiosperm Phylogeny Group for thorny problems in plant classification. Botanical Journal of the Linnean Society, 178: 501–528.

CRONQUIST A, 1981. An Integrated System of Classification of the Flowering Plants[M]. New York: Columbia University Press.

DAHLGREN R , 1983. General aspects of angiosperm evolution and macro-systematics[J]. Nordic Journal of Botany, 3: 119–149.

DAVIS C C, WEBB C O, WURDACK K J, et al., 2005. Explosive radiation of Malpighiales supports a Mid-Cretaceous origin of modern tropical rain forests[J]. The American Naturalist, 165: E36–E65.

DONOGHUE M J, DOYLE J A, 1989. Phylogenetic analysis of angiosperms and the relationships of Hamamelidae[M]//In Crane P R, Blackmore S(eds): Evolution, Systematics, and Fossil History of the Hamamelidae, vol. 1 : 17-45.

DOYLE J A, HOTTON C L, 1991. Diversification of early angiosperm pollen in a cladistic context[M]//In Blackmore S, Barnes S H(eds): Pollen and Spores: Patterns of Diversification. Oxford: Clarendon Press, 165-195.

FENG M, FU D Z, LIANG H X, et al., 1995. Floral morphogenesis of Aquilegia L. (Ranunculaceae)[J]. Acta Botanica Sinica, 37: 791–794. (in Chinese with English abstract) [冯旻 , 傅德志 , 梁汉兴 , 等 , 1995. 耧斗菜属花部形态发生 [J]. 植物学报 , 37: 791–794.]

FRIIS E M, CRANE P R, PEDERSEN K R, 2011. Early Flowers and Angiosperm

Evolution[M]. Cambridge: Cambridge University Press.

HANDEL-MAZZETTI H, 1932. Rhoipteaceae, eine nenu Familie der Monochlamydeen[J]. Feddes Repertorium, 30: 75–80.

HARRINGTON M G, EDWARDS K J, JOHNSON S A, et al., 2005. Phylogenetic inference in Sapindaceae sensu lato using plastid matK and rbcL DNA sequences[J]. Systematic Botany, 30: 366–382.

JUDD W S, OLMSTEAD R G, 2004. A survey of tricolpate (eudicot) phylogenetic relationships[J]. American Journal of Botany, 91: 1627–1644.

JUDD W S, SANDERS R W, DONOGHUE M J, 1994. Angiosperm family pairs: preliminary phylogenetic analyses[J]. Harvard Papers in Botany, 5: 1–51.

LU A M, 1989. Explanatory notes on R. Dahlgren's system of classification of the angiosperms[J]. Cathaya, 1: 149–160.

LU A M, ZHANG Z Y, 1990. The differentiation, evolution and systematic relationship of Juglandales[J]. Acta Phytotaxonomica Sinica, 28: 96–102. (in Chinese with English abstract) [路安民, 张志耘, 1990. 胡桃目的分化、进化和系统关系 [J]. 植物分类学报, 28: 96–102.]

MELCHIOR H, 1964. A. Engle's Syllabus der Pflanzenfamilien Band II[M]. Berlin-Nikolassee: Gebrüder Borntraeger.

MOORE M J, BELL C D, SOLTIS P S, et al., 2007. Using plastid genome-scale data to resolve enigmatic relationships among basal angiosperms[J]. Proceedings of the National Academy of Sciences of the USA, 104: 19363–19368.

RUDALL P J, REMIZOWA M V, PRENNER G, et al., 2009. Nonflowers near the base of extant angiosperms? Spatiotemporal arrangement of organs in reproductive units of Hydatellaceae and its bearing on the origin of the flower[J]. American Journal of Botany, 96: 67–82.

SAARELA J M, RAI H S, DOYLE J A, et al., 2007. Hydatellaceae identified as a new branch near the base of the angiosperm[J]. Nature, 446: 312–315.

SOLTIS D E, MOORE M J, BURLEIGH G, et al., 2009. Molecular markers and concepts of plant evolutionary relationships: Progress, promise and future prospects[J]. Critical Reviews in Plant Sciences, 28: 1–15.

STEVENS P F (2001 onwards). Angiosperm Phylogeny Website. Version 12, July 2012. http: //www.mobot.org/MOBOT/research/ APweb/ (accessed on 2017-01-07).

STUESSY T F, 2010. Paraphyly and the origin and classification of angiosperms[J]. Taxon, 59: 689–693.

SUN G, JI Q, DILCHER D L, et al., 2002. Archaefructaceae, a new basal angiosperm family[J]. Science, 296: 899–904.

TAKHTAJAN A, 2009. Flowering Plants, 2nd edn[M]. Heidelberg: Springer .

THORNE R F, 1992. Classification and geography of the flowering plants[J]. Botantical Review, 58: 225–348.

WANG W, LU A M, REN Y, et al., 2009. Phylogeny and classification of Ranunculales: evidence from four molecular loci and morphological data[J]. Perspectives in Plant Ecology, Evolution and Systematics, 11: 81–110.

WU Z Y, LU A M, TANG Y C, et al., 2003. The families and genera of angiosperms in China: a comprehensive analysis[M]. Beijing: Science Press. (in Chinese) [吴征镒 , 路安民 , 汤彦承 , 等 . 2003. 中国被子植物科属综论 [M]. 北京 : 科学出版社 .]

XIANG X G, WANG W, LI R Q, et al., 2014. Large-scale phylogenetic analyses reveal fagalean diversification promoted by the interplay of diaspores and environments in the Paleogene[J]. Perspectives in Plant Ecology, Evolution and Systematics, 16: 101–110.

ZHANG Z Y, LU A M, WEN J, 1994. Embryology of Ehoiptelea chiliantha (Rhoipteaceae) and its systematic relationship[J]. Cathaya, 6: 57–66.

Comments on the APG's classification of angiosperms

Wei Wang[1,2], Xiaoxia Zhang[1,2], Zhiduan Chen[1], Anming Lu[1*]

1 State Key Laboratory of Systematic and Evolutionary Botany, Institute of Botany, Chinese Academy of Sciences, Beijing 100093

2 University of the Chinese Academy of Sciences, Beijing 100049

Abstract: With the rise of plant molecular systematics, tremendous progress has been made in understanding phylogenetic relationships within angiosperms. With the basic phylogenetic framework of angiosperms established, a DNA phylogeny-based angiosperm classification system at the order and familial levels was proposed by the Angiosperm Phylogeny Group (APG) in1998 and has been updated three times. In this paper, we summarize the major achievements of the APG system as follows: (1) testing the repeatability and predictability of the APG system for angiosperms; (2) resolving the systematic positions of some segregate taxa which were not placed based on morphological characters; (3) proving that it is not reasonable to first divide angiosperms based on cotyledon character; (4) demonstrating the importance of tricolpate/tricolporate pollen and derivatives for angiosperm classification; (5) finding that the centrifugal development of stamens in polyandrous groups have evolved independently many times and should not be used to delimit class or subclass of angiosperms; (6) supporting that most of the families delimited by broad morphological characters are natural; and (7) separating some families which are traditionally regarded as natural. We then point out potential problems that need to be resolved in the future, including: (1) how to harmonize the APG system and the morphology-based systems; (2) establishing new morphological evolution theories on the basis of the APG system; (3) determining whether it is enough to only use "monophyly" as a criterion to circumscribe orders and families; (4) determining morphological synapomorphies of those orders in the APG system; and (5) how to best compile a key to distinguish the orders and families of the APG system and to list their diagnostic characters for orders and families. In addition, we propose suggestions for the phylogenetic relationships and taxonomic status of some taxa mainly distributed in Asia, specifically East Asia, including Illiciaceae, Acanthochlamydaceae, Tetracentraceae, Leeaceae, Rhoipteiaceae, Hippocastenaceae, Aceraceae, Bretschneideraceae as familial status, and dividing Cornaceae sensu lato into Cornaceae sensu stricto and Nyssaceae sensu lato.

Key words: angiosperms; molecular systematics; classification; morphology; monophyly; synapomorphy

刊载于《生物多样性》, 2017, 25: 418–426.

14.3 学术报告选
——植物系统学中的形态学问题(提纲和重要图表解)

路安民

中国科学院植物研究所

系统与进化植物学国家重点实验室

14.3.1 植物形态学对系统学的重大贡献

14.3.1.1 形态学与系统学的关系(Stuessy T F, et al., 2003)

通向植物系统学中的形态学复兴

Deep Morphology:Toward a Renaissance of Morphology in Plant Systematics

形态学类型 Types of morphology	系统学领域 Areas of Systematics		
	分类 Classification	系统发育 Phylogeny	进化过程 Process of Evolution
水平1 宏观形态学 Macromorphology	种系发生 (最大的预言性) phyletic (maximally predictive)	进化分析 (系统图) evolutionary analyses (phylogram) 性状进化 evolution of characters	物种形成 speciation 适应辐射 adaptation radiation
水平2 微观形态学 Micromorphology	种系发生 phyletic	辐射进化reticulate evolution 绝灭extinction 进化速率rates of evolution	物种形成 speciation 适应性 adaptation
水平3 代谢形态学 Metabolic morphology	种系发生 phyletic	关键创新 key innovations	物种形成 speciation 居群分化populational divergence 适应性 adaptation
水平4 纳米形态学 Nanomorphology (DNA; RNA)	分支发生 cladistic 种系发生 phyletic	分支分析 (分支图) cladistic analysis (cladogram)	居群内的遗传变异 genetic variation within populations 居群中的分化 divergence among population 物种形成speciation 杂交hybridization

14.3.1.2 形态学是分类学最重要的资料源泉

14.3.1.3 系统学中的许多重大理论的产生是基于形态学研究结果

● 20 世纪初的"真花学说"和"假花学说"

● 20 世纪六七十年代的"生殖叶学说"和"生殖茎节学说"

● 21 世纪初的"主雄性理论"（Mostly Male Theory，MMT）和"演变－组合理论"（Transitional-Combinational Theory）

14.3.1.4 植物分类系统的建立和发展是随着形态学资料的累积而发展的

A. Cronquist 系统、R. Dahlgren 系统、A. Takhtajan 系统、R. Thorne 系统和 APG 系统

14.3.1.5 目前形态系统学家建立的科属系统，现已多数得到分子性状的证明[1]

对以目级为单位的 APG 系统与陈之端等发表的系统进行比较，以天门冬目、山龙眼目和金虎尾目为例：

---

① 本节系统发育分支图选自陈之端等《中国维管植物生命之树》，2020。

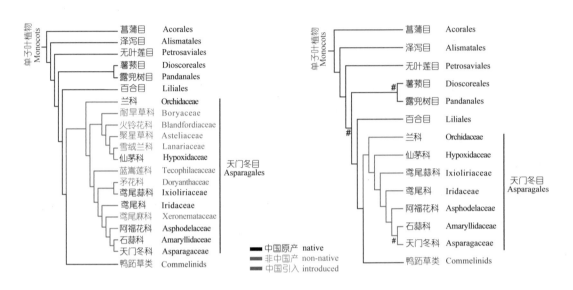

天门冬目的分支关系

被子植物 APG Ⅲ 系统（左）；中国维管植物生命之树（右）

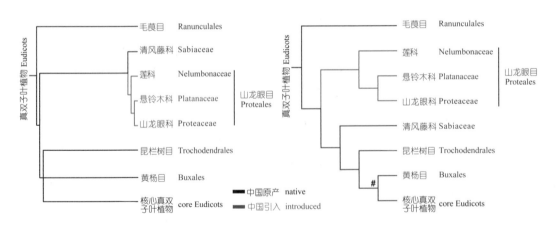

山龙眼目的分支关系

被子植物 APG Ⅲ 系统（左）；中国维管植物生命之树（右）

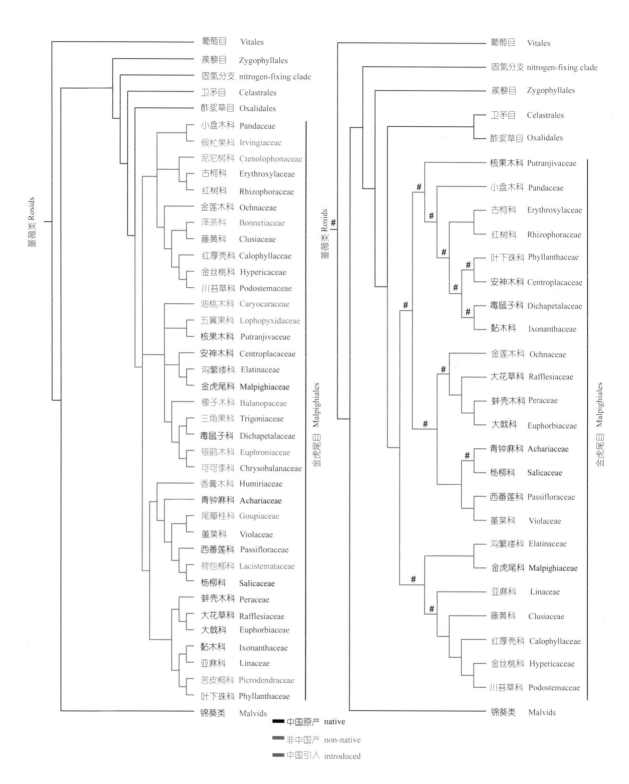

金虎尾目的分支关系

被子植物 APG Ⅲ 系统（左）；中国维管植物生命之树（右）

对《中国维管植物生命之树》属级分子系统与Takhtajan（2009）、吴征镒等（2003）等多位专家的属间形态分类系统，选中国分布具5个属以上的科进行比较。

（1）形态/分子完全一致（中国分布87科）

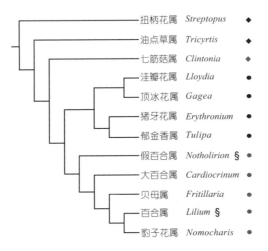

中国百合科植物的分支关系

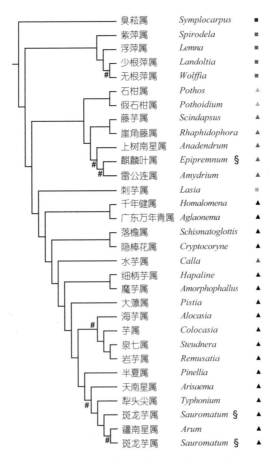

中国天南星科植物的分支关系

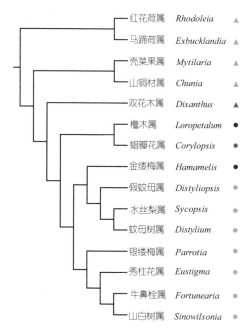

中国金缕梅科植物的分支关系

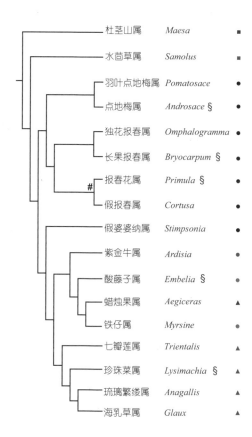

中国报春花科植物的分支关系

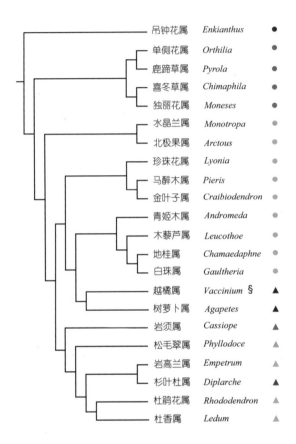

中国杜鹃花科植物的分支关系

吊钟花属	*Enkianthus*	●
单侧花属	*Orthilia*	●
鹿蹄草属	*Pyrola*	●
喜冬草属	*Chimaphila*	●
独丽花属	*Moneses*	●
水晶兰属	*Monotropa*	●
北极果属	*Arctous*	●
珍珠花属	*Lyonia*	●
马醉木属	*Pieris*	●
金叶子属	*Craibiodendron*	●
青姬木属	*Andromeda*	●
木藜芦属	*Leucothoe*	●
地桂属	*Chamaedaphne*	●
白珠属	*Gaultheria*	●
越橘属	*Vaccinium* §	▲
树萝卜属	*Agapetes*	▲
岩须属	*Cassiope*	▲
松毛翠属	*Phyllodoce*	▲
岩高兰属	*Empetrum*	▲
杉叶杜属	*Diplarche*	▲
杜鹃花属	*Rhododendron*	▲
杜香属	*Ledum*	▲

（2）形态 / 分子基本一致（中国分布 88 科）

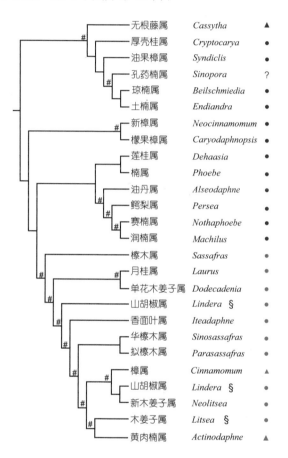

中国樟科植物的分支关系

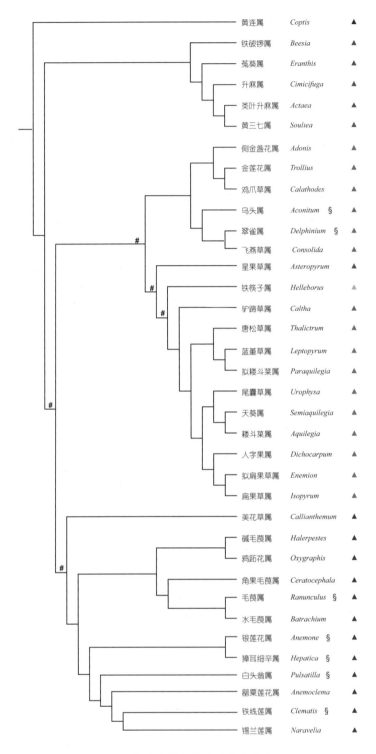

黄连属	*Coptis*	▲
铁破锣属	*Beesia*	▲
菟葵属	*Eranthis*	▲
升麻属	*Cimicifuga*	▲
类叶升麻属	*Actaea*	▲
黄三七属	*Souliea*	▲
侧金盏花属	*Adonis*	▲
金莲花属	*Trollius*	▲
鸡爪草属	*Calathodes*	▲
乌头属	*Aconitum* §	▲
翠雀属	*Delphinium* §	▲
飞燕草属	*Consolida*	▲
星果草属	*Asteropyrum*	▲
铁筷子属	*Helleborus*	▲
驴蹄草属	*Caltha*	▲
唐松草属	*Thalictrum*	▲
蓝堇草属	*Leptopyrum*	▲
拟耧斗菜属	*Paraquilegia*	▲
尾囊草属	*Urophysa*	▲
天葵属	*Semiaquilegia*	▲
耧斗菜属	*Aquilegia*	▲
人字果属	*Dichocarpum*	▲
拟扁果草属	*Enemion*	▲
扁果草属	*Isopyrum*	▲
美花草属	*Callianthemum*	▲
碱毛茛属	*Halerpestes*	▲
鸦跖花属	*Oxygraphis*	▲
角果毛茛属	*Ceratocephala*	▲
毛茛属	*Ranunculus* §	▲
水毛茛属	*Batrachium*	▲
银莲花属	*Anemone* §	▲
獐耳细辛属	*Hepatica* §	▲
白头翁属	*Pulsatilla* §	▲
罂粟莲花属	*Anemoclema*	▲
铁线莲属	*Clematis* §	▲
锡兰莲属	*Naravelia*	▲

中国毛茛科植物的分支关系

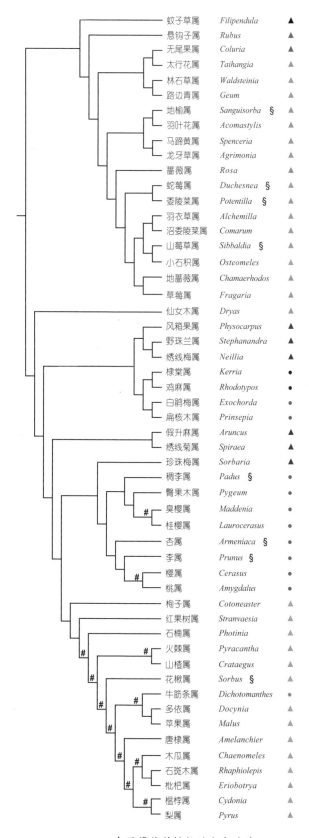

蚊子草属 *Filipendula* ▲
悬钩子属 *Rubus* ▲
无尾果属 *Coluria* ▲
太行花属 *Taihangia* ▲
林石草属 *Waldsteinia* ▲
路边青属 *Geum* ▲
地榆属 *Sanguisorba* § ▲
羽叶花属 *Acomastylis* ▲
马蹄黄属 *Spenceria* ▲
龙牙草属 *Agrimonia* ▲
蔷薇属 *Rosa* ▲
蛇莓属 *Duchesnea* § ▲
委陵菜属 *Potentilla* § ▲
羽衣草属 *Alchemilla* ▲
沼委陵菜属 *Comarum* ▲
山莓草属 *Sibbaldia* § ▲
小石积属 *Osteomeles* ▲
地蔷薇属 *Chamaerhodos* ▲
草莓属 *Fragaria* ▲
仙女木属 *Dryas* ▲
风箱果属 *Physocarpus* ▲
野珠兰属 *Stephanandra* ▲
绣线梅属 *Neillia* ▲
棣棠属 *Kerria* ●
鸡麻属 *Rhodotypos* ●
白鹃梅属 *Exochorda* ●
扁核木属 *Prinsepia* ●
假升麻属 *Aruncus* ▲
绣线菊属 *Spiraea* ▲
珍珠梅属 *Sorbaria* ▲
稠李属 *Padus* § ●
臀果木属 *Pygeum* ●
臭樱属 *Maddenia* ●
桂樱属 *Laurocerasus* ●
杏属 *Armeniaca* § ●
李属 *Prunus* § ●
樱属 *Cerasus* ●
桃属 *Amygdalus* ●
枸子属 *Cotoneaster* ▲
红果树属 *Stranvaesia* ▲
石楠属 *Photinia* ▲
火棘属 *Pyracantha* ▲
山楂属 *Crataegus* ▲
花楸属 *Sorbus* § ▲
牛筋条属 *Dichotomanthes* ●
多依属 *Docynia* ▲
苹果属 *Malus* ▲
唐棣属 *Amelanchier* ▲
木瓜属 *Chaenomeles* ▲
石斑木属 *Rhaphiolepis* ▲
枇杷属 *Eriobotrya* ▲
榅桲属 *Cydonia* ▲
梨属 *Pyrus* ▲

中国蔷薇科植物的分支关系

（3）形态/分子多数不一致（中国分布10余科）

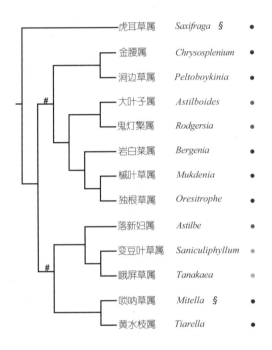

虎耳草属	*Saxifraga* §	●
金腰属	*Chrysosplenium*	●
涧边草属	*Peltoboykinia*	●
大叶子属	*Astilboides*	●
鬼灯檠属	*Rodgersia*	●
岩白菜属	*Bergenia*	●
槭叶草属	*Mukdenia*	●
独根草属	*Oresitrophe*	●
落新妇属	*Astilbe*	●
变豆叶草属	*Saniculiphyllum*	●
峨屏草属	*Tanakaea*	●
唢呐草属	*Mitella* §	●
黄水枝属	*Tiarella*	●

中国虎耳草科植物的分支关系

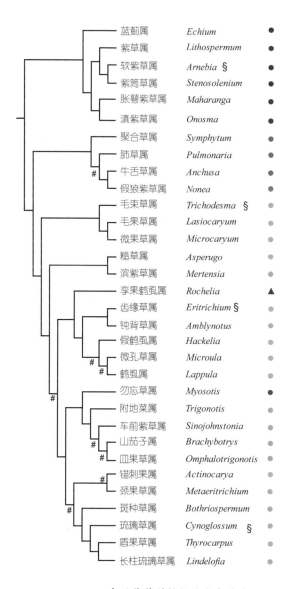

蓝蓟属	*Echium*	●
紫草属	*Lithospermum*	●
软紫草属	*Arnebia* §	●
紫筒草属	*Stenosolenium*	●
胀萼紫草属	*Maharanga*	●
滇紫草属	*Onosma*	●
聚合草属	*Symphytum*	●
肺草属	*Pulmonaria*	●
牛舌草属	*Anchusa*	●
假狼紫草属	*Nonea*	●
毛束草属	*Trichodesma* §	●
毛果草属	*Lasiocaryum*	●
微果草属	*Microcaryum*	●
糙草属	*Asperugo*	●
滨紫草属	*Mertensia*	●
孪果鹤虱属	*Rochelia*	▲
齿缘草属	*Eritrichium* §	●
钝背草属	*Amblynotus*	●
假鹤虱属	*Hackelia*	●
微孔草属	*Microula*	●
鹤虱属	*Lappula*	●
勿忘草属	*Myosotis*	●
附地菜属	*Trigonotis*	●
车前紫草属	*Sinojohnstonia*	●
山茄子属	*Brachybotrys*	●
皿果草属	*Omphalotrigonotis*	●
锚刺果属	*Actinocarya*	●
颈果草属	*Metaeritrichium*	●
斑种草属	*Bothriospermum*	●
琉璃草属	*Cynoglossum* §	●
盾果草属	*Thyrocarpus*	●
长柱琉璃草属	*Lindelofia*	●

中国紫草科植物的分支关系

（4）形态 / 分子完全不一致（中国分布 5 科）

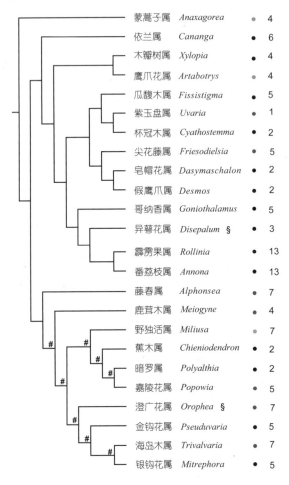

蒙蒿子属	*Anaxagorea*	●	4
依兰属	*Cananga*	●	6
木瓣树属	*Xylopia*	●	4
鹰爪花属	*Artabotrys*	●	4
瓜馥木属	*Fissistigma*	●	5
紫玉盘属	*Uvaria*	●	1
杯冠木属	*Cyathostemma*	●	2
尖花藤属	*Friesodielsia*	●	5
皂帽花属	*Dasymaschalon*	●	2
假鹰爪属	*Desmos*	●	2
哥纳香属	*Goniothalamus*	●	5
异萼花属	*Disepalum* §	●	3
霹雳果属	*Rollinia*	●	13
番荔枝属	*Annona*	●	13
藤春属	*Alphonsea*	●	7
鹿茸木属	*Meiogyne*	●	4
野独活属	*Miliusa*	●	7
蕉木属	*Chieniodendron*	●	2
暗罗属	*Polyalthia*	●	2
嘉陵花属	*Popowia*	●	5
澄广花属	*Orophea* §	●	7
金钩花属	*Pseuduvaria*	●	5
海岛木属	*Trivalvaria*	●	7
银钩花属	*Mitrephora*	●	5

中国番荔枝科植物的分支关系

长期以来，分类学中的物种概念和划分的两个学派，即归并派和割裂派，以及高级分类单元根据"单系""并系"的划分，不应过分强调"单系群"，"并系群"在生物界大量存在，应当承认它们是"自然类群"。

最值得研究并具有世界性难题的科有：番荔枝科 Annonaceae、茶茱萸科 Icacinaceae、龙脑香科 Dipterocarpaceae 和紫草科 Boraginaceae。

14.3.2 分子性状与形态性状的"碰撞与融合"

例1 基部被子植物 ANITA 的性质

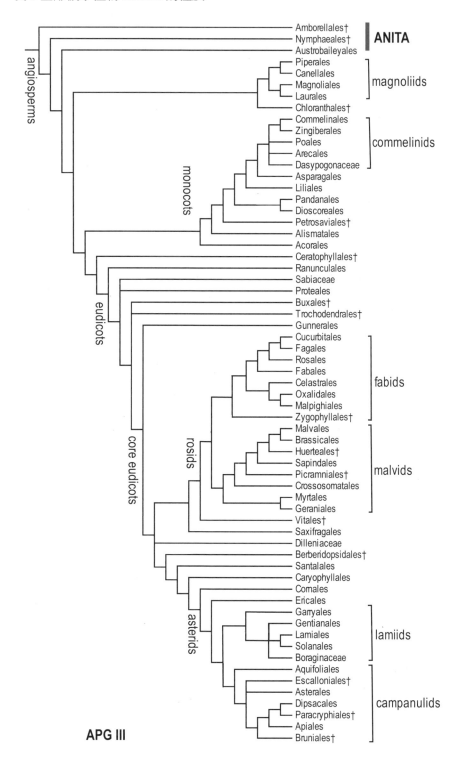

APG III

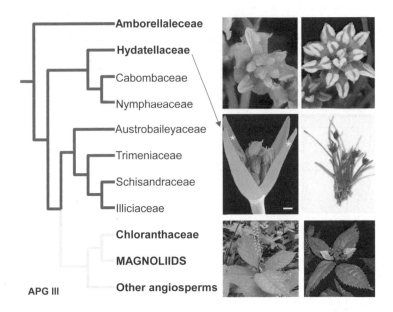

APG III

Friis and Crane 2007; Rudall et al., 2009; Amborella Genome Project 2013; Photos of Chloranthaceae obtaind from Zhang Qiang

https://worldoffloweringplants.com/amborella-trichopoda/

ANITA 的成员在现代五个被子植物分类系统中的系统位置

	A. Takhtajan 1997	A. Cronquist 1981	R. Thorne 2000	R. Dahlgren 1983	Wu et al. 2002
Amborellaceae	Subcl. Magnoliidae Suprorder Lauranae Order 20 Laurales	Subcl. Magnoliidae Order 2. Larurales	Subcl. Magnoliidae Superorder Magnolianae Order 1. Magnoliales Suborder Chloranthineae	Subcl. Dicotyledoneae Superorder Magnoliiflorae Order 8. Laurales	Class Lauropsida Subcl. Lauridae Order13. Monimiales
Nymphaeaceae	Subcl. Nymphaeidae Superorder Nymphaeanae Order 12 Nympheaeales	Subcl. Magnoliidae Order 6. Nymphaeales	Subcl. Magnoliidae Superorder Nymphaeanae Order 2. Nymphaeales	Subcl. Dicotyledoneae Superorder Nymphaeiflorae Order 10. Nymphaeales	Class Magnoliopsida Subcl. Nymphaeidae Order 11. Nymphaeales
Illiciaceae Schisandraceae	Subcl. Magnoliidae Superorder Magnolianae Order 4. Illiciales	Subcl. Magnoliidae Order 5. Illiiales	Subcal. Magnoliidae Superorder Magnolianae Order 1. Magnoliales Suborder Illiciales	Subcl. Dicotyledoneae Superorder Magnoliiflorae Order 7. Illiciales	Class Magnoliopsida Subcl. Illiciidae Order 9. Illiciales
Trimeniaceae	Subcl. Magnoliidae Superorder Lauranae Order 20. Laurales	Subcl. Magnoliidae Order 2. Laurales	Subcl. Magnoliidae Superorder Magnolianae Order 1. Magnoliales Suborder Chloranthineae	Subcl. Dicotyledoneae Superorder Magnoliiflorae Order 8. Laurales	Class Lauropsidae Subcl. Lauridae Order 13. Monimiales
Austrobaileyaceae	Subcl. Magnoliidae Superorder Magnolianae Order 5. Austrobaileales	Subcl. Magnoliidae Order 1. Magnoliales	Subcl. Magnoliidae Superorder Magnolianae Order 1. Magnoliales Suborder Chloranthineae	Subcl. Dicotyledoneae Superorder Magnoliiflorae Order 1. Annonales	Class Magnoliopsida Subcl. Magnoliidae Order 5. Autrobaileyales
	2亚纲3超目4目	1亚纲4目	1亚纲2超目3亚目	2超目4目	2纲4亚纲4目

ANITA 所指的类群，由于包含大量的祖征，都是属于原始的类群，然而它们在被子植物演化的早期就分道扬镳了，沿着不同的传代线分化。这也是在吴征镒等（2002）的分类系统中为什么将它们放在不同的亚纲的根据。因此，ANITA 是一个源于不同传代线的复合群。

例 2　无油樟科 Amborellaceae

Amborella trichopoda

Amborella Genome Project 2013
https://worldoffloweringplants.com/amborella-trichopoda/

例 3　独蕊草科 Hydatellaceae 的系统位置

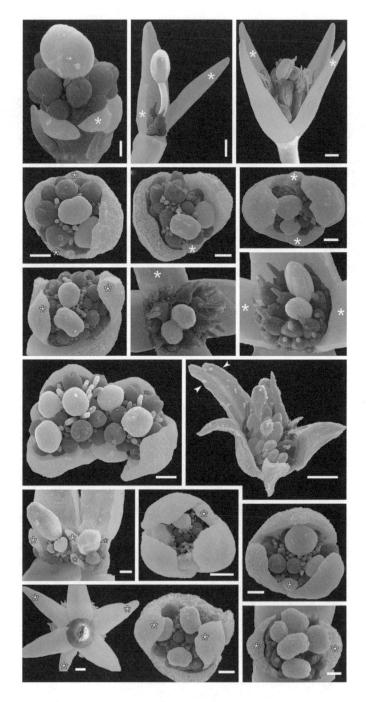

Trithuria submersa

Rudall et al., 2009

例 4 金粟兰科 Chloranthaceae

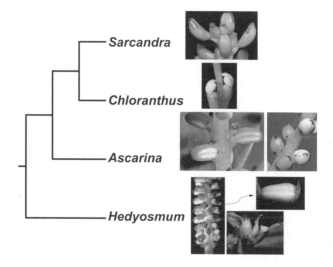

Phylogeny of the Chloranthaceae

宽叶金粟兰	银线草
Chloranthus henryi	*Chloranthus japonicus*
（张强摄）	（张强摄）

金粟兰属植物的花序和花

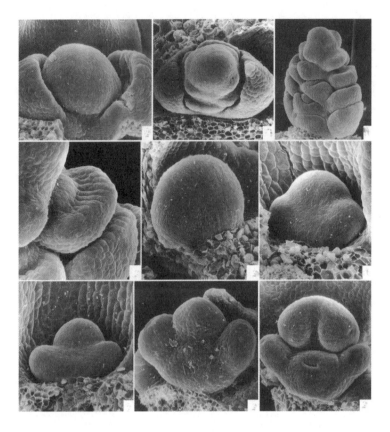

华南金粟兰花部器官的发生和发育

华南金粟兰花部器官的发生和发育（Kong et al., 2002）

根据我们对金粟兰 *C. spicatus* 的 MADS-box 基因的研究（Li et al., 2005），在无花被的金粟兰中，仍然存在着与花被发育相关的基因，它们的功能没有改变，这反映了花发育 ABC 模型的保守性。金粟兰花被的缺失可能与这些基因的下游基因有关，也可能与其他途径相关。

例 5 化石植物

古果科
Archaefructaceae（Sun et al., 1998）

Archaefructus 复原图（Sun et al., 1998）

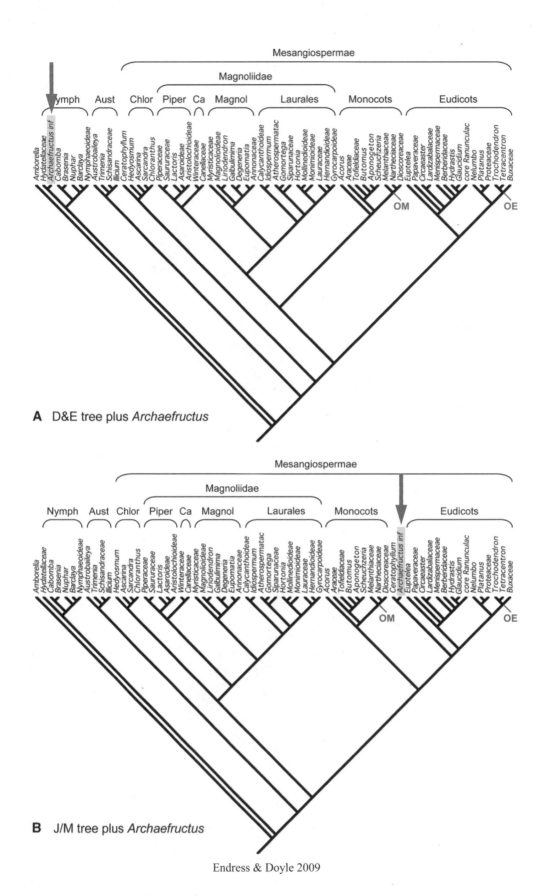

A D&E tree plus *Archaefructus*

B J/M tree plus *Archaefructus*

Endress & Doyle 2009

例6 分子钟资料与化石记录的碰撞

植物界一些大的分支分异的分子钟估算

类群	地质时代	地质年代（百万年前）
轮藻类—陆地植物	斯图特纪	646~792
陆地植物冠群	奥陶纪	483
种子植物冠群	石炭纪	320
裸子—被子植物分异	二叠纪末底世	260
真双子叶植物	白垩纪阿普特期	125
单子叶—真双子叶植物分异	早侏罗世—二叠纪	200~300
被子植物冠群	早白垩世—早侏罗世	140~190
单子叶植物冠群	早白垩世—晚侏罗世	127~141
真双子叶冠群	早白垩世—晚侏罗世	131~147
鸭跖草类冠群	早白垩阿普特期	116
姜目冠群	早白垩阿尔布期	100
百合目冠群	晚白垩坎潘期	82
木本目冠群	早白垩阿普特期	115
蔷薇类和菊类	早白垩阿普特期	108~117

一些被子植物结实器官的化石记录（1）

类群	化石类型	产地	地质时期	地质年代（百万年前）
木兰目 (Magnoliales)	花	美国	晚白垩世土仑期	90
金粟兰科 (Chloranthaceae)	雄蕊	美国	早白垩世阿尔比期	98~113
腊梅科 (Calycanthaceae)	花	美国	早白垩世阿尔比期	98~113
樟科 (Lauraceae)	花序、花	美国	晚白垩世桑诺曼期	(90) 91~98
睡莲科 (Nymphaeales)	花	葡萄牙	早白垩世巴雷姆期~阿普特期	113~125
八角目 (Illiciales)	花	葡萄牙	早白垩世巴雷姆期~阿普特期	113~125
金缕梅科 (Hamamelidaceae)	花序、果	美国	晚白垩世土仑期	90
悬铃木科 (Platanaceae)	花序、花	美国	早白垩世阿尔比期	98~113
桦木科 (Betulaceae)	花、果	美国	晚白垩世三冬期	83~88
壳斗科 (Fagaceae)	壳斗	美国	晚白垩世土仑期	90
胡桃目 (Juglandales)	花 果	德国 瑞典	白垩纪赛诺曼期~三冬期 晚白垩三冬期~坎潘期	83~98 73~88
黄杨科 (Buxaceae)	花	美国	早白垩世阿尔比期	98~113
毛茛目 (Ranunculales)	花序	哈萨克斯坦	早白垩世阿尔比期	98~113

一些被子植物结实器官的化石记录(2)

类群	化石类型	产地	地质时期	地质年代 （百万年前）
霉草科 (Triuridaceae)	花	美国	晚白垩世土仑期	90
山柑目 (Capparales)	花	美国	晚白垩世土仑期	90
藤黄科 (Clusiaceae)	花	美国	晚白垩世土仑期	90
南蔷薇科 (Cunoniaceae)	花	瑞典	晚白垩世三冬期~坎潘期	73~88
杜鹃花科 (Ericaceae)	花	美国	晚白垩世土仑期	90
小二仙草科 (Haloragaceae)	花序	墨西哥	晚白垩世坎潘期	70
绣球花科 (Hydrangeaceae)	花	美国	晚白垩世土仑期	90
鼠刺科 (Iteaceae)	花、果	美国	晚白垩世土仑期	90
桃金娘目 (Myrtales)	花	葡萄牙	晚白垩世坎潘期	65~83
鼠李科 (Rhamnaceae)	花	美国	晚白垩世桑诺曼期	90~97
菱科 (Trapaceae)	花、果、根茎叶	加拿大	晚白垩世马斯特里赫特期	65~73
古果科 (Archaefructaceae)	"花"	中国	晚侏罗~早白垩世	145

从上述被子植物花果化石的发现可以看出，在白垩纪 90~125 百万年（~135 百万年，孢粉化石），被子植物的现代类群的不同演化水平及不同传代线的代表几乎都出现了。但是，显然化石出现的时间同利用分子钟推算的时间 130~190（~260）百万年前相距甚大。

对于确定被子植物的起源时间来讲，化石当然是一种主要资料，但化石也只能说是植物本身可保存部分和当时当地所提供的化石形成条件的综合反映，它们远远不是、也不可能是类群或种的起源时间，我们还必须考虑到化石本身的演化历史。应用"分子钟"无疑也是一种手段，但争议和误差比较大。系统发育生物地理学研究对解决这个矛盾有重要意义。

小结：形态学和进化发育遗传学的结合

研究重点：花的起源；花的多样性来源；花发育生物学。

花是被子植物特有的繁殖器官。花的发育取决于一个复杂的涉及多个基因和过程的调控体系。因此，花的起源和多样化过程实际上可以理解为这个调控体系的进化过程。所以，要全面地理解花和被子植物的起源和多样化，就必须研究花发育基因的功能和进化，即花发育进化遗传学。

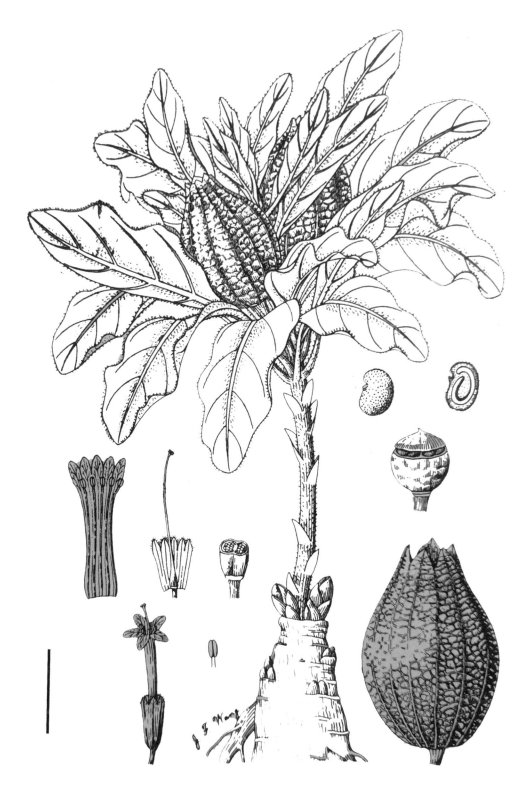

马尿泡 *Przewalskia tangutica*

马尿泡 *Przewalskia tangutica*（刘建全摄）

马尿泡（*Przewalskia tangutica* Maxim.）是我国青藏高原的特有属（种），生于海拔 3200~5000 米的高山砂地及干旱草原，生存环境极端恶劣。该植物具粗壮肉质根，花芽生于根茎，大、小孢子囊先一年提早分化，第二年春冰盖融化，迅速开花。其花萼膨大呈尿泡状，可随风滚动，同时蒴果盖裂种子随之广泛散播，完成生活史。

生长于极端环境的物种，值得开展其生殖生物学和发育生物学研究。

14.3.3 对年轻植物系统学家的期望

生物分类学是生物学研究的基础，又是对各门学科的综合，分类学是一门无限综合性学科。生物分类学（系统学）的发展依赖于性状（证据）积累的发展；发现性状和分析性状是分类学家最重要的，也是花费精力最多的工作。正确地划分物种、研究物种的时空演化是分类学家研究的核心内容。

一位分类学家至少应当成为一个类群的专家，熟悉一个地区的生物区系，掌握一套实验技术。现代分类学家已经由比较、推测走向实验、证明的阶段。分类学家仍然任重而道远，既要推动学科的发展，又要为国家经济建设作出贡献。

15

广东学术纪行

（2023 年 5 月 6—20 日）

15.1 参加全国系统与进化植物学学术研讨会

2023 年 4 月下旬的一天，系统与进化植物学国家重点实验室主任孔宏智研究员到我办公室，邀请我到广州参加"全国系统与进化植物学研讨会暨第十五届青年学术讨论会"。一是见见学界多年未谋面的老朋友和小朋友，了解最新的科研进展；二是放下手头工作，走动走动，放松一下。因他提出不安排我做大会学术报告，只在会议闭幕式上做简短发言，我欣然接受。随后他安排他课题组的山红艳研究员照顾我们的出行。

5 月 6 日，我同夫人王美林到北京西客站，与小山和徐桂霞研究员及学生们会合，到达广州入住会议举办地的日航酒店。小山安排我们见到在南昌大学工作的向小果和江西农业大学工作的国春策两位博士。得知两位已成长为独当一面的教授，各自的家庭和科研工作都顺心如意，很为他们高兴。他俩是从我们研究组走出去的第二代博士，我一直很惦念。

这次研讨会由中国植物学会系统与进化植物学专业委员会等主办，中国科学院华南植物园 / 华南国家植物园牵头、多个单位联合承办和协办，规模盛大，参会者超过800 人。会场悬挂醒目的主题"系统与进化植物学助力生物多样性保护和绿色发展"，令我眼前一亮。会议安排有大会主旨报告、特邀学科交叉报告、分会专题报告和墙报交流等，学术内容囊括了发育形态学、生物地理学、系统学和分子生物学研究所取得的丰硕成果，令人振奋。我特别关注种康院士的"水稻寒害耐受与优异自然受精选择"、陈晓亚院士的"植物萜类成分生物合成与演化特征的研究"和刘建全教授的"被子植物染色体演化和系统发育"学术报告。这些都是实践性和理论性很强的研究方向。近年来随着基因组计划的实施，海量的基因组序列正以指数速度增加，改变了生命科学的研究格局。目前我国已具备开展比较、进化、功能、生态和调控基因组学等方面的研究条件。他们的研究成果具突破性、创新性，可喜可贺，值得学习。

"第十五届青年学术研讨会"标幅引起我对早年往事的回忆。第九届中国植物学会由汤佩松院士任理事长，时任中国科学院植物研究所所长的钱迎倩研究员任副理事长兼秘书长。他们开始筹备召开全国青年植物学者学术讨论会。1987年2月，钱迎

参加系统与进化植物学大会
（前排座席右起：黄宏文、种康和路安民）

会间同陈之端和孔宏智两研究组参会的部分已工作及在读的研究生合影

倩调任中国科学院生物科学与技术局任局长，我接任代所长，主持全面工作，参与了这次重要会议的组织。1987 年 6 月 24~27 日，我主持的"中国首届青年植物学者学术研讨会"在北京正式举办。这次会议将当时一批青年植物学工作者推上学术讲台，许多著名植物学家非常重视，出席大会并亲临指导。1988 年 8 月，我任中国植物学会第十届副理事长兼秘书长之后，向理事长王伏雄院士提出由学会青年工作委员会和系统与进化植物学开放研究实验室联合主办"全国系统与进化植物学青年研讨会"的建议。他以鲜明的学术风范表示积极支持，后也得到开放研究实验室首任主任兼学术委员会主任陈心启研究员的赞成。随后，我就将这一事情交给开放研究实验室的两位年轻副主任陈家宽和李振宇、中国植物学会青年工作委员会的刘公社和顾红雅，又增加本实验室张志耘，成立了一个以陈家宽为组长的五人会议筹备小组。在他们积极筹备之下，1989 年 10 月，在香山红叶盛极的时候，"中国首届系统与进化植物学青年学术研讨会"在植物研究所标本馆学术报告厅召开。100 多名参会代表就近入住植物研究所的招待所，便于白天开会，晚上讨论交流。会议第二天，陈家宽约了杨继、顾红雅、钟扬、孙航和李刚等几位年轻人深入讨论，逐渐形成了"科学共同体"（见陈家宽 1994 年《植物进化生物学》跋）。此次大会召开时，我因参加国际濒危物种贸易公约缔结国在瑞士洛桑召开的大会而缺席。后来的第二届（1991 年）于武汉、第三届（1994 年）于广州，以及第六届于南京（2000 年）、第七届于广州·珠海（2002 年）、钟扬组织筹备的第八届于上海·合肥（2004 年）召开的"系统与进化植物学青年研讨会"，我都参会并做了学术报告。这次参加第十五届青年学术研讨会，看到参会人数众多，而且全是年轻的面孔，报告的内容与世界本学科发展同步，有的研究已走在世界前列，我甚是欣慰。

国家应该给青年学者创造更多的学术交流机会，让他们展示自己的科研实力和才华，通过面对面学术交流，共同推动中国植物科学事业的发展，走出中国植物学独立发展的创新之路。

1989 年 10 月"中国首届系统与进化植物学青年研讨会"筹备组组长陈家宽博士（陈家宽提供）

"中国首届系统与进化植物学青年研讨会"筹备组工作人员
（前排左起李楠、何小兰、张志耘；后排左起李良千、李振宇、傅佩珍、陈家宽、
孙航、覃海宁）

时任中国植物学会青年工作委员会
副主任的刘公社博士＊

2004年7月参加由钟扬（前排左6）负责筹办、复旦大学和安徽大学联合承办的
"第八届系统与进化植物学青年学术研讨会"

15.2 中国科学院华南植物园学术讲座
——植物系统学中的形态学问题

2020年在我们的《中国维管植物生命之树》一书出版之后，我修订了原"植物系统学中的形态学问题"学术报告提纲，原报告是2010年为在西安西北大学召开的"全国植物形态学学术讨论会"而做的。这次大会，针对植物分类学和系统与进化植物学的新进展，我做了些修订，也将我们的新研究成果利用图表形式展示，宗旨是展示形态学（广义）对系统学研究历史性的重大贡献，消除形态学研究者因分子生物学迅速发展而产生的困惑。同时提出，目前以分子数据所建立的分类系统的贡献及同形态学性状的碰撞和矛盾，如何融合，鼓励未来形态学家和分子生物学家密切合作，使得两个方向的研究证据达到统一。在被子植物研究中，特别重视研究物种的形态变异以正确地划分物种，以及花的起源、花的多样性来源、花的发育生物学和生殖生物学的研究。会议期间，葛学军研究员邀请我到华南国家植物园做讲座，我欣然接受。5月9日大会结束，10日上午，叶建飞博士开车送我和美林前往华南植物园。建飞已从我所调到中山大学（深圳校区）生态学院。我们到会议室时，葛学军、余艳女士和华南植物园标本馆原馆长张奠湘、杨亲二等学术朋友，已经先我们到达。著名分类学家、报春花科专家胡启明研究员也来参加，他稍年长于我，身体却一如既往，谦和礼让，我敬谢不敏。讲座内容参见14.3"植物系统学中的形态学问题"。座谈会持续约两个小时，我竟然没有感到疲劳。我从心底里期待年轻人能明白，在分子技术已常规应用的时候，我仍然提倡重视形态学研究的良苦用心。讨论环节之后，葛学军研究员隆重地给我颁发了以中国科学院华南植物研究所首任所长、老院士陈焕镛命名的"陈焕镛讲座系列"专家证书。

华南国家植物园的学术讲座后合影（葛学军提供）

（左起：叶建飞、郭永杰、余艳、董仕勇、杨亲二、张奠湘、胡启明、夏念和、葛学军、

涂铁要、袁琼、许祖昌和颜海飞）

葛学军研究员颁发"陈焕镛讲座系列"
专家证书（叶建飞摄）

学术朋友胡启明研究员（叶建飞摄）

15.3 中山大学生态学院座谈

广州会议期间，建飞受生态学院领导委托，邀请我与年轻人座谈"如何进行科学研究"。我回想到我于 2005 年 3 月初参加在深圳和香港两地举办的"胡秀英教授百年诞辰学术讨论会"时，接受华南农业大学植物学教研室庄雪影教授邀请，去他们学校开过一次"青年教师修养和如何培养优秀研究生"的座谈会。座谈会由时任华南农业大学生命科学学院副院长（后任副校长）的吴鸿教授主持。庄雪影的导师、与我有多年学术交往的中国夹竹桃科和萝藦科专家李秉滔教授亦前来参加。到会 50 余位青年教师，由于我的讲解针对性强，他们听得很专心，多数人记了笔记，后来的讨论，气氛极融洽。吴鸿副院长总结时说："我个人收获很大，希望各位青年教师有明确的研究方向，做出成绩。"因有华南农业大学座谈的经验，就愉快地接受了学院的邀请。

14 日下午，建飞接我们到中山大学深圳校区附近的宾馆入住。

5 月 15 日早餐后，建飞和他的妻子先接我们参观了校园。深圳校区与香港的大学校园相似，依山而建，空间大，视野开阔，建筑设计美观大方，虽然绿化还在进行中，景观雏形已经显现。

上午 10 时，座谈会由学院党委书记罗燕主持。我讲述了自己科研工作的经历，如何规划课题组的研究方向，强调研究选题和创新的重要性。在学生和研究生的培养方面，同他们分享了我 40 多年来指导学生的经验和体会。座谈会气氛活跃，晚餐时，又接着上午未尽兴的问题，继续展开了热烈讨论。

2005 年 3 月初应邀参加华南农业大学生命科学学院青年教师座谈会（崔大方提供），
会后同吴鸿（左 1）、崔乃然教授（左 3）和崔大方（左 5）合影

参加中山大学生态学院的教师座谈会（叶建飞提供）
（左起：杨宇晨、马子龙、罗燕、路安民、叶建飞、刘蔚秋、李烂、胡思帆）

15.4 参观东莞万科"热带雨林馆"

5月16日上午,由张寿洲研究员联系、建飞安排,史跃开车带我们到东莞参观了东莞万科的"热带雨林馆"。

这个馆是从事万科建筑研发的老板王石先生投资建设的。他是一位植物分类爱好者,对植物多样性保育和推进乡土植物的发展有兴趣。他财力充足,聘请了曾在广州中国科学院华南植物园工作的黎昌汉博士来此工作。黎博士接受了建馆的任务,积极组织工作团队,于2012年立项,2013~2016年,他们一边建设,一边从泰国、印度尼西亚、马来西亚、我国西双版纳和海南引进热带乔木、灌木树种和奇花异草1000余种。馆室建设主体采用钢架结构,馆内面积2600平方米,外面覆盖双层ETFE膜,拥有一套可保证室内温度、湿度、通风、降雨和遮阳环境的调控系统。馆内地貌有一线天、山地、瀑布、石滩等。乔木、灌木和花草的配置科学性强。营建热带雨林馆内"林窗"这一景观是一项有难度且重要的工程。室外面积3000平方米,引种了亚热带乡土植物,其植物配置还需烘托出"热带雨林馆"的美观,这在设计上亦是困难之事。2017年8月工程完工,对外开放,轰动一时,东莞及周边地区的民众蜂拥而至,发达兴旺了几年。后由于资金链断,当前馆内的用水、用电都成问题,该管濒临歇业的境况。我们心情有些沉重,这些引种栽培的植物,该怎么办?尽管如此,黎博士还是带我们一行人进入"热带雨林馆"参观,给我们讲述了一些植物的原产地情况和迁移过程的艰辛。随行的女儿和儿媳第一次看到热带雨林植物典型的大板根、绞杀植物、老茎生花现象及热带雨林内各种奇异花果,感到非常好奇,提问不断。我和美林捕捉到过去没有见过的植物。美林拍摄了许多珍贵的植物照片,心满意足。我们在这里用过午餐,对黎博士给我们科普热带雨林馆建设所必备的知识和技术表示感谢。

参观东莞万科"热带雨林馆"（史跃摄）

（左1黎昌汉博士）

与黎昌汉博士等合影（史跃摄）

15.5 深圳市仙湖植物园活动

广州会议期间，深圳市仙湖植物园原副主任张寿洲研究员盛情邀请我们去仙湖植物园访问。仙湖植物园于 1983 年开始建园，以惊人的深圳速度建成在国际上颇有影响力的著名植物园。此前，我来过 5 次，每次都有新变化。寿洲安排了我 17 日上午的学术报告。早晨到仙湖植物园，突遇暴风骤雨，冒雨进入报告厅，现任园主任、苔藓植物学家张力研究员，我所毕业的博士、裸子植物专家李楠研究员和苔藓植物专家刘阳研究员已经在报告厅等候。报告会由植物标本馆馆长杨拓博士主持，寿洲和杨拓采取了线上直播和线下同步的方式，报告内容同华南植物园的报告。报告持续两个小时，我精神饱满，竟没有丝毫倦意。很意外，线上收听报告者近 2000 人。我已是耄耋之年，我的学术思想和观点仍能被年轻同行欢迎，给他们以学术启发，感慨颇多！

下午，寿洲和杨拓带领我们在园内参观。我们先走进苏铁园，其规模比 1998 年庆祝园成立 15 周年时扩大了许多，设计上增添了一种似走不到尽头的神秘感。目前该园已栽培苏铁超过 240 种，闻名世界。展览室展示着国外苏铁物种的照片和精美的苏铁邮票。后又参观了近几年新建的蕨类园、秋海棠园、苦苣苔园等。仙湖园现已有 21 座规模宏大、高水平的专类植物园，可称"活植物基因库"。不仅引种栽培植物种类丰富，而且按照各类植物不同的生活习性和生态环境设计，科学而美观，体现出"活植物资源库"的感观。他们在基础研究方面也取得了丰硕成果，编辑出版了有特色且精美的四卷《深圳植物志》，发表了多篇较高水平的学术论文。随后，我们又参观了标本室和图书馆。在标本装订室，我见到 3 位志愿工作者。她们年龄约 50 岁，工作极仔细认真，与我们同在林奈塑像前合影。采用志愿者的形式，值得我所标本馆学习。

仙湖植物园的建设，曾在学术和人才上得到过植物研究所的支持。《深圳植物志》

主编李沛琼研究员，原植物园主任李勇研究员、副主任张寿洲研究员、李楠研究员等，都是建园早期从植物研究所来到仙湖植物园工作的专家。祝贺他（她）们在过去40年里取得的优异成绩！

深圳仙湖植物园的学术报告会后同部分参加者留影（杨拓摄）
（后排左起：吕明聪、王茜茜、左勤、程颖慧、刘阳、张力、路安民、张寿洲、冯世秀、廖一颖、李凌飞）

与杨拓博士讨论学术问题
（张寿洲摄）

与张寿洲研究员、杨拓博士及两位标本室志愿者
在林奈塑像前合影（张寿洲提供）

15.6 登梧桐山，享受大自然之美

18日上午，寿洲和杨拓带我们登深圳市梧桐山。这里既是风景区，也是编著《深圳植物志》最主要的"植物物种库"。车行驶到山脚下，就看到梧桐山自然保护区副主任叶丽敏已在路旁等候，陪同我们步行上山，边走边向我们介绍保护区建设历史、植被和植物种类、在原生本土种中如何管理和配置引入物种、如何发挥保护区的功能、风景区最美的季节、公众的反映及当地政府的支持等。她讲解细致，从物种、生态到管理，都能娓娓而谈，如数家珍。中途品茶小憩，我们品尝了热带水果，远眺了大海。我们感受到深圳同仁身上满是正能量，积极向上。这种深圳精神，值得在年轻人中推广。中午主人以藏餐风味招待。

考察深圳梧桐山国家自然保护区（杨拓摄）
（左1副主任叶丽敏，右1张寿洲研究员）

梧桐山的山间云雾（张寿洲摄）

15.7 参观深圳市兰科植物保护研究中心

　　18 日下午，他们两人又带我们参观了深圳市兰科植物保护研究中心。我早就知道该中心栽培引种兰科植物的巨大成绩，因我的同事陈心启研究员是中国首席兰科植物专家，他退休后曾在这里工作多年，观察野生兰科植物并指导引种栽培，还编著多部兰科植物专著，每部都赠送于我。之前我曾来深圳多次，却未有机会安排参观学习，今天能亲眼目睹兰科植物保护中心的科研盛况，心里充满了期待。

　　兰科植物保护中心距离仙湖园约有 1 小时车程，这里植被好，有山有水，非常适宜兰科植物生长繁殖，因而被国家林业局选中，于 2005 年开始投入建设。兰科植物习性多样，有地生类、附生类和腐生类，对生境要求苛刻，引种难度较大。这里目前已保存我国本土兰科物种 1200 多种，引进国外 300~400 种。进入园区，悬空的附生兰漂亮的花朵迎风摆动着，地生兰花朵色彩浓郁、鲜艳夺目，有的兰花香气扑鼻。虽然我天天跟植物打交道，还是被兰科植物多样性的巨大魅力深深吸引，流连忘返！进入几座硕大的栽培大棚，见园丁们忙碌着分株栽种。与他们交谈，发现他们的分类学知识牢固，栽培技术熟练，受过良好的技术培训。我心生感慨，这显然有我的同事心启教授的功劳！

　　恰巧碰到来兰科植物保护中心参观的同行施苏华教授、邢福武研究员、邱英雄研究员和高连明研究员，又是一番热情交流，合影留念。

参观深圳国家兰科植物保护中心（杨拓摄）

（右1为兰科中心种质资源部徐海锋）

巧遇邱英雄（左1）、施苏华（左2）、邢福武（左5）和高连明（右2）（杨拓摄）

15.8 参观内伶仃福田国家级自然保护区

19 日上午，我们考察了一个完全现代化模式的"广东内伶仃福田国家级自然保护区"。

美林立刻回忆起 20 世纪 80 年代末在《植物杂志》编辑部工作期间，她受当时福田内伶仃岛红树林自然保护区主任（一位海军退伍军人）邀请，曾三次上岛。第二次是我陪她同行，第三次她邀请我所植物生理学家白克智研究员同行。岛上森林密布，猕猴成群。外来物种菊科植物微甘菊种子随海水漂流到这里，种子极易萌发，沾到土壤根系迅速发展，植株繁衍茂密，向树冠顶部攀缘，争夺阳光，从而覆盖树冠，严重影响林木的光合作用，导致树木大面积枯萎而死亡。白克智研究员尝试用化学除草剂清除微甘菊，并同保护区工作人员开展工作，取得了良好成效。

接待我们的杨琼博士先向我们介绍了保护区的基本情况，后领我们参观了以图像为主的摄影展区。摄影展展示了保护区的鸟类多样性。图片展示了鸟儿在森林中的优美姿态和在空中展翅飞翔的婀娜多姿，阳光下它们羽翼的花纹艳丽，明晰地透出色调的层次感，真是美不胜收。有的图片展示鹰类或海鸥瞬间从海水中噙出小鱼、鱼在空中挣扎的照片，栩栩如生。数十幅精美的大幅图片既显示出保护区鸟类的多样性，又给人们以科学加艺术的享受。之后，杨琼又带我们参观这里的海岸红树林。我们穿行在红树林中架设的木质栈道上，近距离观察海岸滩涂的各种红树物种。栈桥可容 2~3 人并行，两旁竖立着对主要红树林物种的介绍。每一物种，附一文图兼备的介绍图版，供公众阅读，普及红树林知识。我和现场管护人员交谈，了解这里的季节变化，特别是台风灾害对海岸红树林的影响。我们虽然逗留了半天时间，但实地认识到海岸红树林生长和养护的知识及对其保护的重要性，了解到国家对红树林保护的投入力度。

参观内伶仃福田国家级自然保护区，中间为杨琼博士（杨拓摄）

杨琼博士介绍保护区的现状和发展

15.9 参观国家基因库

5月20日，杨拓带我们去参观国家基因库。司机开车沿海岸公路行驶，我打开车窗，看到海面上停泊的客轮和货轮，海风带着海水气味拂面掠过，别有风趣。刘阳博士早已在国家基因库等候，他在我所取得博士学位，又去美国做博士后研究，现受聘于仙湖植物园和国家基因库，从事植物分子系统学研究，已取得高水平研究成果。

国家基因库依山而建，建筑群十分壮观。实验室设备、办公室条件及管理水平皆为现代化。我和美林很感慨，现在国家经济和科技全面发展，有能力建设在20世纪简直无法想象可以实现的科学大工程，真了不起，使我国的科学技术高速发展，成为科技强国，令我和美林欣慰。庆幸年轻一代科学家赶上了好时候！

中午刘阳带我们探访这里的一个明代遗留古镇。古镇高耸的城墙，虽历经风雨，但经过历代人们的维护和修缮，至今保存完好。这里仍保留着纯朴、善良和好客的民风民俗。我们品尝了带有古镇乡土风味的午餐。5月21日，我们回到了北京，结束了历时两周美好的广东学术之旅。

祝福我们伟大的祖国繁荣昌盛，期待我们国家的植物学研究更上一层楼！

参观国家基因库（左2刘阳）

基因库大厅的大象雕塑"永存与永生"，意义深远

国家基因库景观（韩瑞环摄）

明代古城遗址（刘阳摄）

附录1

辛勤耕耘在我国植物学事业上

——记中国科学院植物研究所路安民教授

张志耘　陈之端

  矗立在秀丽的北京西山脚下的中国科学院植物研究所标本馆是亚洲最大的植物标本馆，也是中国植物分类学者心目中的圣地。它是我国植物学家的丰碑，不仅记录了一代又一代学者为开发利用我国丰富的植物资源所做出的辉煌业绩，同时也记录了他们前赴后继、辛勤耕作的足迹。路安民教授作为这所标本馆中优秀的植物学家之一，为发展我国的系统与进化植物学奉献了 60 个春秋，他的学识及谦和的人品使他成为我国植物系统学这一学科的学术带头人。

执著追求　勇于创新

  1962 年，路安民从西北大学生物系毕业，被分配到中国科学院植物研究所。从此，他的命运就与我国的植物学事业紧密地联系在一起。北京是我国科技文化的中心，植物研究所精英荟萃，云集了一批著名的植物学家。路安民有幸亲聆他们的教导，尤其是在著名植物学家匡可任教授的直接指导和严格训练下，开始了他的植物学研究生涯。他踏进植物研究所大门的那一年，正是全国植物分类学者刚刚开始编著植物分类学巨著《中国植物志》之际。这是一项庞大的研究项目，路安民承担了胡桃科（21 卷）、茄科（67 卷 1 分册）及葫芦科（73 卷 1 分册）的编著。那时，他精力旺盛，一天到晚不是在办公室就是在标本室里，勤奋思考，自学不倦，一边工作一边钻研，如饥似渴地啃下了一本本经典的植物学著作。导师匡可任教授在植物系统学和植物器官学方面的高深造诣使他受益匪浅，很快地掌握了植物分类学的研究方法，并为他以后的植物系统学研究奠定了坚实的基础。功夫不负有心人，工作不到三年，他在导师的指导下，1965 年以拉丁文和中文双语撰写的第一篇论文"茄科散血丹属的修订"发表在国家一级学术刊物上。经过十余年奋斗，圆满地完成了《中国植物志》三卷（册）的编著，发现了数十个植物新分类群，陆续发表了十几篇植物分类学研究论文。

然而，科学没有止境，他的追求也就没有放松。在成绩面前，这时已作为研究室副主任兼党支部书记的他，目光放得更远，经过充分的酝酿和讨论，他和室里几位青年植物学者一起，瞄准国际植物分类学发展的新趋势，不失时机地在本室开展植物系统发育与进化的研究，以推动我国植物分类学向纵深迈进。在当时的室主任汤彦承教授的支持下，成立了植物系统发育研究组，路安民任组长。面临一个新课题，肯定还会遇到不少困难。但是他一旦认准了方向，就毫不动摇，全力投入研究。他查阅了大量的国内外文献资料，系统地研究了国际上现代被子植物系统学研究新动向，从理论上分析了各个学派的优缺点，陆续发表了"对于被子植物进化问题的述评""现代有花植物分类系统初评"等 4 篇综述和评论性文章，系统地阐述了自己对于被子植物系统学研究中几乎所有重要问题的观点，引起了国内同行的关注。后来的事实证明，他当时的选择是具有远见的，为我国在该领域的发展作出了贡献。他所领导的这个研究集体，完成了多项研究课题，并与国际上建立了一定的合作关系，成为 1987 年成立的中国科学院系统与进化植物学开放研究实验室的主要组成部分之一，日益吸引着国内外同行前来进修或合作研究。

反复地实践，不断地验证和修正自己的学术思路，这是他做科学研究的准则。他有针对性地选择了一些课题，充分利用多种学科的方法和证据，从不同方面研究了葫芦科裂瓜属、赤瓟属，茄科天仙子亚族及胡桃目等植物类群的系统发育和地理分布，先后在国内外刊物上发表了"论胡桃科植物的地理分布""天仙子亚族的研究"等 8 篇论文，得到国内外一些著名植物学家较高的评价，前者得到广泛引用，成为植物地理学研究的经典之作，促进了学科发展。

1983~1985 年，他被中科院公派到丹麦进修，得到世界著名植物系统学家诺·达格瑞（R. Dahlgren）教授的直接指导及合作研究。国外浩瀚的文献资料及方便的实验条件，使他如虎添翼，他夜以继日地工作，没有节假日，北欧迷人的风光及著名的游览胜地也很少涉足。两年时间，他采用不同方法，完成了 4 个研究课题，共发表 8 篇论文，其中"毛百合草属的胚胎学及其系统关系""唇形超目的分支分析"等论文在国际刊物发表后，得到同行的良好评价，将实验分类和分支分类（cladistics）研究方法引入国内。与此同时，他更深入地了解国际上各个学派的理论和方法，取各家之长，不断探索创新，系统地形成了自己的学术思想。他发表的"被子植物系统学的方法论"，为我国植物系统学研究提供了较为成熟而全面的理论和方法，作出了突出贡献。

他提出的植物类群在地质历史上的发生和发展与在地球上的起源和散布统一的原理，在他主持的国家自然科学基金资助项目"金缕梅类植物科的谱系分支、地理分布和进化"中得到了具体运用。他领导的研究组利用5年时间完成了该项目，取得一批较高水平的成果，受到国内外同行的关注，这是我国第一个全面地对被子植物亚纲级水平系统学研究的成果，为我国开展植物大系统的研究摸索了经验。

在植物科学研究的道路上，他没有一刻停止过开拓和拼搏。他肩上的担子也越来越重，从领导一个研究组到负责全国性的重大项目。根据我国国民经济及学科发展的需要，他组织了3项全国性的大课题，充分施展了他在科研工作的组织魄力和才干。"七五"期间，他主持中科院重大项目"中国植物资源的调查和评价"，组织中科院5个植物研究所的100多位科研人员群策群力，同时他自己也不畏艰辛，亲临实地野外考察，对我国资源的现状进行抽样调查和评价，为植物资源的开发利用和保护提供了可靠的科学依据，也为植物分类学、区系学、生态学等基础学科的发展积累了资料。该项研究于1991年初通过中科院组织的验收，认为"达到同类研究的国内领先、国际先进水平"，这支队伍也获得了"1991年中科院先进集体"的光荣称号。在国家自然科学基金资助的重大项目"中国种子植物区系研究"中，他协助吴征镒院士制定了项目的研究内容、方法和技术路线，并作为该项目学术领导小组副组长及二级课题"中国种子植物区系中重要科属的起源、分化和地理分布研究"的负责人，组织全国50多位植物分类学家共同攻关，采用系统发育植物地理学的原理，选择不同进化水平的植物类群进行世界性分析。发表论文70篇，汇集其中有代表性的45篇，他主编了《种子植物科属地理》（1999年）。该书对于揭示种子植物的起源地和温带植物区系的起源有着十分重大的意义，为全球环境变化提供了植物学资料，从而发展了中国学派。该项研究无论是学术思想、方法还是其研究成果均达到世界先进水平。

在国家自然科学基金重点项目和中科院战略性先导科技专项等的资助下，他和其研究集体完成了"原始被子植物（包括60个科）的结构、分化和演化的研究"和"中国维管植物生命之树的研究"。发表上百篇学术论文，研究成果还反映在2020年出版的《中国维管植物生命之树》和《原始被子植物 起源与演化》两部专著中。

60个春秋过去了，伴随他的有辛酸、汗水和无数个不眠之夜，但是他也享受了成功后的莫大喜悦。

1986年，他参加的"青藏高原隆起及其对自然环境与人类活动影响的综合研究"

获中科院科技进步特等奖及1987年国家自然科学一等奖。

1987年，他主持的"中国茄科植物"和"中国葫芦科植物"分别获得中科院科技进步二等奖和三等奖。同年，他作为主要参加者之一的"中国高等植物图鉴暨中国高等植物科属检索表"获国家自然科学一等奖。

1989年，他作为主持人之一的"湖北神农架植物考察及神农架植物"获中科院自然科学三等奖。

2009年，他作为主要参加者之一的"中国植物志的编研"获国家自然科学一等奖。

他在国内外学术刊物和国际学术会议上发表的120多篇论文、主持或参加的20部（或卷、本）专著，受到了国内外专家的肯定和好评。

1991年，他获得国务院对作出突出贡献的科学家颁发的特殊津贴荣誉证书。

成绩是他前进的新起点，面对改革开放的形势，他备受鼓舞，决心努力为我国植物学的发展作出更大的贡献。

培养学生　身体力行

熟悉路安民的人都知道，他培养科学的生力军，总是不遗余力。他有一句名言："培养出超过自己的学生，才是好老师；勇于超过老师的学生，才是好学生。"

早年跟随匡可任教授学习时，他十分尊敬老师，赞赏先生渊博的学识和严谨的治学态度。后来，他从学生成为老师，成为学科的学术带头人。他总结了自己成长道路上成功的经验和失败的教训，提出了一套培养学生行之有效的方法，使跟随他的学生都能少走弯路，迅速成长。他教导学生，首先要热爱自己的事业，要通过工作培养起对植物研究的兴趣，反复强调打好植物学基础的重要性。工作开始阶段，他总是手把手地让学生在具体的研究课题中掌握方法，共同工作和研究；打下一定的基础后，放手让学生单独承担科研任务，选择他没有研究过的植物类群进行独立研究。他认为这样有利于学生在实践中创新，避免墨守成规，不受老师及前人的束缚和限制。他培养的第一个学生正是遵循这种方法，大学毕业后，在他的悉心指导和循循善诱下，用较短的时间，从不喜欢植物分类学到掌握了植物分类学研究方法，发表了多篇较高水平的研究论文，1997年晋升为研究员，并获博士学位，成为本室的学术骨干。

他常对学生说："科学是老老实实的学问，来不得半点虚伪。"他要求学生必须用严格的科学态度来对待每项工作。学生完成的论文，他反复斟酌，有疑难处，必查阅群书，多次修改，大至论证是否有理有据、思路是否清晰，小到文献引证、错别字或标点符号等，直到符合发表要求为止。有一次，他的学生完成了一种重要植物的部分胚胎学实验后，想马上总结发表，他发现有些实验照片不理想，就耐心说服学生不要急于求成，匆匆出台的东西经不起科学的推敲，容易导致错误的结论。终于使学生改变了原来打算，继续深入研究后，正式发表了英文学术论文。

他总是尽力创造条件，帮助学生在实践中成长。例如，中美重大国际合作项目 *Flora of China* 中，他编著的《中国植物志》（茄科），推荐由他的学生赴美承担该任务，主动让学生作为第一作者，学生最后圆满完成工作，成为该套书籍最先出版的卷（1994 年）。

他鼓励学生要有"青出于蓝而胜于蓝"的雄心，他经常语重心长地说："老师的作用只是给学生指引一条道路，但路还要靠自己去走、去闯，才能有所创新和突破。"他培养的一位博士研究生，在他的教诲和指导下，只用了 4 年半的时间，就完成了从硕士到博士的学习和研究，在国家级学报发表了 3 篇论文，取得了优异成绩。其博士论文在研究的广度和深度方面，得到了 7 位著名植物学教授组成的答辩委员会的一致确认，"是一篇优秀的博士论文"，并获中国科学院院长奖学金优秀博士论文奖。这时候，作为导师的他，才如释重负，感到由衷的欣慰。

他受聘西北大学、武汉大学、中国科学院研究生院等兼职教授，为外单位培养的博士生和跟他学习、进修或者参加他所主持的研究课题的年轻学者，都满怀希望而来，又喜获收获而去，无不从他的学术思想和做人品德中受到教育和启发。他指导和合作指导的 16 位博士，多数已成为全国或所在单位的学术带头人，成为我国植物学科研队伍的中坚力量。他的学术活动频繁，除了曾经在中国科学院研究生院讲授植物系统学导论课程外，还常常应邀到国内外的大学、科研机构或各种研讨会上做学术报告，因此，亲聆他教益的学生不计其数。他将这些活动看成是义不容辞的责任，更是一种难得的乐趣。

2001 年，他荣获中华人民共和国教育部、国务院学位委员会授予的全国优秀博士学位论文指导教师；2002 年，获中国科学院宝洁优秀研究生导师奖；2008 年，被中国科学院研究生院授予"杰出贡献教师"称号。

严于克己　默默奉献

时间是宝贵的，一个科学家，既要搞科研，又要承担社会工作，这意味着要付出很大的精神代价。从学生时代到工作岗位，路安民一直身兼数职，承担了大量的社会工作。读大学时，他曾担任团支部书记和系团总支副书记。在植物研究所，他历任研究室副主任、主任，党支部书记，副所长、所长，所学术委员会主任，所党委委员。

兼任国家一级学术刊物《植物分类学报》常务编委、副主编，中国植物学会副理事长兼秘书长，中华人民共和国濒危物种科学委员会副主任，中国科学院生物分类区系学科发展专家委员会主任等。这一系列的职务，意味着他一直处于超负荷工作的状态。

他自幼身体单薄，随着年龄的增长，体质也不断下降，还患有一些慢性疾病。他不到50岁时，已是两鬓斑白。然而，他早已将这些个人利益置之度外。他组织能力强，办事稳重。担任室、所领导期间，一心扑在岗位上，用自己的领导艺术和才干，得当地处理了大量的业务组织、行政管理和思想政治工作。

他为人正派，胸怀坦荡，能上能下，不计名利。他不计较个人恩怨，对于意见不同的同志都一视同仁，将确有才干的同志推荐到负责岗位，体现了宽广的胸怀。

1987年3月，他担任了植物研究所所长。在科技体制改革、竞争激烈、经费紧张的情况下，要当好这个有着800多人的综合性大所的一所之长，该有多难啊！他四处奔波，争取课题和经费，调整研究方向和体制，耐心处理各种矛盾。任职几年，他同全所同志一起，完成了所长10项任期目标，全面地完成了"七五"的各项科研任务，取得了一批高水平的科研成果，受到中科院领导的充分肯定。

"严以律己，宽以待人"，是他做人的准绳。长期以来，他身居领导岗位，在荣誉和地位面前，总是十分谦让。20世纪80年代初，所里要派遣中年科学家出国深造，他首先推荐其他课题组的同事出国。其实，他早于1966年4月就通过了赴英国攻读博士学位的留学考试，只因一些特殊原因停止了。他曾被分配研究大风子科植物，后来任务重新调整后，他将自己积累的资料和初稿，毫不保留地送给外单位承担此任务的同志。在任所长期间，组织曾4次给他分配面积较大的住房，他都让给了所里别的同事。实际上，这样的事情对他来说，又何止是一件、两件？在社会工作的巨大压力下，他白天要处理大量繁杂的行政事务，只能见缝插针地干业务，晚上则是他思索和写论文的好时光，他有许多篇学术论文就是这样诞生的。多少个通宵达旦的奋战，多少次带病坚守岗位，他也记不清了。然而，与他共事的同志都记忆犹新。

是啊！如果不是凭着对祖国和人民的忠诚、对植物科学事业的热爱，他怎么能坚持数十载而不懈地辛勤耕耘、默默奉献呢？诚然，祖国的培养、同志们的支持和集体的努力给了他成功的力量，科学的春天更给他注入了新的生命和活力。在所里，虽然他没有当过"先进个人"，可在同志们和年轻人的心目中，他是一位令人敬重的学者和师长。

原文刊登在：梁克荫，王周昆主编，1993.西北大学英才谱.西安：西北大学出版社，25-232。作者于2021.11.8补充修改。

附录 2

以路安民 Lu Anmin 名字命名的植物（节录）

1. 安民黄杞 *Engelhardia anminiana* H. H. Meng sp. nov. Hong-Hu Meng et al., Two new species from Sulawesi and Borneo facilitate phylogeny and taxonomic revision of *Engelhardia* (Juglandaceae) in Plant Diversity, 44: 552-564, 2022.

TYPE: INDONESIA. Sulawesi. 02 ° 08'31"S, 120 ° 28'23"E, altitude(alt.) 1314 m, October 1, 2018, collected by Hong-Hu Meng, Can-Yu Zhang, and Shook Ling Low (holotype: S-3, HITBC; isotypes: S-1, S-2, S-4, HITBC, PE, PEY).

Distribution: Sulawesi, the south border line between S. Sulawesi and C. Sulawesi, near the mountain tracks, open areas.

Note: *Engelhardia anminiana* has the most unique leaf morphology in Juglandaceae, possessing scaly and large oval leaves, and present of scales on the leaf surface , with a leaf length >20 cm, and width >10 cm. Individual plants were discovered during the flowering phase (October).

Phenology: Flowering in October.

Etymology: The specific epithet "*anminiana*" was named in honor of Prof. An-Min Lu from Institute of Botany, Chinese Academy of Sciences, Beijing. He has devoted his life to the phylogeny and evolution of angiosperms as well as plant taxonomy and geography. Further, he is an expert on the family Juglandaceae, and the leading author of this family in Flora of China (Kuang and Lu, 1979; Lu et al.,1982, 1999).

安民黄杞定名人孟宏虎（孟宏虎提供）

A. fruit branch and scaly leaf axial surface；B. branch and abaxial surface of scaly

leaf；C. sprout；D. the female inflorescences；E. detailed feature of the scaly leaf

axial surface；F. detailed feature of the abaxial surface of scaly leaf；G. fruit.

Morphological characteristics of *Engelhardia anminiana* (Scale bar = 5 cm)

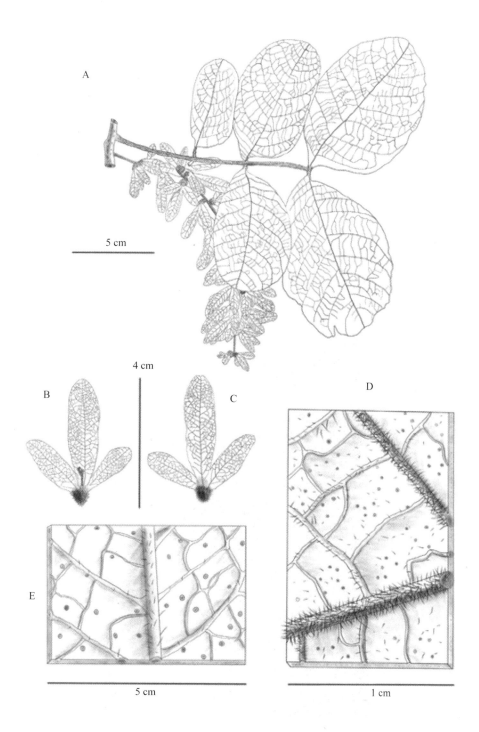

A. fruit branch and scaly leaf axial surface；B. axial surface of fruit；C. abaxial surface of fruit；D. abaxial surface and the hispid hairs of leaflet；E. abaxial surface and the hispid hairs of fruit.

Line illustration of *Engelhardia anminiana* (Drawn by Jian-Yong Shen from Xishuangbanna Tropical Botany Garden)

2. 路氏山核桃 *Carya luana* C.-Y. Deng et X.-G. Xiang, sp. nov. Xiao-Guo Xiang et al. *Carya luana* C.-Y. Deng et X.-G. Xiang, sp. nov. (Juglandaceae), a new species from Guizhou, China, identified based on whole plastome phylogeny and morphometrics in NORDIC JOURNAL OF BOTANY 2023 (e03867): 1-9.

TYPE: China, Guizhou: Bafu of Baishuihe village, Dewo Town, Anlong County, 25°02'03"N, 105°17'27"E, 1117 m a.s.l., 4 Sept. 2010, Chaoyi Deng and Kun Cheng D6672 (holotype: XIN, isotypes: PE, JXU).

Etymology: The new species is named after Professor An-Min Lu, a renowned Chinese botanist at Inst. of Botany, Chinese Academy of Sciences. Prof. Lu has been focused on the taxonomy, phylogeny and biogeography of Juglandaceae for over 50 years, and also contributed very much to our knowledge of the flora of China (Kuang and Lu 1979, Zhang and Lu 1979, Lu 1982, Lu and Zhang 1990, Lu et al. 1999).

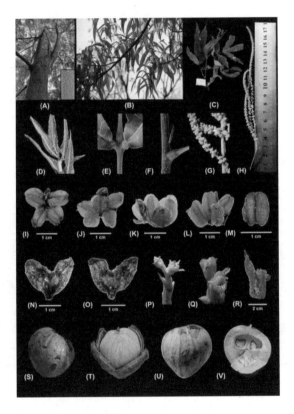

A. tree；B. branch with inflorescence；C. leaves；D. young branchlet；E-F. leaflet base；F. yellow glands on young branchlet；G-H. male spikes；I-M. male flower；N-O. bracts；P-R. female spikes；S-V. Fruit and nut.

Images of living plants of *Carya luana* sp. nov.

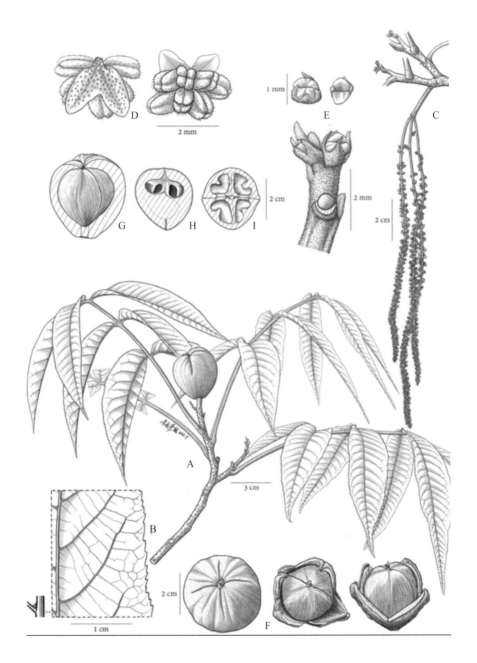

A. branchlet with fruit；B. leaflet blade；C. male spikes；D. male flower；E. female flower；
F-I. fruit

Holotype of *Carya luana* sp. nov., with details (Illustrated by Yun-Xi Zhu)

附录 3

主要论著目录

主要论文

1965

匡可任, 路安民, 1965. 茄科散血丹属的修订. 植物分类学报, 10: 347-355. (含图版 4 幅)

1974

匡可任, 路安民, 1974. 中国产泡囊草属植物的种类. 植物分类学报, 12: 407-411. (含图版 2 幅)

1978

路安民, 张芝玉, 1978. 对于被子植物进化问题的述评. 植物分类学报, 16: 1-14.

1979

路安民, 张志耘, 1979. 西藏灯心草科新种. 植物分类学报, 17: 125-127.

张若惠, 路安民, 1979. 中国山核桃属的研究. 植物分类学报, 17: 40-44.

1980

路安民, 张志耘, 1980. 西藏裂瓜属一新种. 植物分类学报, 18: 385.

1981

路安民, 1981. 现代有花植物分类系统初评. 植物分类学报, 19: 279-290.

路安民, 张志耘, 1981. 赤飑属的修订. 植物研究, 2: 61-96.

1982

路安民, 1982. 雪胆属植物资料. 植物分类学报, 20: 87-90.

路安民, 1982. 论胡桃科植物的地理分布. 植物分类学报, 20: 254-274.

路安民, 1982. 中国枸杞属的分类研究 //《枸杞研究》编写组. 枸杞研究. 银川 : 宁夏人民出版社, 10-19.

1983

路安民, 张芝玉, 1983. 关于被子植物进化研究的回顾和展望 // 进化论选集. 北京 : 科学出版社, 175.

1984

路安民, 1984. 诺·达格瑞 (R. Dahlgren) 被子植物分类系统介绍和评注. 植物分类学报, 22: 497-508.

路安民, 张志耘, 1984. 中国罗汉果属植物. 广西植物, 4: 27-33.

路安民, 张志耘, 1984. 中国葫芦科资料. 植物研究, 4: 126-128.

路安民, 艾·斯·汉森, 1984. 格陵兰的植物. 植物杂志, 3: 45-46.

张芝玉, 路安民, 1984. 中国茄科天仙子亚族的花粉形态研究. 植物分类学报, 22: 175-180.

1985

LU A M, 1985. Embryology and probable relationships of Eriospermum (Eriospermaceae). Nordic Journal of Botany, 5: 229-240.

路安民, 张志耘, 1985. 裂瓜属的研究. 植物分类学报, 23: 106-120.

路安民, 1985. 被子植物系统学的方法论. 植物学通报, 3: 21-28.

DAHLGREN R, LU A M, 1985. Campynemanthe (Campynemaceae):morphology of microsporogenesis, early ovule ontogeny and relationships. Nordic Journal of Botany, 5: 321-330.

1986

LU A M, ZHANG Z Y, 1986. Studies of the subtribe Hyoscyaminae in China//In: William G. D'Arcy (ed.): Solanaceae Biology and Systematics. New York: Columbia University Press, 5-78.

LU A M, 1986. Solanaceae in China//In: William G. D'Arcy (ed.): Solanaceae Biology and Systematics. New York: Columbia University Press, 79-82.

1988

路安民, 1988. 毛合草的一种异常胚囊. 植物学报, 30: 213.

1989

LU A M, 1989. Explanatory notes on R. Dahlgren's system of classification of the angiosperms. Cathaya, 1: 149-160.

ZHANG Z Y, LU A M, 1989. Pollen morphology of the subtribe Thladianthinae (Cucurbitaceae) and its taxonomic significance. Cathaya, 1: 23-36.

张志耘, 路安民, 1989. 论交让木科的系统位置. 植物分类学报, 27: 17-26.

1990

LU A M, 1990. A preliminary cladistic study of the families of the superorder Lamiiflorae. Botanical Journal of the Linnean Society, 103: 39-57.

路安民, 张志耘, 1990. 胡桃目的分化、进化和系统关系. 植物分类学报, 28: 96-102.

CHEN Z D, LU A M, PAN K Y, 1990. The embryology of the genus Ostryopsis (Betulaceae). Cathaya, 2: 53-62.

张芝玉, 路安民, 潘开玉, 等, 1990. 杜仲科的解剖学和胚胎学及其系统关系. 植物分类学报, 28: 430-441.

潘开玉, 路安民, 温洁, 1990. 金缕梅科（广义）的叶表皮特征. 植物分类学报, 28: 10-26.

1991

路安民, 1991. 中国科学院植物研究所 60 年的回顾与展望. 植物学集刊, 5: 277-278.

路安民, 李建强, 徐克学, 1991. 金缕梅类科的系统发育分析. 植物分类学报, 29: 481-493.

PAN K Y, LU A M, WEN J, 1991. A systematic study on the genus Disanthus Maxim. (Hamamelidaceae). Cathaya, 3: 1-28.

1992

李建强，吴征镒，路安民，1991. 赤飑亚族植物叶片中脉的比较解剖. 云南植物研究，14: 418-422.

李建强，吴征镒，路安民，1991. 赤飑属新分类群. 云南植物研究，14: 133-134.

潘开玉，路安民，温洁，1991. 领春木的染色体数目及配子体的发育. 植物分类学报，29: 439-444.

1993

路安民，李建强，陈之端，1993. "低等"金缕梅类植物的起源和散布. 植物分类学报，31: 489-504.

路安民（执笔），1993. 我国植物学工作者肩负的历史重任. 中国植物学会60周年年会. 北京：中国科技出版社，1-8.

PAN K Y, LI J H, LU A M, et al., 1993. The embryology of Tetracentron sinense Oliver and its systematic significance. Cathaya, 5: 49-58.

李建强，吴征镒，路安民，1993. 葫芦科赤飑亚族植物的细胞学观察. 云南植物研究，15: 101-104.

1994

路安民，陈之端，1994. 被子植物系统学的原理和方法 // 陈家宽，杨继. 植物进化生物学. 武汉：武汉大学出版社，281-308.

ZHANG Z Y, LU A M, WEN J, 1994. Embryology of Rhoiptelea chiliantha (Rhoipteleaceae) and its systematic relationship. Cathaya, 6: 57-66.

1995

冯旻，傅德志，梁汉兴，等，1995. 耧斗菜属花部形态发生. 植物学报，37: 791-794.

FENG M, PAN K Y, LU A M, 1995. Embryology of Epimedium L. (Berberidaceae) and its systematic significance. Cathaya, 7: 125-132.

ZHANG Z Y, LU A M, 1995. Pollen morphology of Physalis (Solanaceaae) in China and its systematic significance. Cathaya, 7: 63-74.

张志耘，路安民，1995. 金缕梅科：地理分布、化石历史和起源. 植物分类学报，33: 313-339.

陈之端，路安民，1995. 桦木科植物的起源和早期演化. 中国科学院研究生院学报，12: 199-204.

1996

LU A M, 1996. East Asia: a critical region of early angiosperm evolution. In: The First International Symposium on Floristic Characteristic and Diversity of East Asian Plants. Kunming China.

1997

LU A M, 1997. Archihyoscyamus: a new genus of Solanaceae from Western Asia. Adansonia, 19: 135-138.

陈之端，路安民，1997. 被子植物起源和早期演化研究的回顾与展望. 植物分类学报，35: 375-384.

汤彦承, 路安民, 陈之端, 1997. 活化石植物：亟待拯救、保护和研究. 生物多样性, 5: 307-308.

1998

路安民, 陈之端, 1998. 生物系统学：发展和机遇 // 牛德水编. 中国生物系统学研究回顾与展望. 北京：林业出版社, 1-4.

吴征镒, 汤彦承, 路安民, 等, 1998. 试论木兰植物门的一级分类：一个被子植物八纲系统的新方案. 植物分类学报, 36: 385-402.

陈之端, 汪小全, 孙海英, 等, 1998. 马尾树科的系统位置：来自 rbcL 基因核苷酸序列的证据. 植物分类学报, 36: 1-7.

邢树平, 陈之端, 路安民, 1998. Ostrya virginiana (Betulaceae) 的胚珠和胚囊发育及其系统学意义. 植物分类学报, 36: 428-435.

冯旻, 路安民, 1998. 南天竹属的花部器官发生及其系统学意义. 植物学报, 40: 102-108.

WU Z Y, LU A M, TANG Y C, 1998. A comprehensive study of "Magnoliidae" sensu lato— with special consideration on the possibility and the necessity for proposing a new "Polyphyletic-Polychronic-Polytopic" system of Angiosperms. In: Zhang Aoluo, Wu Sugong (eds.), Floristic Characteristic and Diversity of East Asian Plants, CHEP. Springer, 269-334.

ZHANG Z Y, LU A M, 1998. On the origin, differentiation and dispersal of the Hamamelidaceae. In: Zhang Aoluo, Wu Sugong (eds.), Floristic Characteristic and Diversity of East Asian Plants, CHEP. Springer, 137-153.

1999

LU A M, ZHANG Z Y, CHEN Z D, et al., 1999. Embryology and adaptive ecology in the genus Przewalsicia. In: M. Nee, D. E. Symon, R. N. Lester & I P Jessop (eds.), Solanaceae IV. Kew: Royal Botanic Gardens, 71-79.

刘忠, 路安民, 1999. 华中五味子（五味子科）雄花和雌花的形态发生. 植物学报, 41: 1255-1258.

ZhANG Z Y, LU A M, 1999. A comparative study of Physalis, Capsicum and Tubocapsicum; three genera of Solanaceae. In: M. Nee, D. E. Symon, R. N.Lester & J. P. Jessop (eds.), Solanaceae IV. Kew: Royal Botanic Gardens, 81-96.

LIU J Q, HE T N, ZHOU G Y, et al., 1999. Karyomorphology of Sinadoxa (Adoxaceae) and its systematic significance. Caryologia, 52: 159-164.

汤彦承, 路安民, 陈之端, 1999. 一个被子植物"目"的新分类系统简介. 植物分类学报, 37: 608-621.

GENG B Y, MANCHESTER S R, LU A M, 1999. The first discovery of Eucommia fruit fossil in China. Chinese Science Bulletin, 44: 1506-1508.

2000

LU A M, 2000. A new species of Thladiantha (Cucurbitaceae) from Yunnan, China. Novon, 10: 398-399.

刘建全，陈之端，路安民，2000. 从 ITS 序列探讨青藏高原特有植物华福花属的亲缘关系. 植物学报，42: 656-658.

刘忠，汪小全，陈之端，等，2000. 五味子科的系统发育：核糖体 DNA ITS 序列证据. 植物学报，42: 758-761.

2001

路安民，2001. 中国台湾海峡两岸原始被子植物的起源、分化和关系. 云南植物研究，23: 269-277.

刘忠，路安民，林祁，等，2001. 五味子属雄花的形态发生及其系统学意义. 植物学报，43: 169-177.

陈之端，路安民，2001. 桦木科植物的系统发育和演化. 中国科学院院刊，3: 188-191.

刘建全，陈之端，路安民，2001. 藏药雪莲原植物水母雪莲及其掺杂种类的 ITS 序列比较和分子鉴定. 中草药，32: 443-445.

陈之端，邢树平，梁汉兴，等，2001. 鹅耳枥和虎榛子（桦木科）雌性生殖器官的形态发生. 植物学报，43: 1110-1114.

洪亚平，潘开玉，陈之端，等，2001. 防己科植物的叶表皮特征及其系统学意义. 植物学报，43: 615-623.

洪亚平，陈之端，路安民，2001. 根据 ITS 序列证据重建防己科蝙蝠葛族的系统发育. 植物分类学报，39: 97-104.

刘建全，陈之端，廖志新，等，2001. "藏茵陈"原植物及其混淆种类的 ITS 序列比较. 药学学报，36: 67-70.

LIU J Q, HE T N, CHEN S L, et al., 2001. Karyomorphology of Biebersteinia Stephen (Geraniaceae) and its systematic and taxonomic significance. Botanical Bulletin of Academia Sinica, 42: 61-66.

LIU J Q, LIU S W, HE T N, et al., 2001. Karyological studies on the Sino–Himalayan genus, Cremanthodium (Asteraceae: Senecioneae). Botanical Journal of the Linnean Society, 135: 107-112.

LIU J Q, CHEN Z D, LU A M, 2001. A preliminary analysis of the phylogeny of Swertiinae (Gentianaceae) based on ITS data. Israel Journal of Plant Science, 49: 301-308.

2002

GE L P, LU A M, PAN K Y, 2002. Floral ontogeny in Itea yunnanensis (Iteaceae). Acta Botanica Sinica, 44: 1261-1267.

吴征镒，路安民，汤彦承，等，2002. 被子植物的一个"多系–多期–多域"新分类系统总览. 植物分类学报，40: 289-322.

汤彦承，路安民，陈之端，等，2002. 现存被子植物原始类群及其植物地理学研究. 植物分类学报，40: 242-259.

YANG D Z, ZHANG Z Y, LU A M, et al., 2002. Floral organogenesis and development of two taxa in tribe Hyoscyameae (Solanaceae)–Przewalslkia tangutica and Hyoscyamus niger. Acta Botanica Sinica, 44: 889-894.

YANG D Z, ZHANG Z Y, LU A M, et al., 2002. Floral organogenesis and development of two taxa of the Solanaceae–Anisodus tanguticus and Atropa belladonna. Israel Journal of Plant Sciences, 50: 127-134.

KONG H Z, LU A M, ENDRESS P K, 2002. Floral organogenesis of Chloranthus sessilifolius, with special emphasis on the morphological nature of the androecium of Chloranthus (Chloranthaceae). Plant Systematics and Evolution, 232: 181-188.

KONG H Z, CHEN Z D, LU A M, 2002. Phylogeny of Chloranthus (Chloranthaceae) based on nuclear ribosomal ITS and plastid trnL-F sequence data. American Journal of Botany, 89: 940-946.

LIU JQ, GAO T G, CHEN Z D, et al., 2002. Molecular phylogeny and biogeography of the Qinghai–Tibet Plateau endemic Nannoglottis (Asteraceae). Molecular Phylogenetics and Evolution, 23: 307-325.

LIU J Q, CHEN Z D, LU A M, 2002. Molecular evidence for the sister relationship of the eastern Asia–North American intercontinental species pair in the Podophyllum group (Berberidaceae). Botanical Bulletin of Academia Sinica, 43: 147-154.

LI R Q, CHEN Z D, HONG Y P, et al., 2002. Phylogenetic Relationships of the "Higher" Hamamelids Based on Chloroplast trnL–F Sequences. Acta Botanica Sinica, 44: 1462-1468.

2003

汤彦承, 路安民, 2003. 系统发育和被子植物"多系 – 多期 – 多域"系统：兼答傅德志的评论. 植物分类学报, 41: 199-208.

葛丽萍, 路安民, 潘开玉, 2003. 马桑绣球（绣球科）的花器官发生和发育. 植物分类学报, 41: 235-244.

汤彦承, 路安民, 2003. 被子植物非国产科汉名的初步拟订. 植物分类学报, 41: 285-304.

郑宏春, 胡正海, 路安民, 2003. 商陆科植物的子房结构观察. 西北植物学报, 23: 1195-1201.

李贵生, 孟征, 孔宏智, 等, 2003. ABC 模型与花进化研究. 科学通报, 48: 2415-2421.

LI G S, MENG Z, KONG H Z, et al., 2003. ABC model and floral evolution. Chinese Science Bulletin, 48: 2651-2657.

2004

LI R Q, CHEN Z D, LU A M, et al., 2004. Phylogenetic relationships in Fagales based on DNA sequences from three genomes. International Journal of Plant Sciences, 165: 311-324.

REN Y, LI Z J, CHANG H L, et al., 2004. Floral development of Kingdonia (Ranunculaceae s. l.; Ranunculales). Plant Systematics and Evolution, 247: 145-153.

郑宏春, 路安民, 胡正海, 2004. 商陆属植物的花器官发生. 植物分类学报, 42: 352-364.

汤彦承, 路安民, 2004.《中国植物志》和《中国被子植物科属综论》所涉及"科"界定之比较. 云南植物研究, 26: 129-138.

汤彦承, 路安民, 陈之端, 2004. 生花植物概念简介及其名称的商榷. 云南植物研究, 26: 475-481.

ZHENG H C, LU A M, HU Z H, 2004. Floral ontogeny of Rivina humilis (Phytolaccaceae). Acta Botanic Boreal. -Occident. Sin, 24: 476-483.

2005

CHANG H L, REN Y, LU A M, 2005. Floral morphogenesis of Anemone rivularis Buch.-Ham. ex DC. var. inorfloreme Maxim. (Ranunculaceae) with special emphasis on androecium developmental sequence. Journal of Integrative Plant Biology, 47: 257-263.

汤彦承, 路安民, 2005. 浅评当今植物系统学中争论的三个问题: 并系类群、谱系法规和系统发育种概念. 植物分类学报, 43: 403-419.

路安民, 汤彦承, 2005. 被子植物起源研究中几种观点的思考. 植物分类学报, 43: 420-430

LI R Q, CHEN Z D, LU A M, 2005. Organogenesis of the inflorescence and flowers in Platycarya strobilacea (Juglandaceae). Interntional Journal of Plant Sciences,166: 449-457.

LI G S, MENG Z, KONG H Z, et al., 2005. Characterization of candidate class A, B and E floral homeotic genes from the perianthless basal angiosperm Chloranthus spicatus (Chloranthaceae). Development Genes and Evolution, 215: 437-449.

2006

LIU Z, HAO G, LUO Y B, et al., 2006. Phylogeny and androecial evolution in Schisandraceae, inferred from sequences of nuclear ribosomal DNA ITS and chloroplast DNA trnL-F regions. International Journal of Plant Sciences, 167: 539-550.

2007

GE L P, LU A M, GONG C R, 2007. Ontogeny of the fertile flower in Platycrater arguta (Hydrangeaceae). International Journal of Plant Sciences, 168: 835-844.

REN Y, CHEN L, TIAN X H, et al., 2007. Discovery of vessels in Tetracentron (Trochodendraceae) and its systematic significance. Plant Systematics and Evolution, 267: 155-161.

2009

WANG W, LU A M, REN Y, et al., 2009. Phylogeny and classification of Ranunculales: evidence from four molecular loci and morphological data. Perspectives in Plant Ecology, Evolution and Systematics, 11: 81-110.

MANCHESTER S R, CHEN Z D, LU A M, et al., 2009. Eastern Asian endemic seed plant genera and their paleogeographic history throughout the Northern Hemisphere. Journal of Systematics and Evolution, 47: 1-42.

2010

高翠, 陈玉霞, 包颖, 等, 2010. 白穗花有性器官与胚胎发育形态的研究. 植物学报, 45: 705-712.

陈玉霞, 高翠, 包颖, 等, 2010. 吉祥草的花部器官发生及其系统学意义. 云南植物研究, 32: 296-302.

2012

陈之端, 应俊生, 路安民, 2012. 中国西南地区与台湾种子植物间断分布现象. 植物学报, 47:

551-570.

2016

CHEN Z D, LU A M, ZHANG S Z, et al., 2016. The tree of life: China project. Journal of Systematics and Evolution, 54: 273-276.

CHEN Z D, YANG T, LIN L, et al., 2016. Tree of life for the genera of Chinese vascular plants. Journal of Systematics and Evolution, 54: 277-306.

LIN R Z, LI R Q, LU A M, et al., 2016. Comparative flower development of Juglans regia, Cyclocarya paliurus and Engelhardia spicata: Homology of floral envelopes in Juglandaceae. Botanical Journal of the Linnean Society, 181: 279-293.

LI H L, WANG W, LI R Q, et al., 2016. Global versus Chinese perspectives on the phylogeny of the N-fixing clade. Journal of Systematics and Evolution, 54: 392-399.

鲁丽敏, 陈之端, 路安民, 2016. 系统生物学家最终能得到完全一致的生命之树吗. 科学通报, 61: 958-963.

2017

王伟, 张晓霞, 陈之端, 等, 2017. 被子植物 APG 分类系统评论. 生物多样性, 25: 418-426.

2018

路安民, 2018. 以往鉴来 再创辉煌: 纪念中国科学院植物研究所成立 90 周年. 植物学报, 53: 575-577.

LU L M, MAO L F, YANG T, et al., 2018. Evolutionary history of the angiosperm flora of China. Nature, 554: 234-238.

2019

YE J F, LU L M, LIU B, et al., 2019. Phylogenetic delineation of regional biota: A case study of the Chinese flora. Molecular Phylogenetics and Evolution, 135: 222-229.

2020

WANG J X, QIN H N, XIANG Q Y, et al., 2020. A memorial biography of Prof. Yan-Cheng Tang and his scholarly contributions. Harvard Paper in Botany.

SU J X, DONG C C, NIU Y T, et al., 2020. Molecular phylogeny and species delimitation of Stachyuraceae: advocating a herbarium specimen-based phylogenomic approach in resolving species boundaries. Journal of Systematics and Evolution, 58: 710-724.

ZHANG J, FU X X, LI R Q, et al., 2020. The hornwort genome and early land plant evolution. Nature Plants, 6: 107-118.

2022

ZhANG X X, YE J F, SHAWN W L, et al., 2022. Spatial phylogenetics of the Chinese angiosperm flora provides insights into endemism and conservation. Journal of Integrative Plant Biology, 64: 105-117.

HAI L S, LI X Q, ZHANG J B, et al., 2022. Assembly dynamics of East Asian subtropical evergreen broadleaved forests: New insights from the dominant Fagaceae trees. Journal of Integrative Plant

Biology. DOI: 10.1111/jipb.13361.

刘端，赵莉娜，鲁丽敏，等，2022. 广西生物多样性保护优先区筛选. 植物资源与环境学报，31(2): 1-9.

赵莉娜，鲁丽敏，单章建，等，2022. 基于植物大数据的自然保护地识别和资源利用规划. 植物资源与环境学报，31(4): 1-10.

赵莉娜，单章建，刘冰，等，2022. 基于植物大数据遴选中国地理标志资源植物. 植物资源与环境学报，31(4): 11-19.

主要著作

1972

路安民，1972. 大风子科. 见：中国高等植物图鉴（第二册）. 北京：科学出版社，920-929，1170-1171.

1974

路安民，1974. 茄科. 见：中国高等植物图鉴（第三册）. 北京：科学出版社，707-730，954-959.

1975

路安民，1975. 玄参科马先蒿属. 见：中国高等植物图鉴（第四册）. 北京：科学出版社，61-94.

路安民，1975. 葫芦科. 见：中国高等植物图鉴（第四册）. 北京：科学出版社，344-372，768-771.

1976

路安民，1976. 灯心草科. 见：中国高等植物图鉴（第五册）. 北京：科学出版社，406-419，910-912.

1978

匡可任，路安民，1978. 茄科. 见：中国植物志（第六十七卷，第一分册）. 北京：科学出版社，1-175.

1979

路安民，1979. 茄科. 见：云南植物志（第二卷）. 北京：科学出版社，541-611.

路安民，1979. 杨梅科，胡桃科，大风子科，茄科，葫芦科，灯心草科. 见：中国高等植物科属检索表，129-130，282-284，377-383，423-426，509.

匡可任，路安民，1979. 杨梅科，胡桃科，见：中国植物志（第二十一卷）. 北京：科学出版社，1-44.

1983

路安民，张志耘，1983. 杨梅科，胡桃科. 见：西藏植物志（第一卷）. 北京：科学出版社，470-474.

1985

路安民，张志耘，1985. 茄科，葫芦科 . 见：西藏植物志（第四卷）. 北京：科学出版社，224-253, 531-559.

1986

路安民，张志耘，1986. 葫芦科 . 见：中国植物志（第七十三卷，第一分册）. 北京：科学出版社，84-301.

1987

路安民，张志耘，1987. 灯心草科 . 见：西藏植物志（第五卷）. 北京：科学出版社，495-526.

1991

路安民，1991. 胡桃科，茄科，辣椒，烟草，马铃薯，番茄，葫芦科，瓜类，杨梅科 . 见：中国大百科全书：生物学 . 上海：中国大百科全书出版社，573-574, 1168, 837, 2004, 939, 323, 575-576, 441-442, 2020.

路安民，张志耘，1991. 葫芦科 . 见：广西植物志（第一卷）. 南宁：广西科学出版社，680-718.

1993

张志耘，路安民，1993. 杨梅科，胡桃科 . 见：横断山区维管植物（上册）. 北京：科学出版社，260-264.

路安民，朱澂，齐书莹，等，1993. 植物科学 . 北京：科学出版社 .

1994

ZHANG Z Y, LU A M, D'ARCY W G, 1994. Solanaceae. In: Wu Z Y, Raven P H (eds), Flora of China, vol. 17. Beijng Science Press, and St. Louis, MBG Press, 300-332.

张志耘，路安民，1994. 茄科，葫芦科，灯心草科 . 见：横断山区维管植物（下册）. 北京，科学出版社，1741-1755, 1934-1949, 2413-2424.

1998

陈之端，冯旻编译，路安民等校，1998. 植物系统学进展 . 北京：科学出版社 .

1999

LU A M, STONE D E, GRAUQE L J, 1999. Juglandaceae. In: Wu Z Y, Raven P H (eds), Flora of China, vol. 4. Beijing Science Press, and St. Louris, MBG Press, 277-285.

LU A M, BORNSTEIN A J, 1999. Myricaceae. In: Wu Z Y, Raven P H (eds), Flora of China, vol. 4. Beijing Science Press, and St. Louis, MBG Press, 275-276.

路安民主编，1999. 种子植物科属地理 . 北京：科学出版社 .

2000

路安民，2000. 胡桃科 . 见：傅立国等主编，中国高等植物（第四卷）. 青岛：青岛出版社，164-175.

路安民，2000. 杨梅科 . 见：傅立国等主编，中国高等植物（第四卷）. 青岛：青岛出版社，175-177.

2003

路安民, 陈书坤, 2003. 葫芦科. 见: 傅立国等主编, 中国高等植物(第五卷). 青岛: 青岛出版社,
197-254.

吴征镒, 路安民, 汤彦承, 等, 2003. 中国被子植物科属综论. 北京: 科学出版社.

2011

LU A M, HUANG L Q, CHEN S K, et al., 2011. Cucurbitaceae In: Wu Z Y, Raven P H (eds.), Flora
of China, vol. 19. Beijing Science Press, and St. Louis, MBG Press.

2012

李德铢等译, 路安民等校, 2012. 植物系统学. 北京: 高等教育出版社.

2017

路安民, 2017. 茄科. 见: 中国药用植物志(第九卷). 艾铁民主编. 北京: 北京大学医学出版社,
596-766.

2018

李德铢, 陈之端, 王红, 等, 2018. 中国维管植物科属词典. 北京: 科学出版社.

2020

路安民, 2020. 葫芦科. 见: 中国药用植物志（第六卷）. 艾铁民主编. 北京: 北京大学医学出
版社, 1029-1198.

路安民, 汤彦承, 2020. 原始被子植物: 起源和演化. 北京: 科学出版社.

陈之端, 路安民, 刘冰, 等, 2020. 中国维管植物生命之树. 北京: 科学出版社.

李德铢, 陈之端, 王红, 等, 2020. 中国维管植物科属志（上、中、下卷）. 北京: 科学出版社.

路安民, 2000. 木麻黄科. 见: 中国药用植物志（第二卷）. 艾铁民主编. 北京: 北京大学医学
出版社, 1-3.

路安民, 2020. 杨梅科. 见: 中国药用植物志（第二卷）. 艾铁民主编. 北京: 北京大学医学出
版社, 4-13.

路安民, 2020. 胡桃科. 见: 中国药用植物志（第二卷）. 艾铁民主编. 北京: 北京大学医学出
版社, 14-50.

致谢

中国现代植物学研究是从植物分类学开始的，它虽起步晚，又逢国家动荡，但前辈植物分类学家披荆斩棘，筚路蓝缕，带领我们砥砺前行百年，不但跟上了欧美植物学发展的步伐，还完成了《中国高等植物图鉴》《中国植物志》等大型志书，令世界瞩目。我很荣幸，见证了中国现代植物学百年发展中的六十年，参与了一些重要节点的研究工作。能为共和国的荣誉而奋斗，是我人生最畅快淋漓的事情！谨以此书纪念我们的前辈和曾经与我并肩战斗的同辈植物学家。也借此书，真诚地感谢八十年来，默默指导、帮助、合作和陪伴我的领导、老师、朋友、学生和家人。

百年来，中国科学院植物研究所形成了自己独有的厚重历史和凝重的科研文化底蕴。六十多年来，植物分类学与植物地理学研究室及后来组建的系统与进化植物学国家重点实验室，让我始终沐浴在和谐的人文关系和浓厚的学术氛围中，让我在植物系统学研究中自由驰骋。感谢五十年以来我们研究团队的同事和历届研究生，他们为我国的系统与进化植物学发展做出了不懈努力，推动了我国植物系统学的学科发展。

《中国植物志》和《中国高等植物图鉴》这两部巨著，是我国三代植物分类学家在植物科学征途上无私奉献的里程碑，是植物分类学家和植物科学画诸多艺术家将科学与艺术完美结合的经典。作为两部巨著的编著者之一，我特精选了其中多幅墨线图加以展示，倡议后来学者能在应用它、修订它的同时，承继中国百年植物学研究中无私无畏的合作精神和爱国壮举。

陈之端研究员和王锦秀副研究员阅读了本书初稿和终稿，提供了许多好的修改意见。成书过程中，马欣堂高级工程师为本书提供了技术支持，冯旻博士和杨拓博士校对了全文，王伟博士编排了著作目录，张晓霞博士制作了图表，班勤高工扫描照片和证件，薛艳莉编排文稿并扫描图像，梁燕副编审对编排规范提了很好的建议，图书馆韩芳桥馆员帮助查找和复制文献，刘冰博士提供彩色植物照片，李爱莉高工绘制"生命之树"样本，董凯麟修正图片。张志耘研究员、张树仁博士、儿媳韩瑞环和女儿路榛等帮助录入文字稿。在此深表谢意！

感谢我的老伴王美林编审，本书是她帮助我完成的第四部书。全书构思策划、编选图片、文字修改到稿件统排，等等，若没有她的帮助，我很难独自坚持完成。

感谢山东科学技术出版社领导和本书责任编辑！他们精心编辑出版这本书，以此表达对植物科学的热爱和支持。我心中充满了感动！

愿祖国繁荣富强，期待植物分类学和系统学研究，再创辉煌！

路安民

于北京·中国科学院植物研究所

系统与进化植物学国家重点实验室西配楼 208 室

2024 年 3 月 30 日